上海城市发展与社会生活丛书

丛书主编：忻平　丰箫　吴静

# 空间改造与社会重构

## ——上海棚户区改造研究(1949—1966)

潘　婷　著

上海大学出版社

·上海·

**图书在版编目(CIP)数据**

空间改造与社会重构：上海棚户区改造研究：1949—1966 / 潘婷著. — 上海：上海大学出版社，2023.2
(上海城市发展与社会生活丛书)
ISBN 978-7-5671-4573-3

Ⅰ. ①空… Ⅱ. ①潘… Ⅲ. ①居住区—旧房改造—研究—上海—1949-1966 Ⅳ. ①TU984.12

中国国家版本馆 CIP 数据核字(2023)第 026085 号

责任编辑 王 聪
助理编辑 夏 安
封面设计 倪天辰
技术编辑 金 鑫 钱宇坤

**空间改造与社会重构**
——上海棚户区改造研究(1949—1966)
潘 婷 著
上海大学出版社出版发行
(上海市上大路 99 号 邮政编码 200444)
(https://www.shupress.cn 发行热线 021-66135112)
出版人 戴骏豪
*
南京展望文化发展有限公司排版
上海华业装潢印刷厂有限公司印刷 各地新华书店经销
开本 787mm×960mm 1/16 印张 18.75 字数 304 千
2023 年 2 月第 1 版 2023 年 2 月第 1 次印刷
ISBN 978-7-5671-4573-3/TU·20 定价 78.00 元

# 总　　序

城市发展在人类历史中占有重要地位，城市塑造了与乡村生活迥异的社会生活。斯本格勒这样描述："在一座城市从一个原始的埃及的、中国的或德国的村落——广阔土地上的一个小点——中产生的时候，到底意味着什么。在外貌上，或许没什么区别，但在精神上，它是如此的一个地方，此后，乡村便被它看成是、感到是、体验为其'四郊'，成为一种不同的及从属的东西。从此时起便有了两种生活，即城内的与城外的生活，农民与市民同样清楚地知道这一点。"①当然，在城市化发展过程中，城市与农村既有巨大差异，也有某些相似特征。从小渔村发展而来的上海，更为典型。

从近代开埠到中华人民共和国成立前夕的上海历史，是一部上海现代化发展史，也是一部社会转型的历史。中华人民共和国成立前，上海的现代化进程已达到一个历史的顶峰时期。但传统社会仍未消失，从而使社会生活凸显出一种多元势差结构②。

本丛书的主要特点是：以多视角、多资料、多专题来展现少有人研究的上海城市发展过程中上海人的多样社会生活。此次几位年轻学者的书稿都是在其博士论文基础上经过多年修改而成，以多元史料和深刻分析见长。

茶馆是透视城市发展、社会变迁的窗口，茶馆是反映社会百态、世俗风情的空间，茶馆是国家权力与日常文化此消彼长的场域。学界相关研究较多，但缺乏对近代上海这个大城市的茶馆全面而翔实的考察。

---

① ［德］斯本格勒著，张兰平译：《西方的没落》，陕西师范大学出版社 2008 年版，第 106 页。

② 忻平：《从上海发现历史——现代化进程中的上海人及其社会生活 1927—1937(修订版)》，上海大学出版社 2009 年版，第 18—19 页。

包树芳博士的《上海茶馆与都市社会(1843—1949)》一书,聚焦近代上海茶馆,运用报刊、笔记、指南书、竹枝词、图像、小说等多样资料,呈现茶馆在都市化进程最快、中西交汇最激烈的城市中所拥有的丰富而独特的面貌,展示了茶馆空间与都市社会、文化之间的交织互动,以及茶馆空间与政治、权力之间的复杂关系。其研究指出,茶馆及其空间是城市文化和区域人性特点的映射,不同城市的茶馆在拥有共性的同时呈现出鲜明的个性;国家权力在基层社会的渗透及改变日常生活的尝试,是有限的干预,同时在茶馆并没有产生严格意义上的公共领域。

十里不同风,百里不同俗。民俗是民间流行的风尚、习俗,一般指的是一个民族或一个社会群体在长期的生产实践和社会生活中逐渐形成并世代相传、较为稳定的民间文化现象。以往的民俗研究多将研究对象投注在边远地区的奇风异俗,很少关注大都市的民风习俗。民俗同时也是作为一种资源,自古以来就受到统治阶级的关注,并被作为一种社会控制的重要手段加以利用。

艾萍博士的《变俗与变政——上海民俗变革研究(1927—1937)》一书,从社会控制角度出发,立足于国家和社会两种视野,考察1927—1937年间上海民俗变迁的缘起、历程和结果,探寻民国时期中央政府、上海地方政府和上海民众的相互关系,并对变俗变政的效果和制约因素进行评价和分析。其研究指出,变俗以变政的关键核心,就是以权威构建和维系为导向的秩序与进步,其实质就是要顺应时代潮流,维持社会秩序、改革传统陋俗,推动社会进步,从而夯实政府执政的合法性基础。秩序与进步的偕同与纠葛正是民俗变革成败的决定性因素。

近代以来的中日关系,日本对华侵略成为主流。上海日本居留民团是民国时期上海日侨的重要组织,对其展开研究不仅具有学术价值,也有现实意义。吕佳航博士以《上海日本居留民团研究(1907—1945)》为研究题目,其亲至日本东京六本木的外务省外交史料馆和东京的国立国会图书馆、东京大学东洋文化研究所、京都大学人文研究所和大阪府立图书馆、大阪市立大学图书馆等机构搜集资料,将日方档案、调查报告、时人记述与中方史料相结合,通过对上海日本居留民团的成立背景、发展阶段、结构体系、公共职能、关系网络和根本性质等方面的阐释,揭示了在近代日本对华侵略的本质。

非单位人群是中华人民共和国成立后城市社会中的一个客观存在。作为社会结构的一个类型，一般多从社会学角度来看，但是往往少了历史感。由历史学者来做这个课题是比较少的。长期以来，“非单位人”现象似乎并未引起政府部门和学界的足够重视。近年来，基层社会的再组织问题成为社区研究的重要议题，尤其是随着现代化的发展，强化大城市事实存在大量的非单位人群的研究就显得更为迫切。

杨丽萍博士的《从非单位到单位——上海非单位人群组织化研究（1949—1962）》一书，就 1949 年后的上海非单位人群的组织化做了详尽的考察。按照历史脉络，将 1949—1962 年间的基层社会组织化历程划分为组织建构、组织强化、组织的非常态三个阶段。研究指出，通过以街居组织为代表的基层群众组织，中共重构了城市基层社会，将国家权力渗透到基层，造就了具有高度动员和整合力的社会调控体系。上海非单位人群的组织化不是政府的单向调控，其书通过案例分析游民、摊贩、家庭妇女和失业者等非单位人群被纳入组织化框架的过程，生动展示了调控者与被调控者之间互动的详情。

住房是一种物理空间，大城市的住房更是一种社会空间。上海的住房困难问题世界闻名。1949 年 5 月，上海解放，中国共产党和上海市人民政府立即着手进行棚户改造工作，棚户的空间环境和社会结构两个维度均发生了不同程度的改变。

潘婷博士的《空间改造与社会重构——上海棚户区改造研究（1949—1966）》一书，从国家与社会视角、城市更新的视角，从人与空间两方面探求上海棚户区改造的历史过程，梳理 1949—1966 年间棚户区的发展和改造历程、采取的政策、遇到的问题及同时期其他重要事项对棚户改造的影响等。研究指出，1949—1966 年间的上海棚户区改造，呈现出三大历史特点：一是改造与工业发展错峰进行；二是对棚户区的两大基本要素——社会与空间并重改造；三是政府主导与民众广泛参与相结合。有别于棚户空间外部环境的简单改善，棚户区内部社会结构的变化更为深刻。棚户区的劳动人口随着工业城市的建设，普遍实现了就业，“工人阶级当家作主”的意识渗透进棚户居民的工作与生活，棚户身份淡化，工人身份凸显，棚户居民的身份认同和社会地位得到显著提升。

本丛书既关注不同人群，也关注不同空间和载体。鉴于 1949 年中华人民共和国成立后，上海城市的发展既有新的特征，也有旧的延续，因而本丛书包含了 1949

年中华人民共和国成立前后两个时段的研究。本丛书皆是在博士论文基础上修改而成的专著,在"上海城市发展与社会生活"这一专题下进行深入研究,有较强的学术价值和现实意义。希望本丛书可以加强与学术界的交流和对话,共同促进对近现代史和上海史的研究。

当然,丛书还存在不足之处,还请各位专家学者批评指正。

最后,感谢本丛书各位作者的辛苦努力,感谢上海大学出版社各位领导对丛书出版的支持,以及编辑老师对丛书的认真编辑、校对和设计。

## 课 题 资 助

本丛书得到

1. 教育部哲学社会科学重大课题攻关项目"伟大建党精神研究"(21JZD005)
2. 上海市哲社项目"上海红色基因百年传承与时代价值研究"(2021BDS003)
3. 上海市教委项目"建党百年品牌课程建设"
4. 上海大学历史系课程思政"领航计划"

的资助,谨致谢意!

丛书主编:忻平

2022 年 6 月

# 目　　录

# 前　言

## 一、研究缘起

上海棚户由来已久，开埠后，在黄浦江两岸码头附近出现了最早一批棚户，居民以码头周围扛大包的工人为主。随着上海城市的发展，棚户范围逐步扩大，不少邻近省市有不少或因自然灾害、或因破产的贫困农民来上海寻找工作机会，在城市空地搭建棚户落脚，外地居民成为早期棚户居民的主要来源。

棚户区的建筑与卫生状况，使棚户一直遭受水、火、疾病等灾害困扰，又因其中居住着大量文化层次低下且无固定职业的城市底层人口，其长期处于贫困和绝望之中，导致棚户区的犯罪率居高不下。近代上海棚户区的灾难与犯罪所引发的社会、政治、经济问题，让棚户区成为华界和租界的重点治理区域。华界和租界在各自管理的棚户中，分别采取了改造措施。工部局和公董局简单地将棚户逐出租界之外，租界实行以取缔为主的治理措施。

南京国民政府的改造举措更为多元，在管辖区兴建了少量平民住宅，提供给贫困人口居住，编制棚户门牌确定棚户区范围，禁止在划定范围外搭建新增棚户，以期控制棚户数量，并发给川资动员棚户居民回乡。但这些举措并没能减少上海棚户区的面积与人口数量，广大农村的持续凋敝和连年不断的战争，使源源不断的破产农民和灾民涌向上海避难求生，上海棚户区面积和居民人数进一步扩大，最终形成上海解放时 322.8 万平方米的棚户简屋区域和 115 万在此居住的贫困人口，这些人口占当时上海市区 414.7 万总人口的 28%①。

1949 年 5 月，上海解放，中国共产党和上海市人民政府立马着手进行棚户改造

---

①《上海住宅建设志》编纂委员会编：《上海住宅建设志》，上海社会科学院出版社 1998 年版，第 127 页。

工作,希望改变底层社会的居住条件和生存状况,上海棚户区迎来新的变化。

习近平总书记指出:“人民对美好生活的向往,就是我们的奋斗目标。”①一直以来,党努力改善民众的生活条件。早在民主革命时期,毛泽东同志就提出“解决群众的穿衣问题,吃饭问题,住房问题,柴米油盐问题,疾病卫生问题,婚姻问题。总之,一切群众的实际生活问题,都是我们应当注意的问题”②。1938年,刘少奇同志在介绍华北战区工作的经验时,也指出了人民生活改善对动员群众的意义,“改善人民生活同样是群众团体的任务,要能改善人民生活,才能动员最广大的人民参加抗战,这是一定的道理”③。中华人民共和国成立之后,稳固政权,改善群众生活,成为党和政府的重要工作,国家开始寻求累积已久的棚户问题解决之路。

中华人民共和国成立初期,面对上海城市经济大受破坏,生产没有恢复的情况,如何改善和解决100多万棚户居民的生活和居住问题,需要党和政府对这一复杂工作做出审慎安排。上海市政府首先在一些环境最为恶劣、问题最为严重的棚户区,进行了环境改善工作,“主要是铺筑道路,敷设下水道,设置公共给水站,开辟火巷,建立路灯,使这些地方的交通、给水、排水、防火和照明条件大为改善”④。通过改善外部环境满足人们的基本居住需求。

与此同时,新建工人新村增加住宅面积,来解决城市居住问题。当然,工人新村的建设也不乏意识形态的考量。1949年,刘少奇同志在党的七届二中全会上谈到:“共产党要为工人阶级生活的改善而斗争,这个原则并没有改变。如果我们不给工人阶级以希望,那么工人就会说,国民党时代如此,现在也如此,你们与国民党一样。”⑤他提出必须改善工人的生活条件。针对居住困难的情况,1951年2月18日,毛泽东同志对住房建设做出批示:“现在大城市房屋缺乏,已引起人民很大不

---

① 习近平:《人民对美好生活的向往,就是我们的奋斗目标》,载《十八大以来重要文献选编》(上),中央文献出版社2014年版,第70页。

② 毛泽东:《关心群众生活,注意工作方法》,载《建党以来重要文献选编(1921—1949)》(第十一册),中央文献出版社2011年版,第149页。

③ 刘少奇:《华北战区工作的经验》,载《建党以来重要文献选编(1921—1949)》(第十五册),中央文献出版社2011年版,第212页。

④《上海住宅(1949—1990)》编辑部编:《上海住宅(1949—1990)》,上海科学普及出版社1993年版,第1页。

⑤ 刘少奇:《关于城市工作的几个问题》,载《中华人民共和国开国文选》,中央文献出版社1999年版,第440页。

满，必须有计划地建筑新房，修理旧房，满足人民的需要。”①是年起，上海开始有计划地建造工人住宅。

1952 年曹杨一村建成，这是中华人民共和国成立后上海首个工人新村，为了凸显社会主义原则，体现工人阶级当家做主的变化，政府对入住工人新村的居民进行了筛选，主要分配给劳动模范和先进生产者居住，共计 1 002 户②。紧接着，在 1953 年，开始了两万户工人新村建设，到 1966 年，上海共建成大小 200 个工人新村，有 80 万人搬进新住宅，占总人口的 12%③。这些新村中的部分居民正是来自棚户区，比如，作为上海最大棚户区的药水弄，到 1960 年时，据对该弄中一地段的调查，有 334 人迁往曹杨新村居住④。破棚户区、立工人新村成为 20 世纪五六十年代独特的住房建设模式。

1950—1966 年间，虽然上海的住宅建设投资从未间断，每年有不少住宅竣工，上海新建住宅的面积不断增加，但住房新建的速度远远赶不上需求增长的速度，且住宅投资的起伏波动较大。从表 0-1 可以看出，1955 年住宅投资仅占投资总额的 3.1%。“大跃进”运动开始之后，为保证工业发展，1958 年的住宅建设投资又比 1957 年下降了 2.7 倍，到 1960 年时，住宅投资仅占投资总额的 2.8%，1966 年，受备战备荒和“文革”的影响，住宅投资比上年下降 30.9%。

**表 0-1　1950—1966 年上海住宅建设投资和竣工面积统计表**

| 年份 | 投资总额（万元） | 住宅投资（万元） | 住宅投资比上年增长(倍) | 占投资总额比重(%) | 竣工面积（万平方米） |
|---|---|---|---|---|---|
| 1950 | 1 844 | 50 | — | 2.7 | 3.19 |
| 1951 | 6 139 | 444 | 7.9 | 7.2 | 7.06 |
| 1952 | 16 558 | 2 786 | 5.3 | 16.8 | 25.77 |

① 《毛泽东文集》（第六卷），人民出版社 1999 年版，第 148 页。

② 《上海住宅建设志》编纂委员会编：《上海住宅建设志》，上海社会科学院出版社 1998 年版，第 145 页。

③ 《上海住宅建设志》编纂委员会编：《上海住宅建设志》，上海社会科学院出版社 1998 年版，第 145 页；《当代中国的上海》编辑委员会编：《当代中国的上海》（上），当代中国出版社 1993 年版，第 252 页。

④ 上海市普陀区志编纂委员会编：《普陀区志》，上海社会科学院出版社 1994 年版，第 973 页。

续 表

| 年份 | 投资总额(万元) | 住宅投资(万元) | 住宅投资比上年增长(倍) | 占投资总额比重(%) | 竣工面积(万平方米) |
| --- | --- | --- | --- | --- | --- |
| 1953 | 30 459 | 7 133 | 1.6 | 23.4 | 109.84 |
| 1954 | 27 148 | 3 856 | −45.9 | 14.2 | 53.95 |
| 1955 | 28 658 | 880 | −77.2 | 3.1 | 15.67 |
| 1956 | 31 450 | 1 890 | 1.1 | 6 | 29.61 |
| 1957 | 43 722 | 4 605 | 1.4 | 10.5 | 84.05 |
| 1958 | 110 888 | 4 479 | −2.7 | 4 | 138.04 |
| 1959 | 149 661 | 5 188 | 15.8 | 3.5 | 94.96 |
| 1960 | 167 552 | 4 771 | −8 | 2.8 | 67.04 |
| 1961 | 67 228 | 2 208 | −53.7 | 3.3 | 43.95 |
| 1962 | 34 296 | 1 380 | −37.5 | 4 | 31.32 |
| 1963 | 47 204 | 2 413 | 74.9 | 5.1 | 16.5 |
| 1964 | 63 597 | 3 583 | 48.5 | 5.6 | 55.46 |
| 1965 | 68 562 | 3 861 | 7.8 | 5.6 | 65.08 |
| 1966 | 63 538 | 2 668 | −30.9 | 4.2 | 52.77 |

资料来源:《上海住宅(1949—1990)》编辑部编:《上海住宅(1949—1990)》,上海科学普及出版社1993年版,第145页。

住宅短缺在人口增长的映衬下显得格外突出。随着上海政治经济的稳定发展,医疗卫生条件的提高,上海的人口自然增长率迅速增长,从1950年到1958年,人口自然增加182.82万人,年平均增长率32.70‰,比全国人口自然增长率20.89‰高出11.81个千分点①。尽管在五六十年代有着持续不断的动员人口回乡运动,在减少了人口迁移增长的情况之下,上海市区总人口仍然从1950年的414.7万人,增长到1966年的636.2万人。

① 谢玲丽主编:《上海人口发展60年》,上海人民出版社2010年版,第7页。

新建住宅面积显然不能满足快速增长的人口的住宅需求，从表 0－2 可以看出，尽管住宅面积在增加，但上海市区人口的增长也十分迅速，从 1950 年到 1966 年，净增 221.5 万人。所以多年来，上海的人均居住面积一直在 3.9 平方米以下徘徊，1957 年，更低至 3.1 平方米。在现有住宅不能满足居住需求的情况之下，为了改善群众的居住条件，对棚户进行改善利用成为重要选择。

**表 0－2　1950—1966 年上海市区人均居住水平表**

| 年　份 | 住宅建筑面积（万平方米） | 折合居住面积（万平方米） | 市区年末人口（万人） | 人均居住面积（平方米/人） |
|---|---|---|---|---|
| 1950 | 2 360.5 | 1 611.4 | 414.7 | 3.9 |
| 1951 | 2 391.9 | 1 634.5 | 473.7 | 3.5 |
| 1952 | 2 488.8 | 1 697.5 | 497.7 | 3.4 |
| 1953 | 2 575.0 | 1 758.6 | 535.3 | 3.3 |
| 1954 | 2 655.9 | 1 818.7 | 566.9 | 3.2 |
| 1955 | 2 668.4 | 1 827.5 | 523.7 | 3.5 |
| 1956 | 2 687.1 | 1 839.0 | 563.5 | 3.3 |
| 1957 | 2 769.3 | 1 894.8 | 604.7 | 3.1 |
| 1958 | 3 298.3 | 2 197.2 | 578.1 | 3.8 |
| 1959 | 3 299.1 | 2 199.4 | 587.3 | 3.7 |
| 1960 | 3 602.4 | 2 404.4 | 641.3 | 3.8 |
| 1961 | 3 630.6 | 2 424.4 | 641.2 | 3.8 |
| 1962 | 3 641.0 | 2 424.9 | 635.8 | 3.8 |
| 1963 | 3 649.8 | 2 429.7 | 639.0 | 3.8 |
| 1964 | 3 681.5 | 2 445.4 | 642.8 | 3.8 |
| 1965 | 3 740.6 | 2 479.0 | 643.1 | 3.9 |
| 1966 | 3 762.2 | 2 489.8 | 636.2 | 3.9 |

资料来源：《上海住宅(1949—1990)》编辑部编：《上海住宅(1949—1990)》，上海科学普及出版社 1993 年版，第 152 页。

在计划经济时期,棚户改造的资金和劳动力由政府统一安排,政府的财政实力和政策导向是影响棚户改造效果的关键因素。然而,党和政府选择的以工业化为主导的社会主义建设之路,让有限的地方财政收入主要流向了工业建设领域,尤其是需要大量投资的重工业。从表 0 - 3 可以看出,"一五"时期,重工业投资占比达 30.4%,"二五"时期更是高达 56.6%。

**表 0 - 3　1950—1965 年上海市基本建设投资按三次产业分组情况表**

(单位: 亿元)

| 时　期 | 合计 | 第一产业 | 第二产业 | | | 第三产业 |
|---|---|---|---|---|---|---|
| | | | 总额 | 轻工业 | 重工业 | |
| 1950—1952 年 | 2.08 | 0.03 | 0.75 | 0.13 | 0.60 | 1.30 |
| "一五"时期 | 13.71 | 0.19 | 6.18 | 1.43 | 4.17 | 7.34 |
| "二五"时期 | 41.38 | 1.25 | 28.28 | 3.60 | 23.44 | 11.85 |
| 1963—1965 年 | 13.45 | 0.71 | 8.45 | 1.41 | 6.87 | 4.29 |

资料来源: 上海通志编纂委员会编:《上海通志》(第 3 册),上海社会科学院出版社、上海人民出版社 2005 年版,第 1659 页。

囿于财政困难,政府对居住问题的改善,只能在有限的条件之内尽可能覆盖更多的受益群体,这决定了棚户改造的低标准和慢速度步伐。

在 1949—1957 年之间,主要由政府出资进行棚户区外部环境的改善工作。但政府很快发现,这不是办法,上海庞大的棚户改造任务,不可能由政府完全包揽,在社会主义建设时期,并没有足够的资金和劳动力支撑棚户区迅速完成改造工作。

随着"一五"计划进行和 1958 年国家大规模工业建设的全面展开,上海职工人数以更加迅猛的势头增长,住宅问题面临更为严峻的形势。恩格斯说过:"人们首先必须吃、喝、住、穿,然后才能从事政治、科学、艺术、宗教等等。"①居住问题成为影响上海工人群体日常工作与生活的重要因素,居住环境越来越糟糕的棚户区需要寻求新的改造突破。

① 《马克思恩格斯选集》(第 3 卷),人民出版社 2012 年版,第 1002 页。

1958年，江苏十县划归上海，“部分市郊结合部划入市区，棚户简屋数量增至458.8万平方米”①。棚户改造的方式不得不做出调整，“全面发动群众”成为新的棚户改造思路，在国家投资之外，充分发挥居民潜力，允许私人力量加入改善自住棚户，这加快了改造的步伐。另外，城市规划的推进，让部分棚户区有机会全部拆除，建成功能完善的居住小区，成街成坊进行棚户区改造，在20世纪60年代之后得到发展。

然而，棚户居民在改善自身居住条件的过程中，出现的棚户无序搭建等现象，严重影响了城市规划和城市建设。且由于允许了棚户扩大改建，大量私房棚户趁此扩大建筑面积，尤其是出租现象的发生，让棚户背上了资本主义牟利的名声。在计划经济时期，政府一直试图建成全面公有住宅体系，棚户出租出卖的行为被认为是“两条道路斗争问题，必须从严处理”②。棚户私房与公立住宅之间的并立，成了两种社会制度之间的较量。基于这种考虑，政府一度严禁搭建棚户。但劳动人民的改善需求十分强烈，几经调整之后，政府对棚户搭建进行积极规范引导，让棚户改造在不影响城市规划和城市建设的前提下进行，并严禁搭建违章棚户③。

1966年2月，上海市人委发出组织群众自行改建棚屋的通知④。但很快，“文革”开始，上海陷入混乱，棚户改造和住宅建设受到严重干扰和破坏。直到改革开放之后，面对新的形势与变化，上海才重新开始棚户改造探索。

总体而言，1949—1966年间的上海棚户区改造，是由政府主导的改善群众居住条件的重要举措。在20世纪50年代初，由于政府的财力所限和现实政治的需要，上海住房问题的解决着力于工人新村的建设，棚户空间改造主要以改善棚户简屋地区的户外环境为主。到了20世纪50年代末60年代初，棚户改造重点从户外转向室内，允许搭建扩大空间面积，并结合城市规划尝试改造成功能完善的居住小区。这些改造措施，使得上海棚户区的居住条件在不同程度上得到了改善。但必

① 上海通志上海通志编纂委员会编：《上海通志》（第5册），上海社会科学院出版社、上海人民出版社2005年版，第3561页。

②《上海市普陀区人民委员会建设科关于安全里里委会违章建筑的调查报告》，上海市档案馆：B11-2-81-15。

③《上海市城市建设局关于贯彻执行“处理违章搭建棚屋和改造棚户区意见”情况的报告》，上海市档案馆：B257-1-4431-1。

④《上海市人民委员会关于批转上海市人民委员会公用事业办公室关于组织群众自行改建棚屋的报告的通知》，上海市档案馆：B11-2-106-38。

须承认的是,棚户空间的规模并没有出现翻天覆地的变化,大多数棚户并没有消除,居民的生活状况仍处于较低水平。

相较于棚户空间进展缓慢的变化,棚户社会在政府的改造之下发生了大的改变。

棚户既是空间概念,也是身份象征。“房子是给人住的,如果离开了人和人口来研究住宅问题,那就是无的放矢”①。上海解放之后,党和政府对棚户区的改造,不仅涉及空间的改造,还包含了新制度之下对社会重构的普遍要求。

中华人民共和国成立以前,棚户区是上海繁华都市中社会底层的聚集地,因为大量棚户贫民的知识结构与劳动技能并不符合机器工业的劳动力需求,所以他们在上海大都从事简单的体力工作,收入十分低下,棚户的社会生态与社会主义城市的发展目标存在巨大差距。

1951 年 4 月,上海市市长陈毅在上海市二届二次各界人民代表会议上所作的《1951 年上海市工作任务》的报告中,提出了具体要求:一是有重点的修理和建设工人住宅,改进工人居住区的条件;二是卫生建设方面,应特别增设劳工医院,并加强防疫诊疗工作,以配合劳动保险条例的实施;三是文化教育方面,适当加强现有各级学校与社会文教工作②。在住宅建设的同时,从身体和文化两方面对社会发展提出了明确要求。

鉴于长期以来棚户社会的底层状况,关于卫生的防疫等工作率先在棚户区实行。此外,以扫盲为重点内容的文化教育工作,棚户居民依然是主要提高对象。在政府一系列的安排之下,棚户居民的文化水平、劳动技能、卫生意识、思想认识等方面发生了显著变化。棚户社会的重构,让棚户区中原本占大多数的无知识无技能的失业或半失业人员,普遍转变成了社会主义工业发展所需要的城市劳动人口。棚户社会的变化,进一步影响了棚户社会的身份认同,包括自我认同和社会认同。棚户原本的身份标识被打破,取而代之的是工人身份的强化,相较解放前的生活,“工人阶级当家作主”在生产生活的渗透,让棚户居民的身份认同和社会参与都达到了前所未有的高度。

综上所述,上海解放以来,党和政府一直努力进行棚户区改造,棚户的空间环

① 孙金楼、柳林:《住宅社会学》,山东人民出版社 1984 年版,第 11 页。
② 中共上海市委党史研究室编:《陈毅在上海》,中共党史出版社 1992 年版,第 118 页。

境和社会结构两个维度,均发生了不同程度的改变。

棚户区的变迁是城市社会发展变迁的产物,折射出不同历史阶段,国家制度改革、城市规划实践、收入差距变化、产业结构调整等方面综合作用下,城市社会空间的变化。棚户空间作为载体,其背后蕴藏着的复杂社会关系和社会能量,又对上海的城市发展产生多元复杂的影响。针对棚户改造过程中呈现出的复杂性和曲折性,地方政府对城市治理积极探索,国家与社会的互动机制在实践中不断调整和提升。

今天回看 1949—1966 年间上海棚户区改造的历史,可以帮助我们了解,上海城市转型过程中,党和政府在城市建设道路选择和解决民生问题时的基本经验,亦能加强对国家与社会互动模式发展的反思,这或许能为当下的城市更新带来些许启示。

所以,本书将从空间与社会两方面,展现 1949—1966 年间上海棚户区改造的历史进程,以典型案例说明不同历史阶段在棚户区改造具体措施上的差异;从空间、人口、社会、制度等角度揭示棚户区的变迁对 1949—1966 年间上海社会、政治、经济、文化、民众心态等方面产生的影响;进一步从宏观上提炼总结棚户区改造的特点,以及在城市发展中正反两方面的经验。

## 二、研究成果综述

"不践迹,亦不入于室"①,学界已有的研究成果为本书写作提供了有益参考与借鉴。上海的棚户区作为一个能深刻反映社会问题、影响城市发展的研究对象,引起了众多学者的关注。目前以"棚户"为主题词检索中国知网所收录的文献,截至 2022 年 8 月 9 日,共有 1.18 万篇相关文献,其中期刊文章 3 769 篇,报纸文章 6 031 篇,硕士学位论文 763 篇,博士学位论文 45 篇②。

从时间上来看,有关棚户问题的探讨主要集中在 21 世纪之后,尤其是在 2010 年达到峰值,共有 1 725 篇文献。从学科分布来看,以城市经济最多,其中,涉及城

---

① 杨伯峻译注:《论语译注》,中华书局 1980 年版,第 122 页。

② 数据起讫时间为 1957 年至 2022 年 8 月 9 日(在检索所得的文献篇数中,未排除跨学科的研究篇数),据中国知网(CNKI)中国学术文献网络出版总库检索而得,https://kns.cnki.net/kns8/defaultresult/index,2022 年 8 月 9 日。

市经济管理与可持续发展的7 126篇,占全部总篇数的47.42%[①],而历史类不过百篇。总量之巨说明了大家都对棚户问题十分关注,但历史类文献较少的篇幅占比,也表明尚有从历史学角度着墨的空间。当下对棚户问题的关注多见于应用经济学领域,但棚户问题有着长时段发展的历史,若从史学角度进行比较梳理研究,“以史为鉴”,或许对当下城市更新问题的发展亦有重要的参考意义。

除了知网收录的文献,还有不少学术著述的出版,学者们从不同时段、不同视角对棚户区进行了研究。有学者关注民国时期上海棚户区的早期治理,有从空间变迁角度思考棚户空间变化的脉络,有聚焦棚户区居民的日常生活,有从族群角度研究棚户区的主要人群,还有研究机构专门对棚户区不同内容进行了调查统计,其他各类主题研究中亦有不少涉及棚户区的内容,如私房改造、上海都市文化发展与卫生事业研究等。

根据研究内容和视角的差别,与本书主题相关的上海棚户区改造的研究成果大致可归纳为以下六类:

一是上海政治经济状况与棚户形成和发展关系的研究。上海棚户的产生源于近代上海城市发展对劳动力的吸引,因为需求与来源结构之间的不匹配,棚户区日趋扩大。忻平从广泛的角度对上海人进行了整体研究,他的《从上海发现历史——现代化进程中的上海人及其社会生活》一书,论证了移民即为上海人的主体,且移民的分层和类型十分丰富,“城市吸引着移民,改造着移民,移民又为上海现代化发展作出了巨大的贡献”[②]。以苦力为代表的居住在棚户区内的城市下层民众,其社会实践为上海的现代化作出了贡献,但近代上海的整合方式与能力并不能改变城市下层的处境。

熊月之在《近代上海都市对于贫民的意义》中对上海的贫民的主体进行了考察,外地乡民进入上海后,虽然极端困窘,但较之完全破产的农民,处境依然有所改善,都市对贫民的吸纳,导致了上海棚户连片的结果。他认为:“贫民在上海的高度集聚,为贫民群体向上移动提供了动力,提升了贫民群体抵抗风险、应对灾难的能

① 数据起讫时间为1957年至2022年8月9日(在检索所得的文献篇数中,未排除跨学科的研究篇数),据中国知网(CNKI)中国学术文献网络出版总库检索而得,https://kns.cnki.net/kns8/defaultresult/index,2022年8月9日。

② 忻平:《从上海发现历史——现代化进程中的上海人及其社会生活1927—1937》,上海大学出版社2009年版,第43页。

力，增强了这一群体在城市生存的耐力。在这个意义上，城市虽然不是贫民的天堂，但至少是他们的希望。”①

韩起澜的《苏北人在上海，1850—1980》，从地域族群角度，研究了一百多年时间内苏北移民群体的形成及在上海的生活，苏北移民群体正是近代上海棚户区中最主要的居民来源，这本学术著作探讨了“原籍与社会等级结构之间的关系以及这种关系对中国城市化的过程与含义的影响”②。

张生的《上海居，大不易——近代上海房荒研究》介绍了上海不同聚居区的形成，针对房荒问题的发展，官方如何应对以及房客抗争的历程，进而讨论房客运动的价值和影响。作为住房形式的一种，书中讨论了上海棚户的产生和发展，以及租界和国民政府对棚户问题的处理。租界虽然制度强势，但实际效果“剪不断、理还乱”，国民政府通过对平民住宅的新建，初步解决了部分棚户居住问题，但作用有限，上海贫民规模的庞大和阶级政治的考量，让这些棚户治理措施收不到满意的效果③。

此外，还有其他研究涉及上海政治经济状况与棚户形成和发展的关系。例如戴鞍钢从城市化与城市病角度讨论了上海棚户区扩大的原因和由此产生的影响④。张婷婷考察上海边郊地区城市化问题时，分析了曹家渡棚户区产生的原因与分布特点，根据棚户区的生活和居民的职业特点，认为居民具有“乡民”属性⑤。

二是城市史视野下的上海棚户区治理研究。城市史研究方兴未艾，时人有关民国时期上海棚户问题治理的研究文章数量不少。秦祖明研究了工部局处理棚户区问题的政策，一方面是采取措施改善棚户区的卫生环境，另一方面是强行拆除棚屋，总之，工部局并未从根本上解决城市贫民的住房问题，只是将他们赶出租界⑥。蔡亮讨论了国民政府对棚户区的治理能力，由于棚户区大量增加，市政当局内外交困，治理能力低下，无力制止棚户区在全市蔓延⑦。

---

① 熊月之：《近代上海城市对于贫民的意义》，载《史林》2018 年第 2 期。

② [美] 韩起澜：《苏北人在上海，1850—1980》，上海古籍出版社、上海远东出版社 2004 年版，第 14 页。

③ 张生：《上海居，大不易——近代上海房荒研究》，上海辞书出版社 2009 年版。

④ 戴鞍钢：《城市化与“城市病”——以近代上海为例》，载《上海行政学院学报》2010 年第 1 期。

⑤ 张婷婷：《城市化进程中的边郊地区——近代上海曹家渡变迁研究》，硕士学位论文，上海师范大学，2006 年。

⑥ 秦祖明：《试析工部局处理棚户区问题的政策》，载《社会科学论坛》2010 年第 24 期。

⑦ 蔡亮：《近代上海棚户区与国民政府治理能力》，载《史林》2009 年第 2 期。

除了直接以棚户区为主题的研究成果,还有不少其他研究中或多或少的涉及棚户区的内容。张笑川在写作闸北城区史时介绍了闸北棚户区中都市贫民亦城亦乡的社会生活①。彭善民在《公共卫生与上海都市文明》的一章中专门介绍棚户区的卫生状况,该书探讨了上海公共卫生的变迁以及民间社会力量在公共卫生发展中的作用,认为公共卫生的近代化推动了上海都市文明的进程②。这些研究中对棚户问题的探讨值得笔者思考。李爱勇通过对1950—1966年上海市居民零星自建住房的考察,认为上海市政府对居民零星自建住房的管理大体上经历了禁止违章搭建棚屋、制止搭建棚屋和关注煤渣砖三个阶段,居民零星自建住房对于缓解住房紧张起到了一定的作用,政府对其的管理亦经历了由严厉禁止到疏堵结合的转变③。

三是棚户空间与社会的发展演变研究。代表作主要有上海社会科学院经济研究所城市经济组编写的《上海棚户区的变迁》、《换了人间》编写组编写的《换了人间:上海棚户区的变迁》和孟眉军的《上海市棚户区空间变迁研究(1927年—至今)》等。

《上海棚户区的变迁》由上海社科院经济研究所编写,主要概述了旧上海棚户区的形成、分布、面貌和特点,进而分析产生贫困的原因,最后用数据和案例说明上海解放十年后棚户的巨变,证明棚户的翻身。书中史料丰富,既生动又用客观数据说明前后变化,是研究1949年之后上海棚户区改造的重要参考书籍④。《换了人间:上海棚户区的变迁》出版于1971年,虽然只收录了9篇文章,但是它们都通过从棚户区的某个角度切入来反映一些带有普遍意义的问题,或控诉解放前棚户区劳动人民的深重灾难,或歌颂棚户区劳动人民解放后各方面产生的巨大变化,是比较典型的"文革"时期宣传资料⑤。

《上海棚户区的变迁》和《换了人间:上海棚户区的变迁》这两本书的主要目的是"揭露帝国主义和国内反动派的深重罪恶,证明社会主义制度的无比优越",因而具有比较浓厚的时代色彩。

孟眉军的《上海市棚户区空间变迁研究(1927年—至今)》一文运用城市贫困理

---

① 张笑川:《近代上海闸北居民社会生活》,上海辞书出版社2009年版。
② 彭善民:《公共卫生与上海都市文明(1898—1949)》,上海人民出版社2007年版。
③ 李爱勇:《1950—1966年上海市居民零星自建住房研究》,载《当代中国史研究》2016年第3期。
④ 上海社会科学院经济研究所城市经济组:《上海棚户区的变迁》,上海人民出版社1962年版。
⑤《换了人间》编写组编:《换了人间:上海棚户区的变迁》,上海人民出版社1971年版。

论、城市居住空间分异理论等，从城市更新与空间变迁双重维度出发，分建国前、建国初期和改革开放以后等三个阶段开展了对上海棚户区的研究。该文不仅展现了1927年以来上海棚户区空间发展变化的概貌，还从比较视野出发探索了棚户区与石库门等其他住宅类型以及国内外棚户区之间的关系①。

向云丰在《毛泽东民生思想研究——以新中国成立初期(1949—1959)上海市住房保障工作为考察个案》一文中，也关注到了上海棚户、简屋改造工作，他认为由于解放初期国内外形势严峻以及资金不足等客观因素，上海在改善人民居住条件方面，首先解决的是居住条件特别差、所投入资金在可承受范围内的棚户、简屋改造工程，这体现了保障民生要根据客观条件分时分期进行的原则②。

四是棚户区的日常生活研究。卢汉超说："如果说人类历史的首要因素是人，而影响人类思想和活动的因素包括人在哪里居住和劳动，那么对日常生活史研究的重要性就不言而喻了。"③学界有关棚户区日常生活的研究十分丰富。

卢汉超的《霓虹灯外——20世纪初日常生活中的上海》，主要关注20世纪初上海城市贫民的日常生活，通过对大多来自乡下居住于棚户区中的底层社会的居民来源和职业构成的分析，考察他们的日常生活，认为在近代的上海，"传统继续以其非凡的韧性而存在着"④，对任何国家而言，现代化的标准都是相对的。"尽管西方的影响从表面上看是城市的主流且被中国的上层社会所渲染夸大，在遍布城市的狭隘里弄里，传统仍然盛行。"⑤尽管该书主要研究时段在20世纪初，但书中亦有作者对当下棚户老居民的口述采访内容，研究时长远不止解放前，是研究长时段棚户区居民生活的重要学术著作⑥。

---

① 孟眉军：《上海市棚户区空间变迁研究(1927年—至今)》，硕士学位论文，华东师范大学，2006年。

② 向云丰：《毛泽东民生思想研究——以新中国成立初期(1949—1959)上海市住房保障工作为考察个案》，硕士学位论文，华东师范大学，2021年。

③ 卢汉超著，段炼、吴敏、子羽译：《霓虹灯外——20世纪初日常生活中的上海》，上海古籍出版社2004年版，第2页。

④ 卢汉超著，段炼、吴敏、子羽译：《霓虹灯外——20世纪初日常生活中的上海》，上海古籍出版社2004年版，第272页。

⑤ 卢汉超著，段炼、吴敏、子羽译：《霓虹灯外——20世纪初日常生活中的上海》，上海古籍出版社2004年版，第274页。

⑥ 参见卢汉超著，段炼、吴敏、子羽译：《霓虹灯外——20世纪初日常生活中的上海》，上海古籍出版社2004年版的附录。

陈映芳的《棚户区：记忆中的生活史》是一项调查上海市棚户区历史与现状家庭生活史的口述实录①。其中包含了近百位棚户区居民的口述生活史,并附有上海市棚户区演变历史和两个调查点社区历史的介绍,配有地图、照片,形象生动地展示了中华人民共和国成立以来上海城市贫民区人们的生活状况。以此书为分析材料,吴俊范的《上海棚户区群体的社会结构变迁及其文化心态效应(1919—2003)》从历史变迁视角对上海棚户区群体的社会属性结构和文化心态变化进行了系统探讨,认为棚户区人口虽然在受教育程度和职业身份等方面偏向低端,在城市整体社会生态中处于底层的位置,但其文化心态中却存在着积极的一面。随着时代的变化,棚户区人的受教育水平和职业状况都出现了上升的趋势,这除了社会经济发展的推动作用,也说明棚户区群体在逐渐融入这座城市,在不断适应城市发展对人力资源的需求②。

此外,江建军的《棚户区本地居民的代际流动》和赵晔琴的《外来者的进入与棚户区本地居民日常生活的重构》则从社会学角度对 20 世纪 80 年代后的棚户区居民生活开展了研究。如江建军从棚户区居民代际流动的角度,认为棚户区居民群体地位存在着固化甚至向下流动的趋势;而赵晔琴则以外来者与棚户区本地居民在日常生活方面的互动为研究主题。

五是对棚户变迁的评价分析研究。代表作主要有陈映芳的《空间与社会：作为社会主义实践的城市改造——上海棚户区的实例(1949—1979)》,该文是一项对城市空间结构变动过程作出社会学分析和解释的研究。它通过梳理中华人民共和国成立后到 20 世纪 80 年代前上海市棚户区的改造历程,分析 1949 年后"棚户区改造"是在什么样的城市空间结构及城市政策中发生的,以及 20 世纪 80 年代城市大开发之前的 30 多年中,棚户区的改造模式及其城市的住宅政策对棚户区居民而言意味着什么。由此探讨了相对独立于政治、经济系统的城市空间结构如何在社会主义时期被延续下来,并以其独特的方式形塑了社会主义城市的社会空间结构,乃至社会阶层结构③。

吴俊范的《棚户区与城市文化心态》一书从环境与文化角度对棚户区进行了评价研究。该书详细描述了贫困文化心态在中国大都市的表现及其形塑过程,并与

---

① 陈映芳主编:《棚户区：记忆中的生活史》,上海古籍出版社 2006 年版。

② 吴俊范:《上海棚户区群体的社会结构变迁及其文化心态效应(1919—2003)》,载《中国名城》2014 年第 8 期。

③ 陈映芳:《空间与社会：作为社会主义实践的城市改造——上海棚户区的实例(1949—1979)》,载王晓明、蔡翔主编:《热风学术》(第一辑),广西师范大学出版社 2008 年版。

西方大都市的贫困文化模式进行比较，从历史学与社会生态理论相结合的视角，探讨了我国城市贫困群体融入城市社会的曲折性及其文化特征①。

张杰梳理了1949—1978年城市住宅规划设计思想的发展，认为城市住宅发展与当时的计划经济体制，重工业优先政策，城乡二元经济结构，高积累、低消费政策有着千丝万缕的联系。"1949—1978年的中国城市住宅规划设计思想发展基本上是围绕为工业发展服务、以苏联模式为蓝本的波动。每当重工业发展受到进一步的强调，住宅投资就被压缩，同时低标准思想走向极端。同样，每当国民经济面临困难时，其后的调整整顿就给住宅规划设计思想的发展带来机遇，这时发展出的许多规划设计方法至今仍然被广泛采纳"②。张杰对改革开放前的住宅设计思想给予了客观公允的评价。

六是从规划设计角度对棚户空间改造方法的介绍。在建筑方面，徐景猷、颜望馥、何新权对明园新村棚户的改建进行了介绍③。《上海市居住小区改建规划实例》一文讨论了1960年闸北区的棚户简屋改造规划④，认为棚户拆除后应该建造5层以上住宅，为以后的改建拆迁创造条件。在1963年蕃瓜弄开始改建的同时，《建筑学报》于1964年刊登了《上海市闸北区蕃瓜弄改建规划设计介绍》一文，详细介绍了蕃瓜弄改造的设计依据和方案类型⑤。

改革开放之后，上海棚户区改造重新启动。苏启仁在《上海安国路棚户简室的改建》一文中介绍了安国路棚户改建的经验，在设计施工时，针对实际，因地制宜进行平面环境及单体设计，在建成分配时，充分考虑拆迁户的合理利益⑥。《住宅科技》在1986年刊发了《上海市普陀区药水弄棚户区改建规划设计》⑦。城市规划、房

---

① 吴俊范：《棚户区与城市文化心态》，上海人民出版社2015年版。

② 张杰、王韬：《1949—1978年城市住宅规划设计思想的发展及反思》，载《建筑学报》1999年第6期。

③ 徐景猷、颜望馥、何新权：《棚屋旧区呈新貌——上海明园新村的改建》，载《房产住宅科技动态》1981年第5期。

④ 上海市城建局城市规划设计院：《上海市居住小区改建规划实例》，载《建筑学报》1960年第6期。

⑤ 许汉辉、黄富廂、洪碧荣：《上海市闸北区蕃瓜弄改建规划设计介绍》，载《建筑学报》1964年第2期。

⑥ 苏启仁：《上海安国路棚户简室的改建》，载《房产住宅科技动态》1981年第2期。

⑦ 方旦、王茂松：《上海市普陀区药水弄棚户区改建规划设计》，载《住宅科技》1986年第1期。此外，韩高峰、毛蒋兴主编的《棚改十年：中国城市棚户区改造规划与实践》（广西师范大学出版社2016年版），集合了国内各大城市规划院设计师对于我国近年来城市棚改规划和实践方面累积的经验和对棚改未来的探索建议，相关理论和案例介绍比较全面。

地产管理和建筑学方面的学者从自身学科角度出发,对棚户区改造问题进行了专题研究。

无论是从城市空间重塑、社会主义实践还是关注底层人民生活等视野展开棚户区问题研究,上海棚户区近年来成为多学科关注的焦点之一,海内外不同学科背景的学者对棚户区的不同方面进行了有深度的探究,启发了本书作者的思考。

目前,学术界关于改革开放前上海棚户区改造的历史进程已有不少研究成果,但对于棚户空间改造的同时,棚户社会重构的研究却少有着墨。笔者认为,棚户区改造涉及空间与社会两部分内容,解放后的上海棚户区存在空间与社会并行改造,甚至可以说,棚户居民自身的转变大于空间改造产生的效果。解放前处于社会最底层的棚户居民在解放后因社会主义制度的确立,职业身份与社会地位发生了重大改变,社会结构的变化又对棚户空间的变化产生了不小的推动能量,实有必要对1949—1966年间棚户区改造中,同一时空下的棚户空间与棚户社会进行深入研究。

所以,本书拟从空间与社会两方面探求上海棚户区改造的历史过程,通过梳理中华人民共和国成立后至1966年间棚户区的发展和改造历程,探究在新制度建设过程中,对棚户区改造所采取的政策、其中遇到的瓶颈,还有同时期其他重要事项对棚户改造的影响等,进而揭示改造对这一时期上海城市人口流动、社会结构变迁、民众思想心态、文化教育发展等各方面的广泛影响。

## 三、研究视角与视域

### (一)研究视角

发现社会问题,作学理上之研究。本书以期昭示1949—1966年间,党和政府带领下的棚户区改造,与上海社会变迁双向互动的内在关联,所以本研究计划从国家与社会视角、城市更新的视角对棚户改造问题进行剖析。

棚户问题本身是近代以来,中国一个重要的社会问题,如何消除都市中的贫困聚集地,引起了各界力量的广泛参与,包括政府、企业、单位、居民自身等。这毫无疑问促进了国家与社会的互动,其中有携手前行也有博弈争夺,从国家与社会的视角出发,对探究棚户区改造中的共同努力与矛盾有着重要意义。

从城市建设角度来说,棚户的空间改造属于城市更新的范畴,在本书所涉及的研究时段内,社会主义制度中的城市更新具有一定的特殊性,中国共产党执政后,对社会主义城市的规划和建设,经历了模仿学习再到根据国情调整摸索的过程,社会主义新城市建设与社会主义新人培育,服务于工业发展优先的基本原则,这对棚户改造中的日常居住空间再造和居民社会重构产生了重要影响,党和政府在城市建设道路上的探索或可为今天的城市更新提供一些经验启示。

### (二)研究视域

与本书研究相关的范围界定包括以下两个方面:

时间视域:本书选取1949—1966年为研究时段,一是出于对资料占有的考虑,无论是已公开出版的统计资料还是上海市档案馆保存的档案史料,对改革开放前的棚户区调查统计,均集中在1949—1966年之间;二是根据上海棚户改造的特点与方法分类来选取,1949年上海解放之后,棚户不再处于放任发展之中,计划与规划的形式规范了土地的用途和资金的流向。以改革开放为前后分期,在改革开放之前,棚户改造实施以政府为主导,改革开放之后,棚户改造逐步引入市场机制,投资多元化发展。但由于"文革"时期,上海棚户改造范围极小,且资料有限,故本书研究选取1949—1966年间政府主导下的棚户区改造为重点。

地域范围:本书的主要资料引用均是对上海市区棚户的调查研究。近代以来,上海棚户主要集中于市区,上海市政管理的重点亦是市区,在1949年之前,棚户的统计资料与治理范围几乎全部集中于中心城区,且由郊区农村生活方式所决定,简棚搭建不可避免,故不属于棚户重点管制的范围。在上海解放之后,虽然对郊区的棚户统计有所涉猎,但仍以市区为主,郊区多维持农村形态。因此,1949—1966年间,上海市政府对棚户的改造依然集中于市区,尽管本书在部分背景资料中不可避免地涉及郊县范围,但仍将研究范围限于市区场域之中。

## 四、研究思路

本书以棚户区的形成与演变为经线、以政府的改造政策为纬线,进行如下设计:

导论部分介绍研究缘起、学界研究现状、本书研究的视角与视域以及研究思路等。

第一章溯源近代上海棚户区的形成、发展状况,以及解放前各界管理者在棚户区的不同改造举措。从近代城市发展产生的劳动需求来看,棚户区的出现是城市发展的必然结果,由于缺乏一定的文化知识与劳动技能,源源不断的外地破产农民在上海所获得的工作机会,并不能与近代上海快速发展的劳动要求相匹配,收入低下的他们只能聚集在没有任何近代先进市政设施的棚户区中。此外,无情的战争进一步加剧了棚户区的扩大。棚户区的建筑与卫生状况,使棚户一直遭受水、火、疾病等灾害困扰,又因其中居住着大量文化层次低下,且无固定职业的城市底层人口,由于其长期处于贫困和绝望之中,棚户区犯罪高发。棚户区的灾难与犯罪,让上海各界管理者对其采取了一系列"改造"措施,不论是直接取缔还是短暂缓解,租界和华界都没能从根源上阻止棚户再生和扩大,中国共产党在部分棚户区内的救助举措则赢得了棚户居民的认可。

第二章通过对上海解放初棚户社会生态的分析,说明要改变庞大的棚户空间、糟糕的居住环境和低下且稳定的人口结构状况,并非易事。尽管如此,党和政府仍一直努力按照社会主义城市的理想改造棚户空间和重构棚户社会。政府作为棚户改造的实施主体,其城市治理政策和经济实力决定了棚户区改造的具体结果。1949—1966年间,棚户改造主要从空间和社会两个维度展开,总体而言,棚户区空间规模变化并不显著,与同时期社会经济发展水平相适应。棚户社会的变化首先表现在,受政府对城市人口的干预调节,棚户人口占市区人口总量的比重不断变化。其次是已在上海稳定生活的棚户居民,普遍实现了就业,职业结构发生了大的转变,大多数棚户区劳动人口被整合进以产业工人为主的社会主义建设者队伍中。棚户社会的变化比棚户空间的改变更为显著。

第三章介绍1949—1957年间上海市政府主导之下的棚户改造情况。这个时期,主要由政府出资进行棚户外部环境改善,与此同时,上海开始了大量体现社会主义优越性的工人新村建设,工人新村对于棚户居民而言,象征激励意义大于实际获得意义。因为经济限制,此时的棚户区改善集中在一些大型内棚户内进行,药水弄棚户区的环境因此得到了优先改善。在外部环境治理的同时,棚户的社会改造更为深入,加强了对棚户居民自身现代化素质的培养,包括身体和文化两方面内容,素质的提高为棚户居民就业问题的解决打下了深厚基础,棚户居民被整合进工人阶级队伍。1949—1957年间的棚户改造重点解决了道路、消防、生活用水等情况，主要是外部环境的改善，通过对棚户火险设立情况的考察可以看出这一阶段环境改善的大体效果。对比棚户空间大小的稳定，棚户居民的身体状况、文化水平和就业情况发生了明显变化。尽管在政府的努力下，棚户改造取得了一些成效，但改造资源匮乏制约了棚户改造进一步发展，这个难题伴随1949—1966年始终，政府作为唯一改造力量的来源，治理模式需要得到改变。

第四章介绍1958—1966年间的政府主导与民众广泛参与相结合的棚户改造状况。与第一阶段不同，1958—1966年间的棚户改造吸收了公众的力量，大大推进了改造步伐。但无序搭建的棚户严重影响了城市的基本面貌，棚户中大量私房的存在，对逐步建立的社会主义公有制体系形成冲击，这些因素都导致管理者不断调整棚屋搭建政策。除此之外，政府主导的棚户改造不再是零星翻建小规模进行，而是结合整体城市规划与建设，成街成坊对棚户拆除重建，典型案例即蕃瓜弄棚户的改建。通过对棚户搭建管理的观察，本章探讨了改造过程中主要涉及的三方力量，政府、社会与个人如何参与改造工作，这当中有协同也有矛盾。棚户区的搭建管理是一个根据城市社会经济发展与城市规划调整不断变化的过程，几经调整，最终落实到对群众性的棚户改造进行引导，并限制其出租出售行为。值得注意的是，上海市政府并没有趁机剥夺广大私房棚户居民的房屋所有权，私房棚户产权在限制中得到保留，搭建管理逐步合理与规范化。20世纪60年代棚户社会的日常生活与身份认同表明，棚户作为身份象征的观念被打破，在20世纪60年代的上海社会中，房屋类型的差异并不影响居民的日常生活与身份认同，国家强力建构的“工人阶级当家做主”的观念，改变了长期以来人们对棚户的负面评价。相较解放前的生活，棚户居民的身份认同和社会参与都达到前所未有的高度。

第五章总结1949—1966年间上海棚户区改造的特点，并介绍1966年至今上海市区棚户逐步消除的历程。1949—1966年的棚户改造历程，是上海城市功能定位、城市管理政策和经济发展水平在居住环境中的投影，中国共产党领导下的棚户区改造呈现出三大特点：一是改造与工业发展错峰进行，二是对棚户区的两大基本要素，空间与社会并重改造，三是政府主导与民众广泛参与相结合。1966年之后的棚户区改造，在经历了动荡时期的停滞之后，迎来新的发展。改革开放后，中国经济体制的变化，让市区棚户改造进入飞速发展快车道，至2000年底，市区成片的棚户简屋基本消除。在上海市区棚户逐步消除的过程中，郊区棚户出现了扩大趋势，近几年来,在上海大力“拆违”的举措之下,这一趋势明显得到了遏制。

结论部分将考察的视角延续至当下,探讨棚户区改造带来的启示。首先,无论何时何地,群众工作路线都是处理党群关系、政府与群众关系的重要方法;其次,棚户改造工作是需要政府尽力而为又量力而行的民生工作;再次,棚户改造不是单纯的空间再造,更核心的是在机制创新基础上对人的改造,变“授人以鱼”为“授人以渔”,才能实现人与社会同步发展。

# 第一章　近代上海棚户区的发展及改造概况

从近代城市发展产生的劳动需求来看，棚户区的出现是城市发展的必然结果。上海开埠后，在黄浦江两岸码头附近出现了最早一批棚户，居民以附近码头扛大包的工人为主。此后，越来越多邻近省市或因自然灾害或因破产的贫困农民来上海寻找工作机会，因人口数量众多，且破产农民的文化水平与劳动技能严重滞后，与近代都市职业要求形成巨大落差，以致他们并不能在上海寻找到合适的就业机会，由于破产失地，他们也无法返回农村生存，城市中的破落棚户区成了收入低下的他们的容身之所，上海棚户区的面积和人数一步步发展壮大。此外，无情的战争进一步加剧了上海棚户面积的扩大，不少市民房屋因战火被毁，只能搭盖棚屋求生。到1948年，上海棚户"共约七万余户三十余万人，约占上海全人口十分之一弱"①。广大棚户居民在没有任何近代先进市政设施的棚户区中，勉强过着"脏、愚、病、破"的悲苦生活，并无力改变阶层固化的现状。棚户区的建筑与卫生状况，使棚户一直遭受水、火、疾病等灾害困扰，又因其中居住着大量文化层次低下，且无固定职业的城市底层人口，由于其长期处于贫困和绝望之中，导致棚户区的犯罪率居高不下。近代棚户区的灾难与犯罪，让上海各界管理者对其采取了一系列"改造"措施，不论是直接取缔还是短暂缓解，租界和华界都没能从根源上阻止棚户再生和扩大，中国共产党在部分棚户区内的救助举措则赢得了棚户居民的认可。

---

① 附录《上海市棚户区概况调查报告》，载陈仁炳主编：《有关上海儿童福利的社会调查》，上海儿童福利促进会1948年版。

# 第一节　近代上海棚户区的形成及演变

上海是近代中国最具吸引力的移民城市,发达的工商业、先进的市政设施、新型的社会风尚与生活方式,吸引着各地民众不远千里而来,追逐上海的都市梦。最早的棚户区正是这些来上海寻求工作机会的外地贫困乡民在上海的落脚点,此后,在上海城市发展和多次战乱共同影响之下,越来越多的贫民和难民聚集于此,导致棚户面积不断扩大,棚户人口持续增多。由于没有一定的文化知识与劳动技能,外地贫困乡民在上海寻求的工作机会并不能与近代上海快速发展的劳动要求相匹配,普遍失业或半失业的他们沦为新的都市贫民,在没有任何近代先进市政设施的棚户区中,勉强过着"脏、愚、病、破"的悲苦生活。

## 一、近代上海城市发展对人口的吸引

开埠以来,上海快速成长为被誉为"东方巴黎"的远东大都市,先进、自由、多金、开放等都是近代上海的注解,人们对上海的趋之若骛使大量外地人口涌入上海。破产农民是庞大移民群体的主要构成部分,都市的巨大光环让他们远离家乡来上海寻求谋生之路,这是上海城市发展的必然结果。

### (一) 近代上海经济中心的发展

上海在开埠之后,逐渐发展成为近代中国第一大城市,是中国的商业、工业、贸易、文化中心,尤其在经济方面,上海是近代中国最大的多功能经济中心城市。

近代中国外资银行和本国银行都首先在上海开设。"至 20 世纪 20—30 年代,中国最主要银行的总部都设在上海.外资银行林立,上海成为中国乃至远东的金融中心。在交通运输方面,迅速发展的新式轮运业使上海在 20 世纪初就形成了包括内河、长江、沿海和外洋等四大航线,出入上海的商船和吨位数都占全国总数的 20%以上。1908 年和 1909 年沪杭铁路通车后,上海更有了联结内地的铁路干道。1929 年以后,上海还先后开辟了联结国内各大埠的航空线路。由此,上海成为全国最重要的交通运输枢纽"①。有

① 张仲礼主编:《近代上海城市研究》,上海人民出版社 1990 年版,第 23 页。

了资本支持和便利的交通条件，上海的轻工业在此基础上迅速发展，上海的"各类工厂如雨后春笋般开设起来，可以说，哪里有宽阔的通往江河的水道，哪里就会有工厂"①。

1920年上海有现代工厂808家，1925年上升为1 447家，1930年达2 651家②。发展到20世纪30年代，"上海30人以上的工厂数占全国12个大城市总数的36%，其资本额占12个城市总数的60%，其产值更达12个城市总数的66%"③。棉纺织、机制面粉、火柴、造纸、印刷、制革、玻璃等工业均蓬勃发展，还出现橡胶、味精、化妆品、肥皂、搪瓷品等新兴工业，上海形成了以轻工业为主的工业结构。

上海可以说是中国近代化起步最早、程度最高的城市。以租界为代表的先进近代城市设施也堪称全国第一，"1865年，中国第一家煤气厂在上海投产供气；1882年，中国最早的电力厂也在上海正式供电，1883年，上海的自来水厂也开始向居民供水，代表着西方物质文明的电话、电报也相继出现，逐步地完善了近代城市的最基本设施"④。随着经济发展，上海的公用事业进一步壮大。

表1-1统计的七大城市中，上海人口占七个城市总数的42.2%，售水量占72.1%，用水户占总数的68.9%，售电量占总数的68.1%，用电户占总数的60.6%。上海近代公用事业的发展在国内遥遥领先。

**表1-1　1947年中国七大城市自来水、供电比较表**

| 城市 | 售水量(立方米) | 用户数(户) | 售电量(度) | 用户数(户) | 人口总数(人) |
|---|---|---|---|---|---|
| 上海 | 140 682 970 | 68 028 | 1 002 892 692 | 225 767 | 4 535 609 |
| 南京 | 13 322 499 | 8 281 | 99 602 370 | 27 977 | 1 122 140 |
| 天津 | 16 645 722 | — | 188 007 713 | — | 1 715 534 |
| 重庆 | 3 716 702 | — | 65 211 887 | — | 973 522 |
| 汉口 | 9 816 950 | 11 406 | 23 151 013 | 17 456 | 717 398 |
| 台北 | 22 141 502 | 32 867 | 54 882 552 | 37 978 | 326 646 |

① 《上海近代社会经济发展概况——海关十年报告》，上海社会科学院出版社1985年版，第208页。
② 许涤新、吴承明主编：《中国资本主义发展史》(第三卷)，人民出版社2005年版，第118页。
③ 张仲礼主编：《近代上海城市研究》，上海人民出版社1990年版，第23页。
④ 张仲礼主编：《近代上海城市研究》，上海人民出版社1990年版，第21页。

**续 表**

| 城市 | 售水量(立方米) | 用户数(户) | 售电量(度) | 用户数(户) | 人口总数(人) |
|---|---|---|---|---|---|
| 广州 | 733 471 | 38 109 | 37 979 655 | 63 400 | 1 345 906 |
| 总计 | 207 059 816 | 158 691 | 1 471 727 882 | 372 578 | 10 736 755 |

资料来源：罗苏文、宋钻友：《上海通史・民国社会》(第9卷)，上海人民出版社1999年版，第12页。

与经济和市政近代化发展同步，上海的文化和教育也得到大力发展。19世纪中后期，上海是西学在中国传播的中心，众多的文化机构、报纸杂志在上海聚集。“近代上海出版的报刊，通常占中国报刊总数的1/4以上”①。至1925年，“上海有出版中文书籍的各种书局、书庄、书社共121家，出版外文书的机构12家，有印刷所112家”②。此外，众多文化人的加入，进一步促成了近代上海文化中心的形成。章清认为在1927年前后起码有三批文化人向上海汇聚：一种是受北洋军阀迫害从北京南下上海寻找新的栖身之所的北京文人群；一种是1927年国共分裂后，因革命处于低潮重返文化战线的革命作家和进步文化工作者；还有一种是留学日本、苏联、美国等地的归国文化人士，因上海独特的文化、政治、经济地位，选择寓居上海③。到20世纪30年代，上海已发展成为中国的文化中心，“主要表现在文化事业众多，文化人才密集，文化发展的导向性和文化鉴赏的权威性等方面”④。

经济和文化的发展，刺激了上海娱乐、戏剧、电影等方面的繁荣，文化团体之多，影剧演出场所之繁，在全国首屈一指。以电影为例，1922年3月，在上海成立的明星影片公司，揭开了中国正规的、大规模的电影创作序幕⑤。在1925年前后，上海有141家制片公司，占全国所有电影公司的80%以上，是中国电影事业的中心⑥。在戏剧方面，据不完全统计，20世纪30年代，上海的戏曲演出剧场有一百多所，观众席位达10万个以上⑦。近代上海的大众娱乐文化十分丰富发达。

① 熊月之：《千江集》，上海人民出版社2011年版，第31页。
② 熊月之：《上海通史・导论》(第1卷)，上海人民出版社1999年版，第23页。
③ 章清：《亭子间：一群文化人和他们的事业》，上海人民出版社1991年版，第1页、22页。
④ 熊月之：《上海通史・导论》(第1卷)，上海人民出版社1999年版，第22页。
⑤ 许敏：《上海通史・民国文化》(第10卷)，上海人民出版社1999年版，第162页。
⑥ 许敏：《上海通史・民国文化》(第10卷)，上海人民出版社1999年版，第164页。
⑦ 许敏：《上海通史・民国文化》(第10卷)，上海人民出版社1999年版，第204页。

上海在这些领域的突出发展，使上海拥有远东第一大都市的称誉。熊月之认为，可以归纳为以下几点："全国特大城市，最大港口，对外交往基地，近代化起步最早、程度最高，多功能经济中心，全国文化中心之一。"①近代上海在中国的重要地位，吸引了大量移民前往上海。

### (二) 层次丰富的移民：上海城市人口主体

近代上海都市发展，吸引着不同类型的人进入上海，带动了社会劳动力的聚集。1852 年，上海人口为 544 413 人，至 1949 年 3 月，增长到 5 455 007 人②，在上海解放前的近百年时间内，净增长人口约 500 万，增加了 9 倍左右，这主要是迁移增长的结果。

根据邹依仁的研究，旧上海的人口自然增长率并不高。以华界为例，1929 到 1936 年间，华界共出生 164 318 人，死亡 135 193 人，这几年人口自然增长共 29 125 人，但华界的总人口却从 1929 年的 1 620 187 人增加到 1936 年的 2 155 717 人，共增加 525 530 人③，自然增加的人口仅占全部增长人口的 5.6%左右，可见，从各地迁入上海的移民人口占了绝大多数。上海的都市繁华和工业商业文化等发展带来的工作机会，使上海成为近代中国最具吸引力的移民城市，仅以 1929—1936 年间上海人口的迁入迁出统计为例，就可见一斑。

通过表 1-2 对 1929—1936 年间上海人口迁入迁出的考察，可以发现，上海人口的快速增长与绝对高的迁入量直接相关，表 1-2 的统计数据显示，每年都有大量外地人口来到上海，迁入数远大于迁出数，正是外地移民的到来，促进了上海人口的快速增长。"到上海去"成为不同地方各阶层人们共同的"上海梦"，大规模外地人口的加入使上海籍贯人口与非上海籍贯人口呈现明显对比。

**表 1-2　1929—1936 年上海人口迁入迁出统计表**　　(单位：人)

| 年　份 | 迁　入 | | | 迁　出 | | | 迁入超出迁出人数 |
|---|---|---|---|---|---|---|---|
| | 男 | 女 | 合　计 | 男 | 女 | 合　计 | |
| 1929 | 109 341 | 80 764 | 190 105 | 36 793 | 29 506 | 66 299 | 123 806 |

① 熊月之：《上海通史・导论》(第 1 卷)，上海人民出版社 1999 年版，第 15 页。
② 邹依仁：《旧上海人口变迁的研究》，上海人民出版社 1980 年版，第 90—91 页。
③ 根据邹依仁：《旧上海人口变迁的研究》，上海人民出版社 1980 年版，第 136—138 页整理所得。

**续 表**

| 年 份 | 迁 入 | | | 迁 出 | | | 迁入超出迁出人数 |
|---|---|---|---|---|---|---|---|
| | 男 | 女 | 合 计 | 男 | 女 | 合 计 | |
| 1930 | 145 670 | 108 860 | 254 530 | 85 562 | 63 207 | 148 769 | 105 761 |
| 1931 | 178 963 | 127 749 | 306 712 | 121 874 | 86 832 | 208 706 | 98 006 |
| 1932 | 272 733 | 200 495 | 473 228 | 117 697 | 81 345 | 199 042 | 274 186 |
| 1933 | 268 161 | 190 104 | 458 265 | 178 830 | 123 269 | 302 099 | 155 968 |
| 1934 | 248 790 | 167 287 | 416 077 | 188 202 | 128 403 | 316 605 | 99 472 |
| 1935 | 300 765 | 219 232 | 519 997 | 299 799 | 199 182 | 498 981 | 21 016 |
| 1936 | 244 971 | 169 950 | 414 921 | 188 393 | 138 361 | 326 754 | 88 167 |

资料来源：根据邹依仁：《旧上海人口变迁的研究》，上海人民出版社 1980 年版，第 118—121 页整理所得。

**表 1－3 1929—1936 年上海“华界”上海籍贯人口与非上海籍贯人口统计表**

| 年 份 | 上海籍贯人口 | | 非上海籍贯人口 | |
|---|---|---|---|---|
| | 人数(人) | 比重(%) | 人数(人) | 比重(%) |
| 1929 | 426 648 | 28 | 1 073 852 | 72 |
| 1930 | 436 337 | 26 | 1 255 998 | 74 |
| 1931 | 455 662 | 25 | 1 368 327 | 75 |
| 1932 | 430 875 | 28 | 1 140 214 | 72 |
| 1933 | 473 638 | 26 | 1 362 991 | 74 |
| 1934 | 488 631 | 25 | 1 426 063 | 75 |
| 1935 | 513 704 | 25 | 1 518 695 | 75 |
| 1936 | 513 810 | 24 | 1 631 507 | 76 |

资料来源：邹依仁：《旧上海人口变迁的研究》，上海人民出版社 1980 年版，第 112 页。

1929—1936年间，从“华界”上海籍贯人口与非上海籍贯人口的比重可以看出，上海“华界”的本籍人口的最大比重是1929年、1932年的28%。租界更甚，据邹依仁统计，公共租界内上海本籍人口的最大比重是1930年的22%。在民国时期，上海人口中70%以上是外来移民，其中以邻近的江苏、浙江、安徽人数最多。上海成为近代中国典型的移民城市。

除了本国移民，作为全方位开放的国际大都市，因为租界的存在，上海移民还包含了大量外侨。19世纪末20世纪初，“在沪各国侨民总数已达1.5万余人，其中有英、美、法、德、日、俄等国侨民近万人，还有印、葡、奥、意、丹麦、荷兰等国侨民。1936年外侨人口数达6.2万，1942年达到最高峰8.6万人”①。

上海移民的丰富组成，除了地域的差别，还体现在层次类型的丰富。人们怀着不同的目的来到这个城市，“从千万富翁——来上海体验在别的城市无法实现的既奢侈又隐逸的生活方式，到赤贫阶层——沿街乞讨仅仅为了糊口；从落魄政客——以外国租界为‘安全地带’寻求庇护，到亡命之徒——来参加中国最大的黑社会；从现代女性(或所谓摩登女郎)——在这座城市找到了她们梦寐以求的自由，到无知的乡下少女——被招工者以打工为名骗到上海然后卖给妓院”②。各色人等组成了上海庞大的移民群体。

正如忻平在《从上海发现历史——现代化进程中的上海人及其社会生活(1927—1937)》中对上海移民的分析：移民的动因是多元的，既有外在的“推动——吸引”作用，也有内在的“投资——利润”“期望收入”的冲动，同时，移民人数多寡与路途远近成正比，并且移民层次丰富，几乎无所不包③。上海作为近代中国第一大城市的聚集效应一览无遗。

### (三) 贫民和难民：移民主体

在上海庞大的移民群中，有留学归国人员，有商贾巨富，但更多的是经济相对落后地区的底层贫民和难民，“多是由于战乱、灾荒、寻找出路等原因到城市避难、

① 《上海租界志》编纂委员会编：《上海租界志》，上海社会科学院出版社2001年版，第111页。

② 卢汉超著，段炼、吴敏、子羽译：《霓虹灯外——20世纪初日常生活中的上海》，上海古籍出版社2004年版，第34页。

③ 忻平：《从上海发现历史——现代化进程中的上海人及其社会生活(1927—1937)》，上海大学出版社2009年版，第33—41页。

谋生、求发展的,就其整体特性而言,年轻人多,男性多,不安分者多,贫困者多"①。这些底层的普通民众,构成了上海移民的主体。

对于这一现象,邹依仁给出了如下解释:"解放前的百余年间,我国遭受了帝国主义、封建地主阶级、官僚资产阶级的残酷的政治压迫与经济剥削等,以致农村破产,民不聊生。而虚假繁荣的'十里洋场'的上海租界却具有极大的吸引力,使广大内地的人民,尤其是破了产的农民经常地流入上海,这是上海市区,特别是租界地区百余年来人口不断增加的主要因素。也就是说,旧上海之所以能成为拥有500万以上庞大人口的中国第一大城市,主要是建筑在我国广大农村破产的基础上面的。"②卢汉超所调查的438名外来移民中,有71%的居民来自乡镇③。陈映芳的调查也显示了类似结果,在元和弄棚户区的居民中,第一代移民多来自江苏北部的南通、阜宁、海门、江阴、启东、泰州等地的贫困农村。罗苏文也提出上海移民的特征之一,就是移民主体为来沪谋生的破产农民④。

在半殖民地半封建社会的近代中国,伴随城市的繁荣却是农村社会的日益衰败与小农经济的持续破产,二元对立势差明显,大量破产农民流入城市。而上海工商业的繁荣,及为之服务的第三产业发展,带来了众多的就业机会,吸引四面八方民众来到上海。《民国川沙县志》有这么一段描述:"农工出品销路惟何? 曰惟上海。人民职业出路惟何,曰惟上海。"⑤上海成为附近民众谋生的首选之地。

除了破产农民,难民也是移民的主要人群。20世纪二三十年代不断发生的灾害与战乱,让大量灾难民涌入上海。1931年的长江水灾,数百万灾民无家可归,这一年上海灾民人数激增,社会局在柳营路设立的收容所,仅三个月时间就收容灾民达37万人⑥。

必须承认的是,庞大的移民人口为上海各类行业提供了源源不断的多层次人力资源。但发展与危机并存,最直接表现为城市就业机会有限与移民过剩的矛盾,

---

① 熊月之:《上海通史·导论》(第1卷),上海人民出版社1999年版,第94页。
② 邹依仁:《旧上海人口变迁的研究》,上海人民出版社1980年版,第14页。
③ 卢汉超著,段炼、吴敏、子羽译:《霓虹灯外——20世纪初日常生活中的上海》,上海古籍出版社2004年版,第300页。
④ 罗苏文:《近代上海都市社会与生活》,中华书局2006年版,第179页。
⑤《民国川沙县志:卷五 实业志》,上海市档案馆:Y15-1-221-194。
⑥《上海市政概要》(1934年),上海市档案馆:Y2-1-548。

产生了上海数量众多的失业者、无业游民。

这些主动来上海谋求发展的外地移民带有很大的盲目性,许多人认为,上海遍地是黄金,这类移民并不知道繁华背后的上海“亦普遍不景气,工商业凋敝,随处觉着人浮于事,当然不易达到目的”①。1930—1936年间,上海华界无业者一直在30万左右徘徊②。“到民国末年,这些临时工、流浪者、无业者和没有稳定职业的人们,以及他们的家庭,在上海总共五百万的人口中占到将近四分之一”③。来上海谋求职业并不容易。

近代上海大量无业或半就业人群产生的主要原因,一是人口数量远超过需求人数,二是这类人口的知识结构与劳动技能与近代上海都市发展的劳动需求不匹配。近代城市劳动发展对劳动者的文化基础和职业技能产生了更高要求,这些初入上海的外地农民,多是文化水平不高、劳动技能低下的贫困人口,近代工厂的机器操作是以掌握一定文化知识为前提的,而这些背井离乡来上海的移民,受教育程度普遍不高。卢汉超的抽样调查显示,小学以下文化的占76%,其中包括26%的文盲④。移民人口低层次的受教育经历,显然难达到机器工业大生产的要求。

对破产农民而言,在上海虽然不会有舒适的生活,但相较于农村破产无法维系生计的情况,在都市中他们还能依靠出卖体力劳动为生。“这些来沪的农民找不到工作,他们只能去拉车,这活儿只需懂得红绿灯、上下街沿、左转弯右转弯这类简单交通规则即可”⑤。放下手中锄头,转而来到上海的破产农民,在城市中有着勉强活下去的希望。

## 二、棚户区的形成与发展

早期棚户区的主要人群是来沪谋生的外地农民,随着近代工业发展对劳动人

---

① 《上海的游民问题》,载《社会半月刊(上海)》1934年第1卷第4期。

② 邹依仁:《旧上海人口变迁的研究》,上海人民出版社1980年版,第106页。

③ 卢汉超著,段炼、吴敏、子羽译:《霓虹灯外——20世纪初日常生活中的上海》,上海古籍出版社2004年版,第52页。

④ 卢汉超著,段炼、吴敏、子羽译:《霓虹灯外——20世纪初日常生活中的上海》,上海古籍出版社2004年版,第302页。

⑤ 席为(音):《上海社会的剖析》,转引自卢汉超著,段炼、吴敏、子羽译:《霓虹灯外——20世纪初日常生活中的上海》,上海古籍出版社2004年版,第69页。

口的吸引,棚户区面积不断扩大,棚户人口不断增多,加之战争造成大量无家可归的灾难民,到 1948 年,上海棚户“共约七万余户三十余万人,约占上海全人口十分之一弱”①。

### (一) 都市:棚户贫民的希望

如前文所述,上海移民的主体是“一无资金投资,二无现代文化,三无社会关系”②来沪谋生的破产农民,这些或远或近来上海寻找工作的外地移民,构成了上海早期棚户区中的基本人口。从 1843 年黄浦江两岸陆续建造码头开始,江边出现了最早一批棚户,主要是码头上扛大包的工人。此后,各国纷纷在上海开设工厂,中国的民族工业有了一定程度发展,吸引着附近贫苦农民来上海寻找工作机会,于是在工业区附近相继出现了更多形形色色的棚户区。受制于早期简陋的交通工具,贫苦乡民一般是沿着河流划船进入上海,靠岸之后,便将船停靠在岸边作为居住场所,所以,早期棚户区呈现出沿河流和工业区边缘分布的特点。

随着上海城市经济发展,上海的都市光环吸引越来越多的人聚焦于此,卢汉超在写作《霓虹灯外——20 世纪初日常生活中的上海》一书时,曾于 1989—1990 年对民国时期来到上海的 438 名居民作了抽样访问,这些居民均出生于 1930 年以前,且 1948 年前就居住于上海,他们来沪主要出于以下几种目的:

**表 1-4 438 名居民来沪原因统计表**

| 原　因 | 人数(人) | 百分比(%) |
|---|---|---|
| 求学 | 9 | 2.1 |
| 寻求就业机会 | 222 | 50.7 |
| 躲避中日战争 | 17 | 3.9 |
| 躲避内战 | 10 | 2.3 |
| 躲避匪徒 | 3 | 0.7 |

① 附录《上海市棚户区概况调查报告》,载陈仁炳主编:《有关上海儿童福利的社会调查》,上海儿童福利促进会 1948 年 6 月版。

② 忻平:《从上海发现历史——现代化进程中的上海人及其社会生活(1927—1937)》,上海大学出版社 2009 年版,第 71 页。

续　表

| 原　　因 | 人数(人) | 百分比(%) |
| --- | --- | --- |
| 躲避自然灾害 | 11 | 2.5 |
| 躲避家庭纠纷 | 2 | 0.5 |
| 到城市寻找更好的生活 | 35 | 8.0 |
| 其他(如家庭团聚) | 129 | 29.3 |

资料来源：卢汉超著，段炼、吴敏、子羽译：《霓虹灯外——20世纪初日常生活中的上海》，上海古籍出版社2004年版，第301页。

从卢汉超的调查可以看出，他们从异地迁来上海的主要原因是寻找就业机会，占抽样调查总人数的一半，另外为躲避各种战乱纷争的近10%，不管出于何种具体原因，大家都奔向了上海。对于来沪寻求谋生机会的移民来说，他们确实获得了比原居住地更多的工作机会，"约70%的男性说他们到上海来的主要原因是为了'找一份工作'，实际上他们也找到了。来上海前，他们的就业率为46.6%，到上海后这个比率升至75.3%"①。正如卢汉超指出的那样："经济上的机遇、日常生活上的便利以及文化和社会生活的丰富多彩，所有这些赐予城市相对于农村无法比拟和难以抗拒的有利条件。"②作为20世纪中国最现代化的城市，上海集中并增强了城市生活的吸引力，大量其他地区的人们来上海追讨生活。

在1929年，上海棚户发展至25 723户，其中男性61 197人，女性52 318人③，棚户区逐步扩大。由于文化水平低下且没有一技之长，棚户居民获得的工作大多是收入低下且不稳定的苦力工作。1936年的调查显示，码头工人、收粪工、苦力各占棚户人口的15%，黄包车夫占5%，还有20%的棉纺厂临时工和30%的失业者，包括乞丐④。

对这些棚户居民而言，即便拥有一份维持温饱的工作，随着时间推移，他们的状况并不能得到进一步改善。因为无法胜任近代城市发展所需要的新兴职业要

① 卢汉超著，段炼、吴敏、子羽译：《霓虹灯外——20世纪初日常生活中的上海》，上海古籍出版社2004年版，第35页。

② 卢汉超著，段炼、吴敏、子羽译：《霓虹灯外——20世纪初日常生活中的上海》，上海古籍出版社2004年版，第6页。

③《调查全市棚户统计及分布情况》，上海市档案馆：Q1－23－24。

④ 忻平等著：《上海城市发展与市民精神》，社会科学文献出版社2013年版，第87页。

求,不断被淘汰至社会边缘,没有固定收入与职业,生活艰难,进一步沦为新的城市贫困人口。蜷居在棚户中是他们不得已的选择,贫困也就成了棚户区的基本印象。

民国初期,孙中山就意识到城市中的贫富差距问题,"宜乎富者愈富,贫者愈贫,阶级愈趋愈远……"①民国时期的上海贫富两极对比特别突出,城市物质文明的成果仅是上流社会所能享有,英美烟草买办郑伯昭凭借着每年50万元的佣金收入,雇人专为他的几十条狼狗做肉馒头,仅牛肉每天就吃几十斤②。下层民众食不果腹、衣不蔽体的贫困处境,与城市上流社会的奢侈生活形成鲜明对比。城市中悬殊的贫富差距让阶级分化异常强烈,透过房屋居住类型表现得淋漓尽致。"富人在高大的洋房里,电风扇不停地摇头,吐出风来,麻将八圈,眼目清亮,大姐开汽水,娘姨拿香烟。穷人们在三层阁上,亭子间里,闷热得像在火炕上,臭虫蚊子,向你总攻击,大便在这里,烧饭也在这里,洗浴与卧室也在这里"③。一面是社会上层居住的拥有抽水马桶、现代水电的繁华街区,一面是拥挤杂乱的阁楼亭子间,更不必说社会底层勉强安身的脏乱破败的棚户聚集地。这些棚户居民,虽人在城市,却游离于现代都市文明之外。

尽管在上海生活艰辛,但这些外乡民众来到上海之后并未打算离开,而是选择留在上海长久居住,卢汉超的抽样调查统计了他们来上海后准备居住的时间。

从表1-5中可知,有超过82%的居民计划长期或永久居住在上海,对于棚户居民来说,不论是乡村或城市,贫困的实质也许从未发生改变,但相较于家乡一贫如洗的生活,在上海起码还能靠出卖劳动勉强糊口,有着活下去的希望。

**表1-5　438名居民迁移时准备居住的时间表**

| 准备居住的时间 | 人数(人) | 百分比(%) |
| --- | --- | --- |
| 永久居住 | 114 | 26.1 |
| 长期居住 | 245 | 56.1 |

① 《孙中山全集》(第5卷),中华书局1981年版,第69页。

② 程仁杰:《英美烟公司买办郑伯昭》,中国人民政治协商会议上海市委员会文史资料工作委员会编:《旧上海的外商与买办》,上海人民出版社1987年版,第177页。

③ 杜鹃:《上海的夏夜弄堂》,载《社会日报》1936年7月24日。转引自周振华、熊月之、张广生等著:《上海:城市嬗变及展望(上卷)工商城市的上海(1949—1978)》,格致出版社、上海人民出版社2010年版,第13页。

续　表

| 准备居住的时间 | 人数(人) | 百分比(%) |
| --- | --- | --- |
| 短期居住 | 14 | 3.2 |
| 在家乡与上海两地轮流居住 | 11 | 2.5 |
| 未定 | 54 | 12.1 |

资料来源：卢汉超著，段炼、吴敏、子羽译：《霓虹灯外——20世纪初日常生活中的上海》，上海古籍出版社2004年版，第301页。

1948年的《上海市棚户区概况调查报告》，这样描述棚户居民的处境："他们多是农民出身，不识字，不会做细工，从而也只有靠出卖唯一的本钱——力气吃饭，最多是拉车的(踏三轮车，拉黄包车，拉塌车等)约占一半，其次便是做零碎小工和做厂工的，再次是小贩，手工修理匠等。"①虽然都是底层低技能职业，但对比农村单纯依靠土地而言，上海能提供的生存方式更多样化。所以，卢汉超说，"由于贫穷，他们无法享受一个现代化城市所提供的大部分便利，不得不容忍社会对他们的歧视。但所有的艰难和伤害没能迫使他们离开城市。恰恰相反，他们尽可能地将家庭成员从乡村接往城市"②。根据1948年的棚户调查报告记录，一处有着402户棚户的棚户区居民职业类别如下：

**表1-6　1948年402户棚户职业调查表**

| 职　业 | 户数(户) | 百分比(%) |
| --- | --- | --- |
| 车夫 | 218 | 54.21 |
| 厂工 | 44 | 10.92 |
| 散工 | 42 | 10.70 |

① 附录《上海市棚户区概况调查报告》，载陈仁炳主编：《有关上海儿童福利的社会调查》，上海儿童福利促进会1948年版。

② 卢汉超著，段炼、吴敏、子羽译：《霓虹灯外——20世纪初日常生活中的上海》，上海古籍出版社2004年版，第4页。

**续 表**

| 职　　业 | 户数(户) | 百分比(%) |
| --- | --- | --- |
| 小贩 | 36 | 8.79 |
| 小职工 | 17 | 4.21 |
| 小店商 | 12 | 2.96 |
| 家务 | 10 | 2.42 |
| 失业 | 8 | 1.95 |
| 不明 | 15 | 3.72 |
| 合计 | 402 | 100 |

资料来源：附录《上海市棚户区概况调查报告》，载陈仁炳主编：《有关上海儿童福利的社会调查》，上海儿童福利促进会1948年版。

这份调查虽然不能代表上海所有棚户的职业状况，但由此也可以看出上海棚户职业类别的大概情形。在这份调查中，车夫占比54.21%，厂工和散工约占四分之一，无论何种职业，皆是以低劳动技能的苦力劳动为主。尽管如此，除开家务、失业与不明情况，就业比重达到91.91%，出卖劳动力就很有可能拥有工作，这正是源源不断的乡民来上海谋求生活并选择居留在此的重要原因。所以，熊月之教授在《近代上海城市对于贫民的意义》一文中写到："城市虽然不是贫民的天堂，但至少是他们的希望。"①

从城市发展产生的劳动需求来看，棚户区的出现是城市发展的必然结果。近代上海城市发展形成巨大吸力，需要外地移民加入提供的劳动力助推城市生产，但因人口数量众多，且破产农民的文化与劳动技能严重滞后，与近代都市职业要求形成巨大落差，城市所能提供的就业机会远不及实际需求，半就业或失业的他们不断被推至城市边缘。由于破产失地，他们也无法返回农村生存，只能继续滞留在尚有一丝生存机会的上海。在霓虹灯闪烁的繁华上海背后，城市中的破落棚户成了他们赖以生计之地，这是上海棚户区出现和发展的主要原因。

① 熊月之：《近代上海城市对于贫民的意义》，载《史林》2018年第2期。

### (二) 战乱之下棚户的继续扩大

如果说近代中国社会发展必然导致城市出现棚户之地，无情的战争则进一步加剧了上海棚户面积的扩大。1932年“一·二八”事变和1937年“八一三”事变中，日本侵略军在上海狂轰滥炸，给上海造成巨大损失。在“一·二八”事变中，“闸北繁盛之区，被炸成瓦砾之场”①，整个上海由日军侵袭所造成的直接损失达15.6亿元，平民受害达18.0816万户，占全市华界的45%，闸北至江湾十余华里，民房损毁达80%，战区内共有工厂579家，占全市总数的四分之一，半数以上受到不同程度的损害，全市1.3万多家商店，买卖损失达70%。五年之后，“八一三”给上海造成更大灾难，经济损失约达58亿元(法币)，全市工厂被毁2000余家，由于日军狂轰滥炸，无数民房、工厂、学校、街道化为废墟②。据美国经济专家调查统计，“八一三”所受损失较“一·二八”时增加三倍③。战争造成的大量民房被毁，使大批难民不得不搭建棚屋重建家园，于是上海出现了更多的草棚和席卷的窝棚(“滚地龙”)。

打浦桥棚户区便是在“八一三”之后逐渐形成的。“不断前来的难民，更顺着原通日晖港的一条名叫玉雀港的小河、将棚户向东南蔓延，至1945年已构成了一片后来称为打浦路53弄的棚户区，这片总弄以玉雀巷为名的特大棚户区，竟包含了同义村(30支弄)、周家弄(53支弄)、南彭家弄(72支弄)、东彭家弄(77支弄)、淮盐新村(108支弄)和顺兴里(114支弄)等棚户支弄。”④

抗日战争胜利后，国民党政府发动内战，不少其他地区难民继续涌入上海，上海人口再次膨胀，棚户区的范围进一步扩张。到1948年，上海棚户“共约七万余户三十余万人，约占上海全人口十分之一弱”⑤。无情的战争加剧了近代上海棚户区的持续发展。

---

① 《申报年鉴1933年：一年来之国难》，上海市档案馆：Y15-1-38-39。

② 廖大伟、陈金龙主编：《侵华日军的自白　来自“一·二八”“八一三”淞沪战争》，上海社会科学院出版社2002年版，第80、81页。

③ 上海社会科学院历史研究所编：《“八一三”抗战史料选编》，上海人民出版社1986年版，第109页。

④ 许洪新：《侵华日军是制造打浦桥棚户区的元凶》，载《上海革命史资料与研究》2007年版。

⑤ 附录《上海市棚户区概况调查报告》，载陈仁炳主编：《有关上海儿童福利的社会调查》，上海儿童福利促进会1948年版。

## 三、"贫、愚、病、破"的棚户生活常态

忻平指出,"丰富生动的日常生活决不等同于科学严谨的历史研究,而科学严谨的历史研究则必将从丰富生动的日常生活开始"①。解放前棚户区内悲苦的日常生活,与中国现代化程度最高的上海大都市格格不入,他们在上海的艰难既表现为挣扎地活着,也体现为习惯地接受,无力与麻木让阶层固化无法改变。

### (一) 贫

贫困往往是人们对棚户的第一印象,棚户区的贫困源自他们没有稳定的工作和可观的收入。城市规模的扩大与发展吸引了大量受困于传统经济破产或自然灾害的农业人口,但受限于城市经济发展畸形与局限,已有的近代化生产行业远未达到完全消化所有劳动人口的程度。即便是进入工厂工作的普通工人,其生活状况也仅能维持生存。

近代上海机器工业的发展,让工人工种不断细化,工人阶层产生了不同分化组合。裴宜理指出:"来自南方的熟练工匠掌握着稳定的、报酬高的工作,而来自北方的农民则以人力车夫、码头工人、缫丝工人、纺纱工人等职业为归宿,报酬仅得糊口。"②上海的劳工世界,呈现出清晰的两极分化,不仅每个行业的收入不尽相同,男工、女工和童工之间收入差距也十分巨大。

**表 1-7 1928 年 5 月上海工人平均工资表** (单位:元)

| 劳工类别 | 男 工 | 女 工 | 童 工 |
|---|---|---|---|
| 平均工资 | 20.65 | 13.92 | 9.30 |

资料来源:上海市政府社会局编:《上海市工人生活程度》,中华书局 1934 年版,第 2 页。

1928 年 5 月,上海市社会局调查了上海 30 个工业的工厂工人每月平均实际收入,其中男工为 20.65 元,女工 13.92 元,童工 9.30 元。各业主要工人平均每月收

① 忻平:《从上海发现历史——现代化进程中的上海人及其社会生活(1927—1937)》,上海大学出版社 2009 年版,楔子第 4 页。

② [美]裴宜理著,刘平译:《上海罢工:中国工人政治研究》,江苏人民出版社 2012 年版,第 29 页。

入最多的是印刷业男工，计 44.75 元，最少的是棉纺业女工，仅 13.58 元。而纺织业工人人数最多，占全体 237 574 工人数的 76.8%①。这份调查并不包括交通、苦力等工人的状况，反映的是普通工厂工人的实际收入，一般有着稳定收入的普通工人，他们在上海的生活也仅能维持基本的生存水准。

**表 1－8　1929 年 4 月—1930 年 3 月上海 305 户工人收入支出统计表**

<table>
<tr><td>每年收入(元)</td><td>416.51</td><td colspan="3"></td></tr>
<tr><td rowspan="6">每年支出(元)</td><td rowspan="6">454.38</td><td>明细</td><td>费用(元)</td><td>占支出比(%)</td></tr>
<tr><td>食物</td><td>241.45</td><td>53.2</td></tr>
<tr><td>房租</td><td>37.83</td><td>8.3</td></tr>
<tr><td>衣着费</td><td>34.01</td><td>7.5</td></tr>
<tr><td>燃料费</td><td>29.00</td><td>6.4</td></tr>
<tr><td>杂项</td><td>112.00</td><td>24.6</td></tr>
<tr><td>盈亏(元)</td><td>－37.87</td><td colspan="3"></td></tr>
</table>

资料来源：上海市政府社会局编：《上海市工人生活程度》，中华书局 1934 年版，第 17 页。

1929 年上海市社会局对 305 户工人家庭进行了为期一年的消费调查，共计 1 410 人，男性 707 人，女性 703 人，平均每户 4.62 人。这 305 户家庭主要来自纺织工业，占 60.26%，其次是机器及建筑工人，占 9.54%，食物烟草业工人占 7.79%，化学工业工人占 6.35%，水电印刷业工人占 4.45%，还有 11.61%的非工厂工人，如码头工人、人力车夫、小贩等。一年调查显示，平均每家每年收入 416.51 元，支出 454.38 元，收支相抵，亏短 37.87 元，入不敷出的家庭达三分之二②。这份调查大概说明了上海普通工人的生活状况，棚户区的状况则更为艰难。

以苦力为主的棚户居民，就业状况极其不稳定，所得收入更是低下。在 20 世纪 30 年代，"一个码头工人扛一个 100 多斤的货包进仓，得铜元 3 枚，为 1 只大饼的代价，从早扛到晚，仅得四五角钱，只能买四五升米，勉强维持最低生活。拉黄包车的

① 上海市政府社会局编：《上海市工人生活程度》，中华书局 1934 年版，第 2 页。
② 上海市政府社会局编：《上海市工人生活程度》，中华书局 1934 年版，第 13 页。

同样艰难,生意好的日子,扣除车租还有几升米钱,遇到生意清淡,连车租都交不出。为了养家糊口,妇女有机会就进厂做工。纱厂女工每天工作12小时,工资只有四五角,逢到加班,连续工作18小时,加班费只有2角左右。那时,不少工厂每年只开工五六个月,工人经常处于失业或半失业状态。停工期间,只能做些小生意贴补家用。有的孩子八九岁,就进厂当童工,工资比成人低得多"①。棚户居民为了生存,不得不"靠卖血、讨饭、拾垃圾度日"。由于居民收入甚微,"终年以六谷粉(苞米粉)、山芋和菜皮为主食,常用豆渣、麸皮、米糠充饥,汲取苏州河水煮食饮用,提取土井和臭水沟之水来洗涤衣物。衣着全为蓝、黑色的'千补百衲衣',居民中内无衬衣,外无罩衫,头上无帽,脚下破布鞋,全家合盖一条棉被,比比皆是"②。不夸张地说,棚户居民游走在死亡线边缘。

1930年5月,社会局对上海工人住房的数量和平均每屋居住人数进行了调查,调查显示,贫困工人居住草棚的有20 200户,平均每座草棚居住有6.17人,住在棚户区的贫困工人人数约在12万人以上③。

有工作并居住在草棚中的居民被划入了贫困工人范畴,居住在滚地龙中的棚户居民显然更为贫穷,生存异常艰辛。以"滚地龙"为主的蕃瓜弄棚户区中,在其一条支弄大统路425弄202户居民中,"有91户全家无人在业,占45.05%。16—45岁的劳动力404人,只有76人有职业,占18.81%"④。一年冬季,大统路425弄棚户区内就有36户居民在三个月内饿死、冻死23人。

在淞沪战役之后,社会的不景气让棚户居民的生活更难以维持,"现在竟一天比一天坏,从七八角钱而至于五六毛钱,有时一个钱也找不到也是常事"⑤。居住在棚户区的居民无奈地表示:"哪有人不要住楼房,倒要住这破破烂烂的草棚?哪有人不要吃自来水,倒要吃这脏的井水?实在没有钱,没法子想,人哪个不想过点舒

---

① 上海市普陀区志编纂委员会编:《普陀区志》,上海社会科学院出版社1994年版,第974页。
② 上海市闸北区志编纂委员会编:《闸北区志》,上海社会科学院出版社1998年版,第1291页。
③ 李文海主编:《民国时期社会调查丛编:城市(劳工)生活卷》(上),福建人民出版社2005年版,第398页。
④ 上海市闸北区志编纂委员会编:《闸北区志》,上海社会科学院出版社1998年版,第1291页。
⑤ 季洪:《棚户一瞥》,载《妇女生活》第4卷第9期,1937年5月16日;《历史的足迹——季洪妇女工作文选》,中国妇女出版社1998年版,第65—69页。

服的日子!"①大量无固定职业或无业的棚户居民,在上海艰难度日。

### (二) 愚

如果说"知识改变命运",那棚户居民的受教育程度几乎阻断了这条通道。据1947年对上海市区3 726 248人的文化程度统计显示,民众受教育程度并不高。

**表1-9　1947年上海市人口文化程度统计表**

| 文化水平 | 人数(人) | 占总人数比例(%) |
| --- | --- | --- |
| 高等教育 | 70 267 | 2.14 |
| 高中 | 131 046 | 4.0 |
| 初中 | 231 841 | 7.08 |
| 高小 | 283 857 | 8.66 |
| 初小 | 619 036 | 18.91 |
| 私塾 | 325 208 | 9.93 |
| 不识字 | 1 914 533 | 49.28 |

资料来源:上海通志编纂委员会编:《上海通志》(第1册),上海人民出版社、上海社会科学院出版社2005年版,第719页。

在1947年时,上海有将近一半左右的人口不识字,属于文盲水平,高中以上文化的仅占6%左右,大多数人文化水平低下。棚户区中的文化水平更不需说,1948年的调查谈到,"棚户区的居民们,十之八九都是文盲"②。前文阐述过文化水平高低对职业选择的影响,现代机器工业的发展,对工人的文化水平有一定要求,棚户区居民的文化水平状况显然不能让其获得较好的工作进而得到更高的收入。

棚户区内大量的文盲和受教育程度低的人口现状,所导致的职业状况与低下的收入水平,使居民们无力建造或租用稍好的房屋,棚户的大量产生与此相关。

---

① 季洪:《棚户一瞥》,载《妇女生活》第4卷第9期,1937年5月16日;《历史的足迹——季洪妇女工作文选》,中国妇女出版社1998年版,第65—69页。

② 附录《上海市棚户区概况调查报告》,载陈仁炳主编:《有关上海儿童福利的社会调查》,上海儿童福利促进会1948年版。

迫于生存压力的人,往往会缺乏对教育重要性的认识,也缺少改变处境的经济能力,这使得棚户区父辈们无力改变的情况延续在了下一代孩童身上。1948 年的《上海市棚户区概况调查报告》提及,“他们当中识字的很少,成人,一天十几个钟头的劳动已经够疲倦的了,再加上柴米油盐的重压,根本没有心肠读书识字,小孩子一到七八岁便该给他找个职业,搭荒,卖棒冰,推桥头等,以增加家中的收入,从小便剥夺了他读书的权利”①。棚户区的儿童依然缺乏改变命运的机会,在这里,贫穷和愚昧似乎形成了一个闭环。

受文化和认识水平的影响,棚户区内的娱乐生活也多为低层次的活动。“他们的娱乐仿佛只有抄麻将一种,棚户区里都有茶馆,茶馆便是赌窑,麻将声从未停止过,一点血汗钱都会葬送在麻将桌上,在茶馆听说书已经算是很高尚的娱乐了”②。在这个文化层次不高且穷困的人群中,还易发生一种现象,普通居民为了求得宁静生活,不得不拜“老头子”,这是底层民众迫不得已的选择。由于棚户区内小帮派组织众多,常常因为利益争夺发生吵架斗殴。缺乏正确引导的棚户民众,难以跳脱底层社会的命运。

## (三) 破

棚户的建筑情况无不显露出残破,棚户一般采用稻草或柏油纸作顶,用竹子编成墙壁,外面再涂一层黄泥,泥糊的墙上挖一小孔作窗。居住在这类环境之下,生活设施自不能多求,棚内能摆下一张床和一个小火炉,就算是不错的生活空间了。“像南市鲁班路附近的小窖棚,可就更惨了,只有一张方桌高,一张方桌宽,两张方桌长,人要爬着进去。在里面只能躺不能坐,而且顶多只能睡三个人,烧饭用的小得可怜的火炉,只好放在外面。大风大雨时,完全和露天一样”③。

1937 年,季洪走进眉州路齐齐哈尔路一带的棚户区,这样描述自己见到的景象:“一堆堆用泥土,柴草,搭成的又矮又破的茅棚,屋旁空地上掘个大洞,雨天,地面上的水流汇积在这里,算是棚户公用的井,屋前纵横着不满三尺阔的小沟,积着黑色的污水,阳光晒着,蒸发出阵阵的气味,再加上堆着的垃圾桶里拾来的破布和

① 附录《上海市棚户区概况调查报告》,载陈仁炳主编:《有关上海儿童福利的社会调查》,上海儿童福利促进会 1948 年版。

② 附录《上海市棚户区概况调查报告》,载陈仁炳主编:《有关上海儿童福利的社会调查》,上海儿童福利促进会 1948 年版。

③ 四明屠诗聘主编:《上海春秋》,中国图书编译馆 1968 年版,第 6 页。

柴屑的霉臭，感到异样的刺鼻难受。"①室内的环境比室外有过之而无不及，"屋子里边分外的黑暗，没有窗子，全屋除一个刚能供人低着头出入的门，虽然是白天，低矮的屋门阻止了光线的射入。屋内左边有张破桌，右边铺着块木板，门边安置着锅灶，这小小不满方丈的地方，便是她们衣、食、住的所在地"②。

棚户区的景象是混乱的，由于缺乏有效的监管，草棚往往无规则搭建，可谓见缝插针，这导致棚户区的道路十分狭窄和弯曲，有些地段，两人擦肩而过都十分困难。在药水弄棚户区内，因为没有排水管道，但凡雨后，路面总是泥泞不堪。1935年，一位记者曾来到闸北区的棚户区："棚屋之间留作通道的狭窄小径常常遍地泥水坑，这里，男女老小、猪狗鸡鸭都生活在同一空间。通过棚户区时，你想找一条好走一点的路是不可能的。"③

下雨天棚户室内漏雨是必然的，若遇潮汛，江水倒灌，更为惨烈，屋里屋外的积水往往多日不退。一般棚户区内都没有公共厕所和垃圾箱，垃圾粪便，随地倾倒，雨后的棚户区内的污水就是各种秽物的集合。贫乏的生活设施、拥挤的居住空间、脏乱的生活环境是棚户区的普遍现象。

### （四）病

棚户区的环境导致蚊蝇滋生，疾病流行。糟糕的卫生状况是传染病的温床，伤寒、霍乱、天花、麻疹等疾病，在棚户区内肆虐横行，由卫生问题引发的疾病传染和死亡在棚户区内十分普遍，尤以婴幼儿和儿童为多。1935年，蕃瓜弄一块23户居民点，"数天内即有26人死亡，路旁死婴，屡见不鲜，野狗争食尸体，惨不忍睹"④。因为贫穷，棚户居民根本无力承担高昂的医药费用，"在一些僻静的巷口河浜，随时可以发现破蒲包包着死孩子，有时更可以看见被野狗撕抢的血肉模糊的惨象。医院、卫生所、诊疗所，都是他们少有机会享受得到的宝贝玩意，他们只有听天由命，靠自己的体力和神灵的保佑，战战兢兢，过着近死亡边缘的日子"⑤。

---

① 季洪：《棚户一瞥》，载《妇女生活》第4卷第9期，1937年5月16日；《历史的足迹——季洪妇女工作文选》，中国妇女出版社1998年版，第65—69页。

② 季洪：《棚户一瞥》，载《妇女生活》第4卷第9期，1937年5月16日；《历史的足迹——季洪妇女工作文选》，中国妇女出版社1998年版，第65—69页。

③ 卢汉超著，段炼、吴敏、子羽译：《霓虹灯外——20世纪初日常生活中的上海》，上海古籍出版社2004年版，第114页。

④ 上海市闸北区志编纂委员会编：《闸北区志》，上海社会科学院出版社1998年版，第1291页。

⑤ 四明居诗聘主编：《上海春秋》，中国图书编译馆1968年版，第(下)6页。

棚户区内患病率极高是多方面因素导致的结果,干净生活用水的缺乏便是其中一个重要原因。随着上海城市人口的增加,排入自然水域的污水量大增,各小河道也污染严重,并逐年加重,早已不适合当作直接生活用水来源。19 世纪 80 年代,英商上海自来水公司在杨树浦建成上海第一座正规化城市水厂。从 20 世纪初到 30 年代中期,上海陆续建成自来水厂 5 座,各厂分区经营。近代上海自来水的使用不光为民众的生活带来了极大便利,对公共卫生的意义也十分重大。然而贫困的棚户居民无力承担对他们来说并不便宜的水费,仍旧多引用河塘水,这导致棚户区内肠道传染病时有发生。

早在 1928 年 6 月,闸北水电公司就设立了零售水站,在贫民草棚处设售水龙头,廉价出售供贫民饮用。但由于“售水龙头委托店铺为代理人,以售出水价抽提 20%为酬劳金,每一加仑清水售钱一文”,让本就贫困的棚户居民更无力负担加价之后的水费,自来水的使用在棚户区内并不普遍。1932 年 6 月,上海中国总商会向英商上海自来水公司提出,为防止霍乱,要求公司向贫民供应廉价的自来水,于是从当年 7 月开始,实行夏季防疫龙头免费供水,每年开放约 3 个月。但每天每只龙头仅能供水约 3 立方米,而一般用水地区人口达几千人,经常造成用水纠纷。到了 1946 年,上海市公用局规定在上海各贫民区安装防疫龙头,仍旧采用代理人制度,可惜多数龙头被当地流氓地痞把持,水价超过公司水价三四倍①。用水问题在棚户区内一直没有得到有效解决。

在上海众多的棚户群中,虽然每个棚户区的房屋形式和建筑地点有所不同,但它们却有着共同的特点,居民们都过着“贫、愚、病、破”的悲惨生活。他们在上海艰难地活着,也充斥着底层社会顽固的陋习,让人不得不哀其不幸,更叹其不争。棚户区的空间环境、社会结构乃至精神面貌,都亟须全新的改变。

## 第二节 解放前上海各界的棚户区改造

研究任何事物,如果不了解它的过去,就不能深刻了解它的现在和将来,上海

① 《上海公用事业志》编纂委员会编:《上海公用事业志》,上海社会科学院出版社 2000 年版,第 234 页。

解放前棚户改造的情况值得关注。近代上海不断无序蔓延的棚户是城市疾病、犯罪、火灾等问题的高发地带，棚户区作为聚集城市中大量贫困人口的“下只角”，被认为是“摩登上海”的阴暗面，棚户区的灾难与犯罪，让上海各界管理者对其采取了一系列“改造”措施。不论是直接取缔还是短暂缓解，租界和华界都没能从根源上阻止棚户再生和扩大，中国共产党在部分棚户区内的救助举措则赢得了棚户居民的认可。

## 一、棚户区的灾难与犯罪

在近代上海城市发展的过程中，城市人口激增，呈现出两种影响：人口既是上海社会发展的强大驱动力，也让人与空间社会的矛盾极为突出。在拥挤残破且无消防通道和干净水源的棚户区内，火灾频发，与棚户灾难相伴生的是棚户区犯罪高发，近代上海都市发展的不平衡在棚户社会病态呈现。

### （一）火灾频发

由于棚户建筑几乎全由木板、竹草等易燃材料搭建而成，极易酿成火灾，棚户出现之后，火灾便是棚户区最大的人为破坏因素。

上海最大棚户区药水弄，1922—1949 年间，发生较大火灾 7 起。1938 年和 1942 年两次大火，分别烧毁草棚 500 和 800 余间；1943 年的大火，烧毁草棚 1 500 余间，死伤 40 余人①。另一大型棚户区蕃瓜弄从 20 世纪初至上海解放的近 50 年中，棚户共发生火灾 76 起，烧毁棚屋无法统计，死亡 80 余人②。由此可见，棚户区火灾危害极大。

据《申报》记载，“自民国 37 年 5 月至 38 年 4 月，一年之内棚户区发生火灾 37 次，受灾户 7 300 户”③。除了《申报》，在上海解放前，还有《时报》和《新闻报》大量报道了上海棚户火灾的情况，《时报》有 41 篇，《新闻报》有 15 篇④。因为棚户基本都是

① 上海市普陀区志编纂委员会编：《普陀区志》，上海社会科学院出版社 1994 年版，第 973 页。
② 上海市闸北区志编纂委员会编：《闸北区志》，上海社会科学院出版社 1998 年版，第 277 页。
③ 《上海住宅建设志》编纂委员会编：《上海住宅建设志》，上海社会科学院出版社 1998 年版，第 129 页。
④ 中国近代报纸资源全库：http://www.cnbksy.com/search?author=&searchContent=%E6%A3%9A%E6%88%B7+%E7%81%AB&categories=1%2C2%2C3%2C4%2C6&types=1%2C2%2C3

竹木易燃材料,并且搭建十分紧密,发生火灾容易连烧一片,蔓延迅速,所以棚户区一旦发生火灾,往往损失惨重。英文版的《上海泰晤士报》也记录了棚户火灾的惨痛景象。

**表 1-10 《上海泰晤士报》所载上海棚户火灾篇目表**

| 篇　　名 | 时　间 | 报　名 |
| --- | --- | --- |
| *Fire Rages Three Hours In Straw Huts And Sampans, Many Chinese Rendered Homeless As 250 Huts And 100 Sampans Burn; Valuable Mills Endangered By Sparks On High Wind* | 1933 年 4 月 2 日 | The Shanghai Sunday Times |
| *ANOTHER DISASTROUS HUTMENT FIRE, Complete Destruction Of 100 Shanties In Western Area* | 1934 年 3 月 16 日 | The Shanghai Times |
| *Thousands Homeless As Fire Razes 1,000 Straw Huts Of Pootung Village, Blaze, Second Conflagration On Sunday To Sweep Straw Settlements; Salvation Army Relief Units Still Working On Site Of Old Fire* | 1942 年 11 月 4 日 | The Shanghai Times |

资料来源:中国近代报纸资源全库:http://www.cnbksy.com/search?author=&searchContent=%E6%A3%9A%E6%88%B7+%E7%81%AB&categories=1%2C2%2C3%2C4%2C6&types=1%2C2%2C3

在上海解放前夕的 1949 年 5 月 4 日下午,沪西新街棚户区,发生了一场空前大火,燃烧时间五小时以上,灾区面积达 20 余万平方米。“如以火场和中山公园比较,则火场所占的面积大约比中山公园大一半。被焚的住户,据初步估计,约有 4 000 户。焚烧的草棚、平房、板屋、店面房屋、厂房及各式住宅等约计 2 000 间”①。此次火灾中,除消防处由静安寺、宜昌路、新闸、中央、虹口、吴兴路等区队出动 23 辆车子外,其他沪西华山路、曹家渡,法华区、沪南区东、西、南、北、中五区队,和沪北提篮桥、真如、虹镇、宝兴路、闸北第二、三段各民办救火会,也都先后共派车 20 辆前往协助;出动的消防人员约 500 人左右(至晚 7 时后才扑灭)②。棚户火灾影响之巨可见一斑,严重威胁居民生命财产安全。

棚户火灾容易造成重大危害的另一个原因是,棚户区内道路狭窄,水源缺乏,

① 王寿林编著:《上海消防百年记事》,上海科学技术出版社 1994 年版,第 140 页。
② 王寿林编著:《上海消防百年记事》,上海科学技术出版社 1994 年版,第 141 页。

出现火灾后消防车和救护车并不能及时进来，抢救异常困难。基于这些情况，所以在解放初期的棚户改造中，首先进行的就是对户外消防状况进行改善。

### (二) 犯罪高发

犯罪作为一种社会行为，具有深刻的社会根源，近代上海都市发展的病态问题，在棚户高发的犯罪现象上一览无余。

一是贫困所致。上海既是资本家的天堂，也是"万恶之渊薮"。近代上海都市发展，城市人口的过度膨胀必然引发一系列都市病态问题，社会利益分配失衡，底层群体日益贫困与边缘化，由此产生的心理问题极易导致犯罪现象发生。恩格斯在《英国工人阶级状况》一文中写到："当无产者穷到完全不能满足最起码的生活需要，穷到处境悲惨和食不果腹的时候，那就会更加促使他们蔑视一切社会秩序。"①蔑视社会秩序最明显最极端的表现就是犯罪。

在贫困人群中，经济犯罪往往占据很大比重。通过 20 世纪 30 年代上海罪犯的生活状况资料发现，正是城市的贫困化成为滋生犯罪的最主要原因。1933、1934 年江苏上海地方刑事确定案被告人家庭状况统计显示，无资产的犯人为 18 455 人，占总数的 69.9%，稍有资产者为 6 734 人，占总数的 25.5%，有资产的为 724 人，占总数的 2.74%，犯罪主要发生在贫困人群中。从两年的对比数据还可看出，有资产者的犯罪人数急速下降，从 1933 年的 709 人下降为 1934 年的 15 人，而无资产的犯罪人数则由 1933 年的 8 557 人上升为 1934 年的 9 898 人，可见贫困对社会病态化的影响②。

**表 1-11　1932—1934 年上海棚屋盗窃暗杀案件统计表**

| 年　份 | 盗窃案 | 暗杀案 |
| --- | --- | --- |
| 1932 | 224 | 125 |
| 1933 | 526 | 96 |
| 1934 | 655 | 99 |

资料来源：刘秋阳、王广振：《近代长江中下游地区都市棚屋略论(1920—1935)——以沪、宁、汉、渝为中心》，载《甘肃社会科学》2013 年第 4 期。

---

① 《马克思恩格斯文集》(第一卷)，人民出版社 2009 年版，第 429 页。

② 徐磊：《无奈与抗拒：现代化进程中上海犯罪特点及类型分析(1927—1937)》，硕士学位论文，上海大学，2011 年。

从1932年到1934年,上海棚屋发生了1 405起盗窃案,暗杀案件达320件,棚户犯罪的高发,无不与上海底层民众经济困窘的状况直接相关。身处上海繁华都市的大量无立锥之地的贫困棚户居民,他们"眼前的是二十层的高楼,而他们却明明是处在四十八层下的地狱"①。财富的不均衡极易导致心理产生极大落差,当这种不平衡心理发展到一定地步的时候便容易导致犯罪,尤其财产犯罪的发生。从这个层面来说,社会底层群体的贫困化与边缘化,是近代上海财产型犯罪激增的主要原因。因为生活困顿,他们铤而走险,社会变迁带来的痛苦与代价在此反映。

二是缺少教育。严景耀认为:"缺乏教育——尤其是职业教育——即不能适应社会,供给社会需要,势必不能得相当职业,或因缺乏知识而不能谋更大的职业,致劳力不足以自给,于是因贫穷而有犯罪危险。"②教育程度与犯罪有着密不可分的关系。

由于棚户群体的文化水平与思想认识不足,他们的自我控制较为弱化,按照社会学的观点,自我控制是指"社会成员在内化社会规范的基础上,自觉地用社会规范约束和检点自己的价值观和行为方式"③。与新社会的格格不入,必然导致底层民众的无所适从,从熟悉的乡村社会进入陌生的都市社会,在一定程度上削弱了原本"熟人社会"中的自我约束力,这种内外控制的弱化刺激了棚户社会中犯罪案件的发生。

作为上海棚户最集中的区域,闸北的犯罪案件一直居全市之冠。1935年,在上海市公安局各分局所队统计中,闸北所辖的新闸分局及下属蒙古路警察所、恒丰路警察所、真如警察所共发生劫盗案90余件,数量居上海八所分局之首④。为控制犯罪,上海的警务费支出连年增加,在1927—1930年分别支出70 068 000(银元),85 991 447(银元),132 635 494(银元),154 426 830(银元),1932—1934年升至3 496 605.96(千元)、3 435 075.94(千元)、3 656 251.72(千元),占所有财政支出的

① 《解决难民生计的一些建议》,载《救亡日报》1937年9月19日,转引自上海社会科学院历史研究所编:《"八一三"抗战史料选编》,上海人民出版社1986年版,第400页。

② 严景耀:《北京犯罪之社会分析》,载燕京大学社会学会编辑:《社会学界》1928年第2期。

③ 郑杭生:《社会学概论新修》,中国人民大学出版社1997年版,第461页。

④ 《上海市公安局各分局所队辖境内盗绑案件比较图》《上海公安局1935年各种统计图表》,上海市档案馆:Q176-1-43。

32.3%、27.68%、23.9%①。

租界地区的财政支出存在相同的特点。如1929—1931年间，公共租界工部局警务处支出占财政总支出的42.3%、41.6%、41.2%，同期法租界公董局警务费用占22.1%、22.0%、31.4%②。可见社会治安压力之巨，庞大的警务开支成为重要负担。正如张镜予所指出："国家每年对于犯罪所消耗的金钱，是取偿于一般良好的国民的，国家对于犯罪的消耗愈大，国民的经济负担愈重。"③所以，无论是出于城市治安还是经济负担的考量，城市管理者都有一定理由约束棚户区的扩大发展。

## 二、租界对棚户的取缔

近代上海社会，大多时间是一市三治，由华界、公共租界和法租界分别管理。租界从1845年11月设立开始，至1943年8月结束，历时近百年，是独立于中国政权体系之外的区域存在，工部局和公董局作为租界管理机构，对租界内中外居民甚至界外居民行使行政管理权，使租界俨然成为中国领土范围内的"国中之国"。两块租界在都市行政管理制度的建立和职能运作中，大体同步，但公共租界管理网络的拓展更为先行、规范、细密，并为法租界所效仿④。尽管两界对辖地管理有所不同，但对待租界内的棚户一概采取了严厉的驱赶政策。

### （一）租界人口和建筑管理的发展

1845年上海英租界始设时，入居的外国侨民仅50人左右，租界设立之初，实行华洋分居，并对界内建筑制订了详细管理细则，严禁搭盖棚屋。

1845年，租界的第一次《租地章程》中规定：

> 界内不得搭盖易烧房屋，如草棚、竹屋、板房等。……不得占塞公路，如造房搭架，檐头突出，长堆货物等；并不得令人不便，如堆积污秽，沟渠流出路上，

---

①《上海市政府库历年支出各项经费比较表》《上海市财政局业务报告：统计》，上海市档案馆：Y10-1-54-124。

②《上海公共租界工部局经常支出百分数表》《上海法租界公董局经常支出统计表》《上海市统计(1933年)：财政》，上海市档案馆：Y2-1-89-97。

③ 张镜予：《北京司法捕犯罪统计的分析》，载燕京大学社会学会编辑：《社会学界》1928年第2期。

④ 罗苏文、宋钻友：《上海通史·民国社会》(第9卷)，上海人民出版社1999年版，第20页。

无故吵闹喧嚷等。①

1853年小刀会起义之后，大批难民涌入租界，在英租界西北部搭盖茅棚，打破了“华洋分居”的禁例。1854年7月11日，道路码头委员会提交给租地人会议的年度报告中指出，大量中国难民涌入租界，聚居于露天街道上，或栖身于黄浦江边的小船内，使租界内交通、治安和卫生状况受到很大影响。

1854年，公共租界决议成立工部局，由此开始按照西方城市管理模式进行管理，并修改了《土地章程》。1854年新修的《土地章程》对棚屋搭建进一步明确了处罚措施，该章程依旧禁止搭建棚屋，但受战乱影响，租界难民再次大量增加，导致棚户数量持续上升。1860年5月，太平军东征，三次进攻上海，江浙大批地主官绅逃亡到上海租界，下层百姓也因城镇乡村遭战事破坏，涌入租界。“难民人数之多，一度使上海、昆山两地间河道完全堵塞，船只不能往返。租界内道路与空地上都挤满了男女老幼，有的甚至还牵着牲口。1860年，租界人口增加到30万，1862年达到50万，最高时竟达70多万”②。数次战争刺激了租界人口不断增长，租界内棚户数量飙升。

除了增加的难民人数，随着租界内外商开办的各种新式工厂纷纷出现，吸引了大批华籍劳工进入租界，在租界工厂附近相继出现一批棚户区。据工部局统计，1925年，“公共租界内共有简易棚屋2 000间左右，仅杨树浦路、平凉路一带有1 200间”③。

1926年公共租界的调查显示，在租界范围内及其境外毗连的边治地带(主要是在东、西两个工业区内)，棚户居民总数有14 000余人(不包括相似数量的船民)，其成年人的职业状况大致如表1-12所示。

从表1-12中可以看出，租界提供了大量的就业机会，棚户有77%的成年人处于就业状态。在所有产业工人中，女工占工人居民的44%，童工与男工各占28%，且童工占棚户儿童总数的29%④。

---

① 《上海租界志》编纂委员会编：《上海租界志》，上海社会科学院出版社2001年版，第684页。

② 《上海租界志》编纂委员会编：《上海租界志》，上海社会科学院出版社2001年版，第144—145页。

③ 《上海租界志》编纂委员会编：《上海租界志》，上海社会科学院出版社2001年版，第568页。

④ 上海社会科学院经济研究所城市经济组：《上海棚户区的变迁》，上海人民出版社1962年版，第40页。

表 1－12　1926 年公共租界棚户职业统计表　　（单位：%）

<table>
<tr><th colspan="3">职　业　状　况</th><th>占全体成年人的比重</th></tr>
<tr><td rowspan="5">就业者</td><td>职业类别</td><td>占全体成年人的比重</td><td rowspan="5">77</td></tr>
<tr><td>工厂工人</td><td>36</td></tr>
<tr><td>交通运输、市政工人</td><td>20</td></tr>
<tr><td>小本经营者</td><td>5</td></tr>
<tr><td>菜农、园丁</td><td>16</td></tr>
<tr><td colspan="3">失业者</td><td>8</td></tr>
<tr><td colspan="3">无业者</td><td>15</td></tr>
<tr><td colspan="3">合计</td><td>100</td></tr>
</table>

资料来源：上海社会科学院经济研究所城市经济组：《上海棚户区的变迁》，上海人民出版社 1962 年版，第 34 页。

租界因繁荣的工商业和先进的市政文明，加之政治上的特殊地位，使租界人口在近百年间不断增长，人口密度远高于华界。

表 1－13　1852—1942 年华界和租界人口占上海总人口百分比表　　（单位：%）

| 年　份 | 华界人口 | 公共租界人口 | 法租界人口 |
| --- | --- | --- | --- |
| 1852—1853 | 99.91 | 0.09 | — |
| 1865—1866 | 78.5 | 13.4 | 8.1 |
| 1909—1910 | 52.1 | 35.9 | 9.028 |
| 1914—1915 | 58.5 | 34.1 | 7.4 |
| 1925—1927 | 57.0 | 31.8 | 11.2 |
| 1930 | 53.9 | 32.2 | 13.9 |
| 1935 | 55.1 | 11.4 | 13.5 |

**续 表**

| 年 份 | 华界人口 | 公共租界人口 | 法租界人口 |
|---|---|---|---|
| 1937 | 55.9 | 31.7 | 12.4 |
| 1940—1942 | 37.8 | 40.4 | 21.8 |

资料来源:《上海租界志》编纂委员会编:《上海租界志》,上海社会科学院出版社 2001 年版,第 120—121 页。

**表 1-14 1865—1942 年上海人口密度统计表**

(单位: 人/平方公里)

| 年 份 | 全上海地区 | 华 界 | 公共租界 | 法租界 |
|---|---|---|---|---|
| 1865—1866 | 1 240 | 980 | 37 758 | 73 585 |
| 1914—1915 | 3 600 | 2 236 | 30 262 | 1 457 934 |
| 1930 | 5 943 | 3 441 | 44 596 | 42 544 |
| 1935 | 7 000 | 4 134 | 51 317 | 48 747 |
| 1940—1942 | 5 453 | 2 991 | 70 162 | 83 599 |

资料来源:《上海租界志》编纂委员会编:《上海租界志》,上海社会科学院出版社 2001 年版,第 122 页。

租界人口和密度的增长,催动了租界房地产业的迅速发展。近代中国战乱频繁,租界地带相对安定,难民涌入,不仅为房地产提供了需求市场,豪绅大户还带来了大量游资,这都为房地产业的发展创造了条件。不论是因为棚户的火灾和疾病与租界的社会管理形成冲突,还是棚户占地对租界土地开发的影响,租界都会实行对棚户的取缔。

### (二) 租界对棚户的强拆

小刀会起义后,难民的进入,对“华洋分居”格局形成冲击,时任英国领事阿礼国为了维持“华洋分居”,于 1855 年 1 月下令拆毁洋泾浜一带的茅棚,导致数千难民流离失所。难民搭建的棚户,始遭到租界强拆。

工部局成立之后,为增加收入来源,在第二次董事会会议上即决议向华人征收捐税，租界内华洋杂居的新格局得到承认。尽管如此，但租界依照《土地章程》，仍然驱逐棚户强拆棚屋。从 19 世纪 70 年代起，报纸频频报道租界警方力图拆毁棚户，"1872 年一篇题为'拆毁草棚'的文章描述了这种要消灭公共租界内苏北难民在空地上搭盖棚的草棚的令人沮丧的做法。巡捕房一再试图驱赶草棚居民，逮捕那些拒毁草棚的人，理由是他们违反了租界的法律"①。

进入 20 世纪，上海工业迅速发展，对工厂附近的棚户，工部局认为人口密度大，环境卫生差，几次以有碍观瞻为由加以取缔。"1925 年 11 月，工部局派出巡捕强令杨树浦路、平凉路一带居民搬出租界，并强行拆毁了一大片草棚，但不出 1 天，原地又搭建起新的棚屋。不几天，棚户区突然失火，附近的消防措施都被租界当局封锁不准使用，致使死伤惨重，1 000 间草棚化为灰烬"②。

1926 年 3 月 11 日，工部局贴出布告，以"妨碍公共卫生，妨碍公共安全，窝藏盗匪歹徒"为由，限令 4 月 1 日以前拆除全部草棚。同年 4 月上海县公署和淞沪警察厅应租界当局要求贴出布告，称公署和淞沪警察厅会同租界当局前来棚户区调查人口，以便筹划安置办法，企图以另一种方式强制棚户居民迁出租界，但遭到居民的强烈反对，结果不了了之。1931 年公共租界登记的棚户共有 2 041 所。1932 年发生"一・二八"战事，大批难民避入租界搭盖草棚，工部局因此强行拆毁 550 户。1936 年 7 月 11 日，"工部局榆林捕房派出巡捕强令杨树浦路一带的居民搬出租界，计划强行拆毁草棚，因遭到居民及附近棚户居民 2 000 多人的反对而罢休"③。从租界出现棚户开始，工部局多次强行拆除棚户。1937 年全面抗战爆发后，面对大量难民涌入租界，工部局再次强行拆毁草棚，1938 年拆毁西边新工业区新草棚不下 31 800 户。

工部局在执行的过程中，多次与棚户居民发生冲突。据 1936 年 9 月 4 日《申报》报道，沪东区 448 号棚户，因夏天暴风，棚草腐烂坍塌，复在原地搭建一个新草棚，这违反了工部局的禁令，巡捕房派人拆除，"棚户咸抱唇亡齿寒之心，闻讯纷纷要求恩免，讵即此时发生误会，一时警棍飞舞，颇多负伤倒地，棚户娘子军，亦以马

---

① [美]韩起澜著，卢明华译：《苏北人在上海，1950—1980》，上海古籍出版社、上海远东出版社 2004 年版，第 44 页。

② 《上海租界志》编纂委员会编：《上海租界志》，上海社会科学院出版社 2001 年版，第 568 页。

③ 《上海租界志》编纂委员会编：《上海租界志》，上海社会科学院出版社 2001 年版，第 568 页。

桶洗帚还击,并将粪便等物,向空中抛溅,以致黄白物遍地横流”。棚户居民四五百人“用砖头、石子、竹竿、粪桶殴打抛掷,并将车辆击损”。此次冲突,棚户男女受伤40余人,探捕亦伤2人①。租界之地作为上海各类近代先进市政设施的代表,自然不能容下棚户存在,租界不停地驱赶、取缔棚户。

### (三) 补偿拆除

1937年,工部局再次计划拆除棚户,因此前棚户的抵抗,工部局规定此次棚户们自动拆除每户可得津贴14元,并计划从该年起,每年拆去五百家,至拆完为止。工部局为此还派定了小工、巡捕与救火员,限期去拆,且准备与棚户居民斗争,更预备着巡捕被打死者的抚恤金六百元。针对工部局的强力措施,棚户居民表现出拼命抵抗的态势,“因为草棚拆了,流离失所,总难免于一死,与其在草棚拆后死,不如在未拆前拼个你死我活,所以假使工部局坚持着要拆草棚的话,恐怕一定要发生惨剧”。不少妇女还表示,他们来拆时,用马桶粪来浇②。租界一味的驱赶政策遭到了棚户居民的激烈抵抗。

出于同样的管理思考,公董局对租界亦采取相同的限制取缔措施。抗战全面爆发后,法租界西南徐家汇一带出现大批难民,公董局觉得这批无业游民有碍租界安全,于1938年4月4日决议,由捕房催告业主在3个月内把敞棚、遮蔽棚、草棚等迁至已定区域内。同年出动大批巡捕强行将200多户难民用卡车送到西南端华界荒地,一夜间形成了北村棚户区。并规定从1939年1月1日起,区外建造的临时建筑物的许可证,有效期仅3个月,延期与否由公董局决定③,这些政策的主要目标都是让棚户无法立足,超过期限即沦为违章建筑遭遇强拆。

不论是何种原因抑或是处理方法,都说明租界对棚户的处理态度是一味取缔,租界的性质让管理者不可能为棚户居民的生存安全考虑,租界内的棚户在强拆与反抗中艰难保留。

### (四) 棚户向华界的转移

由于租界内强有力的执行措施,在公共租界和法租界的中心范围内,棚户得

---

① 《浦东棚户被捕诸人昨解法院提起公诉》,载《申报》1936年9月4日。转引至秦祖明:《上海工人贫困问题研究(1927—1937年)》,博士学位论文,武汉大学,2011年。

② 季洪:《棚户一瞥》,载《妇女生活》第4卷第9期,1937年5月16日;《历史的足迹——季洪妇女工作文选》,中国妇女出版社1998年版,第65—69页。

③ 《上海租界志》编纂委员会编:《上海租界志》,上海社会科学院出版社2001年版,第572页。

到了有效控制，棚户居民不断被驱赶出去，沿租界边缘地带蔓延，并不断向华界扩展。

由于没有恰当的治理措施，棚户并未消除而只是短暂转移，一旦有机会或发生大的动乱，租界棚户就卷土再生。抗战胜利后，市参议会有人这样表示，"窃查本市之私建棚屋，在租界尚未收回之前，工部局曾尽力设法取缔，但未能切实收效"①。因此，蔡亮认为"公共租界一向以法制严明而著称，但在清除棚屋之战中却吃了败仗。其理由主要在于只要农村的移民大量地、不断涌入，而城市又无力承受他们，城市的贫困队伍就会不断壮大，棚户区也就随之扩散开来"②。全然取缔的措施自然不会对棚户的消除产生良好效果，租界中心区域内棚户控制的同时，是华界棚户的不断扩大，棚户空间逐步转移。

由于租界区域主要由外国人管理，租界对棚户的管理在棚户居民看来早已超出了空间的限制，是国别的冲突，他们愤怒地表示"最坏的是外国人！"一位棚户区的妇女这样描述自己的处境："像我家七八口人，全靠一个 13 岁的小姑娘做厂来活命，以前我本来也在做厂，现在孩子多了，年纪也大了，厂里不要了，他们的爸，又有毛病，不能做工，一家全靠这小姑娘，住草棚，一年交五块钱地租，一家还可以度度苦日子，假如草棚拆了，租房子住，她这几个钱，吃了饭好，还是付了房租好呢？"③无奈之下，她寄希望于政府或社会解决自己的困境："我们穷苦人，没有钱，也没有力，有什么办法呢，只有希望人家来帮忙，中国人总是要帮中国人的啊！"除了空间的转移，民众心理的依赖，让更大的矛盾与责任转移到华界管理者身上。

## 三、华界对棚户改造的尝试

在南京国民政府管辖的华界，对待处理棚户问题的方法主要包括三项举措：一是为棚户居民提供住处，兴建平民村；二是遣返棚户回乡；三是严格管理既有棚户，

---

① 《上海市警察局总务处关于拆除棚户(第一册)》上海市档案馆藏：Q131－7－1087，转引自蔡亮：《近代上海棚户区与国民政府治理能力》，载《史林》2009 年第 2 期。

② 蔡亮：《近代上海棚户区与国民政府治理能力》，载《史林》2009 年第 2 期。

③ 季洪：《棚户一瞥》，载《妇女生活》第 4 卷第 9 期，1937 年 5 月 16 日；《历史的足迹——季洪妇女工作文选》，中国妇女出版社 1998 年版，第 65—69 页。

或取缔或限制扩大。然而,这些措施多是对棚户问题的表象处理,没有涉及棚户产生存在的根源,缺失了对棚户居民自身的改造提升,注定了民国时期棚户改造效果的局限。

### (一) 兴建平民村

1928年10月,上海特别市政府第九十次市政会议上,提议建设平民住屋。提案称:"本市幅员广阔,工厂林立,工人及一般平民,多搭盖草棚居住,局促其中,上无以蔽风雨,下无以去污湿,疾病疫疠,最易发生,……而草棚易于着火,遇有火灾,复动辄延烧数百户。"①提案中提到的棚户卫生与火灾等危险情况,让这一提案获得通过,此后上海开始建设平民住所。

平民村的房屋根据规划分为甲、乙、丙三种类型,甲种为职工住房,乙种次之,这两种建筑都比较简单,丙种专供原棚户居民居住。最先建造的是最为简陋的丙种住房,这种住房与原来的草棚并没有多大差别。建设的经费均由政府拨款,到1930年12月共建成三处平民住所,即杨浦区全家庵路(今虹口区临平北路)第一平民住所、卢湾区斜土路第二平民住所和闸北区交通路第三平民住所,共有房屋614个单元。"房屋造型简单,为行列式,单开间毗连,砖木结构,五柱落地,木柱承重,立帖式瓦平房,每幢有5个、6个或10个单元不等,每个单元房屋从正梁分隔为前后两间。住所建成后,申请居住者甚多,顿时住满。房屋租金,第一住所为每间每月租金2元,第二、第三住所每间每月租金2.5元"②。每个平民住所的规模并不大,1930年到1932年间住户人数统计如下:

**表1-15 1930—1932年上海市平民住所住户人数统计表**

| 所 别 | 1930年 | 1931年 | 1932年 |
|---|---|---|---|
| 第一平民住所 | 487 | 640 | — |
| 第二平民住所 | 1 900 | 1 960 | 2 128 |

① 《上海住宅建设志》编纂委员会编:《上海住宅建设志》,上海社会科学院出版社1998年版,第133页。

② 《上海住宅建设志》编纂委员会编:《上海住宅建设志》,上海社会科学院出版社1998年版,第134页。

续　表

| 所　别 | 1930 年 | 1931 年 | 1932 年 |
| --- | --- | --- | --- |
| 第三平民住所 | — | 1 365 | 1 395 |
| 总计 | 2 387 | 3 965 | 3 523 |

注：第一平民住所于 1932 年未办户人数统计，第三平民住所于 1931 年成立，故 1930 年缺。
资料来源：《上海市平民住所住户人数统计表》，载《上海市统计（1933 年）：社会》，上海市档案馆：Y2－1－89－352。

平民住所最初是为了解决棚户居住问题，第一批选址时主要靠近棚户集中区。"先在闸北之东部，中部及沪南三处，各建一百所，再图逐步扩充"①。胡圣磊考察到，在平民住所建成后，"由于是强制迁入，无收入棚户家庭欠租逃逸事件较多。平民住所部分房屋逐渐为中低收入市民家庭租住。该类租户需要经过社会局、公安局核实在上海他处没有住所，才可入住。随着上海普通住宅租金上涨，普通市民租户渐多，甚至到后期，许多下层政府职员、警察也租住其中"②。平民住所逐渐丧失了为棚户修筑的初衷。

早在第一平民住所开建时，工务局就认为，"惟估计欲求容约全市棚户，非建筑此项住所一万以上，不敷应用，所费自属不赀"③。由于建设资金困难，此后平民村一直没有再建设，到 1935 年，才开始添建平民住所。1935 年 4 月 1 日"上海市平民福利事业管理委员会"成立，由该委员会在当年内集资 100 万元（银元），在中山路、其美路、大木桥路和普善路等处建成 4 个平民村。平民村共有瓦平房 165 排（幢），1 000 个单元，"房屋造型基本上与平民住所的房屋相同，为行列式，单开间毗连，砖木结构，立帖式瓦平房，设有礼堂、茶室、浴室、平民小学、合作社等公共设施"④。这些为底层民众提供简易住所的平民村，在抗日战争期间，屡遭战火，损坏严重，此后，上海各界募捐筹划重建平民村。

经过各界努力，1945 年冬天，筹款 15.5 亿多元（法币）。1946 年 9 月，上海市

① 《上海特别市工务局业务报告》，1929 年，第 149 页。
② 胡圣磊：《上海城市福利性住宅发展和特别研究》，硕士学位论文，同济大学，2005 年。
③ 《上海特别市工务局业务报告》，1929 年，第 148 页。
④ 《上海住宅建设志》编纂委员会编：《上海住宅建设志》，上海社会科学院出版社 1998 年版，第 135 页。

工务局制定“建筑第二期平民住宅计划”，拟建甲种住房1 000间、乙种住房2 000间。但该扩建计划并未实施，仅完成了修复工程①。在此期间，因内战爆发，来上海避难谋生的民众陡增，棚户集中点陆续增加。平民村的数量远不够妥善解决棚户的居住问题，并由于设施简单，此后平民村逐渐成为新的棚户贫民村，当时的一首民谣对此极尽嘲讽：“平民村，陷人坑，天下雨，积水深，脚踩下，陷有半人深，要翻身，搬离平民村。”②本为解决棚户住处的平民村最终变成了人人厌弃的贫民村。

### (二) 遣返棚户回乡

华界的第二项主要措施便是直接减少棚户人口，遣返棚户回乡，返乡的路费及途中生活费由政府出资，企图通过这种方式让棚户居民回乡定居和劳动。1942年，《上海市政公报》就记录了给资遣送虹镇姚家石桥棚户回籍一事，5月12日及16日由主任科员程晓宜负责发放，据该主任科员等报称：

> 窃职等奉派发给姚家石桥棚户回乡资遣费一案，遵于本月十二日上午九时会同市府派监放员金专员观甫，前往新闸桥堍船埠，按名发放，第一批登记回乡棚户顾芝亭等，是日计实发三十五元者九十六人，三十元者五人，二十元者十七人，十五元者一人，共一百十九名口，计国币三千八百六十五元，其余棚户据原代表申请人徐道修称：内有一部分因彼等在沪所费不赀，不及久待，业已自行设法回籍，至尚有一部分棚户事前虽曾通知彼等前来，然今日仍未见到，故拟请再作第二次继续发给，以便早回乡里，故职等复于十六日上午九时，会同市府源监放员张专员瑞衡仍往该处，二次发放，孙明善等棚户，计实发三十五元者一百七十人，三十元者五人，二十元者四十三人，十五元者三人，共二百二十一名口，计国币七千零零五元，第一批即告结束，当时职等监视各棚户上船后，即令开行，船于当日下午五时驶去，此船装载仅二百八十余人，其余之五十余人，由徐道修送乘内河小轮返乡，费用如有不敷，当由渠负责办理之，正

---

① 《上海住宅建设志》编纂委员会编：《上海住宅建设志》，上海社会科学院出版社1998年版，第133页。

② 《中共上海市委公用事业办公室关于闸北区棚户改建新平民村试点工作总结》，上海市档案馆：A60-1-25-26。

具得切结一纸，以明责任，查两次遣送回籍之棚户，计三百四十人，共发国币一万零八百七十元正，奉派前因，理合检同名册二份计四本，切结一纸，一并具文呈报，再剩余未放之回籍费计国币三千五百七十八元，现暂存于本局会计股，合并陈明。①

在处理姚家石桥棚户返乡后不久，又给其他回阜宁盐城者发放川资，每位大人35元，小孩20元，根据其原籍路途的远近，酌量发给②。动员棚户居民回乡，成为减少城市棚户最直接有效的办法。解放后上海解决棚户问题时也采用了这一方法，卢汉超认为"共产党政府不仅继承了这一做法，还动用国家权力使之生效"③。在本书第二章会对上海解放后动员棚户回乡的情况作详细说明。20世纪五六十年代的动员人口还乡是对中国城市社会发展产生深远影响的重大事件，为减轻城市负担，保证城市的有效运行，这一方法被普遍采用，在20世纪60年代初的调整时期，城市企业中的精简职工就采取如此形式。

### (三) 严格管理既有棚户

无论是兴建平民住所还是遣送回乡，都是解决住房问题的一种方式，对于上海已经存在的棚户，则采取统一严格管理方式，这是华界处理棚户问题的第三种方法。统一严格管理包括给棚户编制门牌，确定棚户范围，以及取缔拆除违建棚户等。但因上海城市发展和战乱仍导致棚户激增，棚户面积与人口在偶有减少中持续增长。

1931—1932年间，华界各局因棚户问题多次报告，涵盖事由包括"棚户被灾倒塌依例严禁恐滋事端可否准其重盖""办理棚户预防霍乱注射困难情形除指令外令仰转饬各区所协助办理"等，1931—1932年间《上海市政府公报》中涉及棚户的相关内容如表1-16所示。

---

① 《上海特别市政府指令：沪市三字第八七〇七号：令社会局：据社会局报资遣虹镇姚家石桥棚户回籍情形暨解 欵回证名册等件准予备查由》，载《上海市政公报》1942年第18期，第23—24页。

② 《上海特别市政府指令：沪市三字第八七〇七号：令社会局：据社会局报资遣虹镇姚家石桥棚户回籍情形暨解 欵回证名册等件准予备查由》，载《上海市政公报》1942年第18期，第24页。

③ 卢汉超著，段炼、吴敏、子羽译：《霓虹灯外——20世纪初日常生活中的上海》，上海古籍出版社2004年版，第39页。

**表1-16 1931—1932年间《上海市政府公报》中棚户相关篇目节选表**

| 来 源 | 题 名 | 年份 | 期数 | 页码 |
|---|---|---|---|---|
| 上海市政府指令第一一五三八号 | 令公安局、社会局:为请救济海防路一带棚户等情候转函租界当局由 | 1931 | 100 | 51—53 |
| 上海市政府训令第九三一七号 | 令公安局:为据卫生局呈报办理棚户预防霍乱注射困难情形除指令外令仰转饬各区所协助办理由 | 1931 | 100 | 5—6 |
| 上海市政府指令第一一八一五号 | 令公安局:呈为据呈棚户被灾倒塌依例严禁恐滋事端可否准其重盖以济灾黎请核夺示遵由 | 1931 | 102 | 50—51 |
| 上海市政府指令第一二六〇八号 | 令公安局:呈一件为据第二区呈报保安路被烧棚户应再搭盖同日并准慈善团函请取缔并案呈请核示由 | 1931 | 109 | 22—23 |
| 上海市政府公函第三五六五号 | 为准法公董局函复关于拆除海格路棚户案令冬暂不取缔烦查照由 | 1932 | 113 | 97 |
| 上海市政府训令第一〇五号 | 令公安局:为据裕通路和乐里西首棚户代表原金波等呈请展期拆迁草棚仰遵照酌办具复由 | 1932 | 115 | 20—21 |
| 上海市政府指令第二五四〇号 | 令社会、卫生、财政、工务、公安、土地局:为据会呈核议集中棚户地点经核定暂借柳营路新营房基地为集中棚户地点令仰各该局知照由 | 1932 | 124 | 110—112 |
| 上海市政府指令第二二九五号 | 令公安局:为据呈报贾廷高等各棚户贫苦异常应俟集中地觅妥后再行勒拆请鉴核令准备案仰转饬该管区所转告该棚户等知照由 | 1932 | 124 | 78—79 |
| 上海市政府批第二九七 | 为据呈恳求免予取缔拆迁等姑准予暂缓取缔俟集中棚户地点定妥再行饬卷批仰知照由 | 1932 | 125 | 153 |
| 上海市政府批第五四六号 | 为组织棚户联合会筹备会碍难照准由 | 1932 | 127 | 119—120 |
| 上海市政府批第五四四号 | 为工部局勒拆棚户案未便据以交涉由 | 1932 | 127 | 118—119 |

资料来源:《上海市政府公报》。

从表1-16统计可知,华界对棚户的管理包括划定区域作为棚户集中点,如柳营路新营房基地,在棚户区实行霍乱疫苗注射,对于冬季到来,公董局要求拆除棚户一事,华界回复暂不取缔。这些举措体现了民国时期,华界政府在一定程度上对棚户民生的关注及保护处理。但与此同时,华界管理者也竭尽所能拆除取缔越界棚户。

1936年6月30日下午,在市政府会议室为限制及取缔棚户一事再次召开会议,讨论的议题包括棚户调查及登记、收买地址建造新村、规定棚户动迁区域及期限、改良棚户区域等。根据当时上海市公安局的调查,上海共有39 328户棚户①,经过多次会议讨论,1936年12月2日下午,市政府会议最终确定了管理取缔棚户的决定,会议决定:

一、自十二月五日起在棚户禁建区内绝对禁止搭建棚户由各警察分局暨派出所随时制止,违者由警察工务两局派员立予拆除其棚户,禁建区域以外者概须领得工务局执照方得起造,其无照动工不听制止者亦予拆除。

二、由市府重申禁令自十二月五日起切实取缔新建棚屋不听制止者予以拆除。

三、由工务局将上述决议拟具体办法请市长核夺施行。

四、管理旧棚户再由工务警察地政各局会商详细办法提会议讨论。

对棚户问题的处置不仅涉及政府对上海城市形象的管理,也关乎庞大人群的民生问题,南京国民政府这个决定的出炉经历了漫长的讨论修正历程:

1935年11月16日工务局公布临时棚屋建筑暂行办法,同日工务局公布现有私建棚屋暂行取缔办法。

1936年6月14日第34次市政会议通过取缔棚屋临时提案办法四条。1936年7月市府公干(沪秘三(35)字第二八二八号)禁建棚屋区域图并补照

① 《上海市公用局关于改良及取缔棚户案》,上海市档案馆:Q5-3-3441。

图 1-1　编制的棚户门牌样式

办法。

1936 年 9 月警察公务两局会衔布告严格取缔私建棚屋自 9 月 5 日起分区分期代拆有占公路下水道棚屋。

1936 年 10 月 4 日第 49 次市政会议通过修正临时棚屋建筑暂行办法,11 月间由市参议会工务法规两委员会修正通过。

1936 年 12 月 2 日由市政府召开管理取缔棚户会议,最终形成上面的决定。

上海关于棚户门牌的方法得到南京的赞同及效仿,1934 年,南京市政府要求将棚户置于统一的标准之内进行管理,“窃查本会奉令改善棚户住宅,现正积极进行,惟本市现有棚户,达三万余户之多,迁移整理,已感不易。若一面整理,而一面对于新搭棚屋不为之设法限制,则不啻造成本市为棚户唯一之乐土,此后之闻风而来者,将愈聚愈多,当此计划改善之始,所有新盖棚屋,似应严予限制,以期逐渐减少。兹拟仿照上海市取缔棚户办法,请由首都警察厅,另编一种棚户门牌,查明现有棚

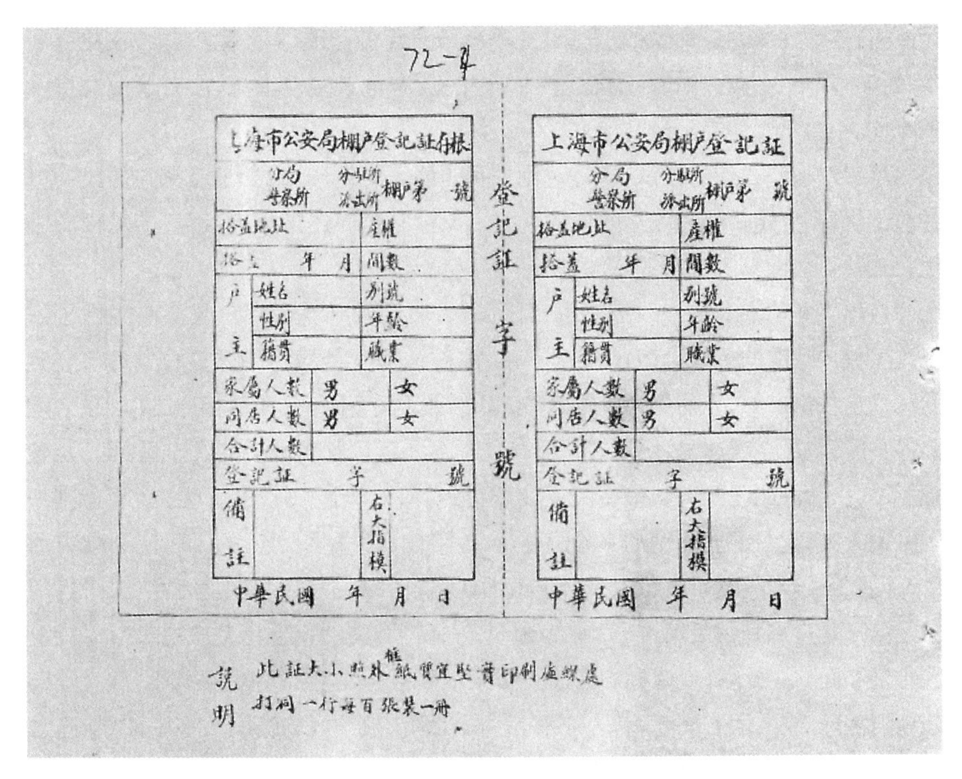

72-4

上海市公安局棚户登記証存根
分局警察所　分駐所派出所　棚户第　號
搭蓋地址　產權
搭蓋　年　月　間數
户主　姓名　別號
性別　年齡
籍貫　職業
家屬人數　男　女
同居人數　男　女
合計人數
登記証　字　號
備註　右大指模
中華民國　年　月　日

登記証　字　號

上海市公安局棚户登記証
分局警察所　分駐所派出所　棚户第　號
搭蓋地址　產權
搭蓋　年　月　間數
户主　姓名　別號
性別　年齡
籍貫　職業
家屬人數　男　女
同居人數　男　女
合計人數
登記証　字　號
備註　右大指模
中華民國　年　月　日

說明　此証大小照外框紙質宜堅靭印刷處縱虛打洞一行每百張裝一冊

**图 1-2 《棚户调查登记表》**

户户口，按户编号，并制发连环保结，按户饬令具保。如无人担保，即不准居住。所有各种棚户，经编定之后，其编定之号数，一概不准改动，以后虽有担保，亦不准添加一号，如此切实执行庶可以杜绝来源，而此后整理之工作，亦可以逐步见效”①。上海的棚户门牌编制方法在南京实行。

因为全面抗战时期的到来，越来越多的难民涌入上海，有关取缔棚户的规划并不能严格执行。

在日伪时期，伪上海市政府对棚户居民实行严密防范的保甲制度。1942 年，时任伪上海市市长的陈公博称“查本府沪西办事处附近，棚户林立，良莠不齐，倘不严厉彻查，难免宵小混迹”，为防止万一起见，要求沪西区公署，“着该署限期完成保

① 《编订棚户特种门牌案》，载《南京市政府公报》1934 年第 137 期，第 38 页。

甲,厉行连环保结,并不时抽查户口,使不良分子无处隐匿"①。棚户居民在更高压的政策下艰难生存。1945年,抗战胜利,国民政府重新接管上海,便有了前文提及的1946年对平民住宅新建的计划。

华界对棚户改造的尝试,多是对棚户问题的表象处理,缺少了对棚户居民自身的改造提升,注定了棚户改造效果的局限。无论是租界还是华界,都没能从根源上阻止棚户再生而彻底解决棚户问题。

在租界和华界对棚户改造不彻底的同时,中国共产党在棚户区秘密实行了许多改善棚户状况的举措。1946年上半年,被称为"沪西区革命堡垒"的上海市立实验民众学校推广部,先后到余姚路、金家巷等地区调查研究,开展扫盲工作,在余姚路棚户区设立了实验民校所属棚户民校和上海儿童福利促进会的江宁区第一儿童福利站,作为沪西区开辟城市贫民工作的据点。1948年4月18日晚,金家巷棚户区发生火灾,党组织立即发动实验民校、余姚路棚户民校和附近的工厂展开救灾活动,开展"一碗米"活动,组织积极分子做面饼、烧稀饭,送到火灾现场救济灾民。江宁区第一儿童福利站派出人员,则在现场设立临时救济站,对受灾户的儿童每天发放牛奶和面包。此后,在该棚户区建立了江宁区第一儿童福利站金家巷分站,开办儿童识字班、成人读书班、简易医疗室等②。在南市棚户区的贫民工作中,则从办儿童识字班着手,同时帮助解决居民的某些生活困难。当时棚户居民最大的困难就是温饱和就医,党借助"善德善社"慈善团体,扩大对棚户区居民施粥的范围,并帮助居民打防疫针和接种牛痘,还帮他们洗头灭虱子、搽药灭疥疮等③。在余姚路棚户区则重点进行了反霸斗争,在党的策划下,抓捕了余姚路棚户区有名的流氓头子柏文龙,使他最终进了游民习艺所④。对比此前租界和南京国民政府对待棚户的方式,上海解放前,中共地下组织在各棚户区的各项工作赢得了棚户居民的深切拥护,为此后棚户改造工作的展开奠定了深厚的群众基础。

---

①《市府关于限期完成沪西办事处附近棚户保甲训令》,载上海市档案馆编:《日伪上海市政府》,档案出版社1986年版,第248页。

②《金家巷棚户区城市贫民的斗争》,载《上海解放四十周年纪念文集》编辑组编:《上海解放四十周年纪念文集》,学林出版社1989年版,第366页。

③《南市棚户区的贫民工作》,载中共上海市委党史资料征集委员会主编:《上海南市六业职工运动史》,1986年版,内部资料,第60页。

④《余姚路棚户区迎接解放的斗争》,载中国人民政治协商会议上海市委员会文史资料工作委员会编:《文史资料选辑 上海解放三十周年专辑(下)》,上海人民出版社1979年版,第210页。

# 第二章　上海棚户区改造的规模和结构分析(1949—1966)

在上海解放初,市区存在约 322.8 万平方米的棚户简屋区,200 户以上的棚户区共有 322 处,居住人口 115 万人左右,几占上海总人口的五分之一①。棚户遍布各区,尤以闸北、普陀等区为多,蕃瓜弄、药水弄分别为两区最大的棚户聚集地,也是上海面积最大密度最高的棚户区。从全市分布来看,棚户紧靠原租界边缘,以滚地龙、草棚和水上阁楼为多,条件异常艰苦。在人口结构上,棚户居民籍贯以江浙等临近省市为主,年龄层次偏青壮年为多,文化水平普遍不高,职业多为低技能的体力劳动,并与每一区域的主要产业相关,且他们在上海有着多年的棚户居住经历。庞大的棚户数量、糟糕的居住环境和稳定的人口结构状况,说明了党和政府在棚户改造工作中的艰难。尽管如此,上海市政府仍一直努力按照社会主义城市的理想整顿棚户空间和重构棚户社会。政府作为上海棚户改造的实施主体,其城市治理政策和经济实力决定了棚户区改造的具体结果,重工业优先的生产型城市建设和工人阶级为主的社会构成,对上海的棚户改造产生了深远影响。

1949—1966 年间,棚户改造主要从空间和社会两个维度展开。总体而言,棚户区空间规模变化并不显著,但居住条件逐步往好的方向发展,棚户空间的变化与同时期社会经济发展水平相适应。棚户社会的变化首先表现在政府对城市人口或劳动力人口的干预调节下,棚户人口占市区人口总量的比重不断改变。其次是已在上海稳定生活的棚户居民,普遍实现了就业,与此同时,棚户居民的职业结构发生了大的转变,大多数棚户区劳动人口被整合进以产业工人为主的社会主义建设者队伍中。

---

① 《上海住宅建设志》编纂委员会编:《上海住宅建设志》,上海社会科学院出版社 1998 年版,第 127 页。

# 第一节 解放初上海棚户区的社会生态

1949 年 5 月上海解放时,全市 322 万的棚户简屋约占市区住宅面积的十分之一,居住其中的 115 万居民则高达上海总人口的五分之一,主要是来自江浙安徽等地的青壮年农民。棚户的拥挤和破败无不反映出广大上海民众的居住困难,另一方面,棚户居民长时期的棚户居住经历,透露出一直以来他们没有能力和渠道改变自身的居住状况。庞大的空间面积和大量文化水平低下的贫困人口,让党和政府需要解决的棚户问题十分棘手,不论是再造空间还是重塑社会结构,要彻底改变棚户区的面貌绝非易事。

## 一、棚户区的空间格局及主要类型

解放初期,上海棚户区的空间分布延续了民国时期的大致面貌,即紧贴租界边缘,密密麻麻地包围着旧城区;在建筑材料上,仍多为木板、草、瓦等简易材料;在主要类型上,有滚地龙、草棚和水上阁楼等。其中,闸北区的蕃瓜弄和普陀区的药水弄是上海最大最密集的两处棚户居住地。

### (一) 棚户区的空间分布

1949 年 5 月,上海解放,在当时市区 82.4 平方公里范围内,住宅面积为 2 359.4 万平方米,占市区房屋总数 50.4%,“其中,公寓 101.4 万平方米,占 4.3%;花园住宅 223.7 万平方米,占 9.5%;新式里弄 469 万平方米,占 19.8%;旧式里弄 1 242.5 万平方米,占 52.7%;简屋棚户 322.8 万平方米,占 13.7%。1949 年,全市人均居住面积 3.9 平方米。90%左右的市民居住在 60%左右的旧里、简屋棚户区内”①。在这 322.8 万平方米的简屋、棚户中,有 197 500 间房屋,居民 115 万人,约占上海总人口的五分之一。当时全市 200 户以上的棚户区共有 322 处,其中 2 000 户以上的特大棚户区有 4 处,1 000 户以上的有 39 户,另有 500 户以上的 36 处,300 户以上 150

① 上海通志编纂委员会编:《上海通志》(第 9 册),上海人民出版社、上海社会科学院出版社 2005 年版,第 6380 页。

处,200 户以上 93 处[①]。可见,棚户简屋区所占比例十分庞大。

彼时,上海的棚户主要散落在闸北、普陀、长宁、徐汇、常熟、卢湾、嵩山、蓬莱、邑庙、提篮桥、榆林、杨树浦和浦东等地区,形成对市区密密麻麻的包围圈。

上海棚户区的分布,有两个比较明显的特点:一是大多数棚户区都在原租界范围之外,但又紧靠着它的边缘,只有很少部分跨入租界之内。二是棚户区大多数集中在码头、车站、铁路和工厂的附近[②]。这一分布特点正反映了前文所述租界对棚户的取缔,但因为租界内的工作机会较多,棚户紧临而生,而码头、车站、铁路和工厂附近聚集的棚户较多,亦与其能给低技能的棚户居民提供较多工作机会相关。因此,每一棚户区的居民职业构成分布与该地段的生产类型密切相关。如"在沪东、沪西工厂比较集中的地带,棚户居民中产业工人占的比重较大;而在闸北靠近火车站周围的棚户居民中,交通运输工人较多;沪南棚户居民中有不少是小手工业者;码头搬运工人则大都集中在杨树浦、浦东和南市沿黄浦江一带的棚户区中;至于人力车、三轮车工人之所以成为每个棚户区必有的居民,也是由于他们的职业特点所决定的"[③]。因此,从某种程度上来说,居民的职业构成分布与棚户区的分布是相互影响、高度契合的。

### (二) 棚户的主要类型

按照建筑结构、用材与搭建地段,棚户主要分为三种类型:滚地龙、水上阁楼和草棚,滚地龙居住条件最差,水上阁楼次之,草棚相对好点。

蕃瓜弄、肇嘉浜和药水弄作为上海最大的三个棚户区,分别对应了上海棚户的三种主要类型,蕃瓜弄以滚地龙为多,肇嘉浜则以危险的水上阁楼为主,药水弄以草棚居多,上海解放后的棚户改造首先在这些大型棚户区内进行。

蕃瓜弄棚户区位处原闸北区(现静安区)境内,它的形成始于 1930 年前后,最开始仅 5 户难民在此搭棚栖身,后逐年增多。到 1947 年,定居蕃瓜弄的居民约有 2 万人,其中来自苏北地区占 81.83%,苏南地区占 8.62%,其他省市占 9.55%。这个

① 上海社会科学院经济研究所城市经济组:《上海棚户区的变迁》,上海人民出版社 1962 年版,第 6 页。

② 上海社会科学院经济研究所城市经济组:《上海棚户区的变迁》,上海人民出版社 1962 年版,第 7 页。

③ 上海社会科学院经济研究所城市经济组:《上海棚户区的变迁》,上海人民出版社 1962 年版,第 8 页。

名称的由来是因为居民在空地上以种植南瓜(俗称蕃瓜)为食,“当时有一特大南瓜,茎蔓卷曲似龙须,果面瘤状象龙眼,人称蕃瓜龙”,取其谐音,在 1947 年正式改称蕃瓜弄。到 1949 年时,蕃瓜弄棚户区占地 2.69 万平方米,其中“滚地龙”占 63%,弄内有居民 1.6 万余人,是上海人口密度最高的棚户区①。

肇嘉浜水上棚户区位于徐汇区境内,肇嘉浜原是一条清水河,经过多次断浜截流修筑公路,肇嘉浜变成断头的死水浜。于是,大批船民将小木船拖上岸,形成水上棚户集中地。在 1948 年时,肇嘉浜的棚户达 2 044 户,棚舍 23 065 平方米,居民 8 369 人,成为上海大型棚户区之一②。

药水弄棚户区位于普陀区境内,是上海知名棚户区“三湾一弄”(朱家湾、潘家湾、潭子湾和药水弄)中谈及的弄,占地 10.6 万平方米,是上海最大的棚户区。它的名称源自该地建立的江苏药水厂。早在 1920 年左右,该地居民已达 1 000 余户,临近上海解放时,药水弄共有 4 000 多间草棚,居民 3 000 多户、人口近 1.6 万人③。解放时上海有草棚 30 万平方米,占全市棚户总数的 9.23%④。

除了以上三种主要棚户类型,此外还有不少简屋存在。简屋居住条件较棚户略好,大都分布在棚户区内和零星散落在市区边缘地带,大体分为三种:简楼房、矮楼房和平房。它一般采用立柱单墙和木屋架或竹木混合结构,同样布局杂乱,居住条件不佳,普陀区的东新村就是典型的简屋居住区。

## 二、棚户区人口的社会构成

论及棚户区改造的相关问题时,除了揭示棚户空间的基本面貌,还需要了解棚户居民的基本社会构成,人是研究一切问题的本源。对于人口结构的研究,忻平教授认为“仅仅局限于统计人口数量的变化是不够的,对人口与上海社会发展的关系

---

① 上海市闸北区志编纂委员会编:《闸北区志》,上海社会科学院出版社 1998 年版,第 1290 页;《上海住宅建设志》编纂委员会编:《上海住宅建设志》,上海社会科学院出版社 1998 年版,第 130 页。

② 《上海住宅建设志》编纂委员会编:《上海住宅建设志》,上海社会科学院出版社 1998 年版,第 131 页。

③ 《上海住宅建设志》编纂委员会编:《上海住宅建设志》,上海社会科学院出版社 1998 年版,第 130 页;上海市普陀区志编纂委员会编:《普陀区志》,上海社会科学院出版社 1994 年版,第 972 页。

④ 《上海住宅建设志》编纂委员会编:《上海住宅建设志》,上海社会科学院出版社 1998 年版,第 132 页。

及其影响,还必须从人口的诸种构成比例与人口的属性去剖析。一般来说,人口的构成有籍贯构成、年龄构成、性别构成与职业构成等"①。为了更系统地认知解放初上海棚户居民的基本情况,此处对棚户区的人口结构分析主要采用1949年上海市人民政府的综合统计资料。

## (一) 以江浙等临近省市为主的籍贯构成

从表2-1可以看出,由于受距离上海远近等因素的影响,上海棚户居民以临近省市人口为多,排前三的省份分别是江苏、安徽、山东。偏远地区如贵州、甘肃、云南等省份占比微乎其微,与民国时期上海棚户区居民的籍贯分布基本保持一致。

**表2-1 1949年10月上海棚户难民调查籍贯表** (单位:户)

| 籍 贯 | 合 计 | 男 | 女 |
|---|---|---|---|
| 江苏 | 5 777 | 5 574 | 203 |
| 安徽 | 893 | 644 | 249 |
| 山东 | 787 | 757 | 30 |
| 浙江 | 495 | 471 | 24 |
| 河南 | 83 | 77 | 6 |
| 河北 | 77 | 74 | 3 |
| 关东 | 73 | 65 | 8 |
| 湖南 | 34 | 34 | — |
| 湖北 | 37 | 37 | — |
| 福建 | 24 | 24 | — |
| 东北 | 19 | 19 | — |
| 四川 | 8 | 8 | — |
| 江西 | 8 | 7 | 1 |

① 忻平:《从上海发现历史—现代化进程中的上海人及其社会生活(1927—1937)》,上海大学出版社2009年版,第49页。

续 表

| 籍 贯 | 合 计 | 男 | 女 |
| --- | --- | --- | --- |
| 山西 | 6 | 6 | — |
| 陕西 | 4 | 4 | — |
| 贵州 | 1 | 1 | — |
| 热河 | 1 | 1 | — |
| 甘肃 | 1 | 1 | — |
| 云南 | 1 | 1 | — |
| 总计 | 8 329 | 7 805 | 524 |

附注：1. 本市棚户难民典型调查包括各区共计调查 8 329 户，系 10 月 1 日开始至 31 日止。2. 每户以户长一分为原则，因此上面的男、女指该户之户长。(下皆同)

资料来源：上海市统计局编：《1949 年上海市综合统计》，上海市秘书处 1950 年印发，第 348 页。

正是这种明显的地域特征，韩起澜在他的专著《苏北人在上海，1850—1980》中，从族群角度对上海棚户居民中占绝大多数的苏北人进行了系统研究。从民国时期就开始的棚户污名化现象，毫无疑问会波及地域歧视之中。在韩起澜的观察中，如有人相亲，一旦听说相亲对象是苏北人，就不太愿意继续交往①。当时的苏北人作为棚户区的主要人口，也成为贫穷落后的特别指代。

### (二) 青壮年为主的年龄结构

在表 2-2 所统计的 8 329 户棚户难民中，处于 21—50 岁的青壮年劳动人口有 6 852 户，占全部户数的 82.27%，实际的劳动人口比例应该还要更高一些，因为贫困家庭的孩子往往更早开始工作，当中更不乏十一二岁的童工，在 16 岁以后，就完全等同于成年人参与劳动。在这份表格中，还可以看出男性比例远高于女性，这与棚户居民来上海寻找谋生机会的原始目的相关，男性作为一家的主要劳动力，往往先出来寻找工作，待稳定才会考虑将家庭其他成员接至上海。棚户区中的不少居民，正是后来上海工业化建设的重要劳动力来源。

① 参见[美] 韩起澜著，卢明华译：《苏北人在上海，1950—1980》，上海古籍出版社、上海远东出版社 2004 年版。

表 2-2　1949 年 10 月上海棚户难民年龄调查表　　(单位：户)

| 年　龄 | 合　计 | 男 | 女 |
|---|---|---|---|
| 1—10 | 1 | 1 | — |
| 11—20 | 247 | 233 | 14 |
| 21—30 | 1 563 | 1 498 | 65 |
| 31—40 | 3 185 | 3 047 | 138 |
| 41—50 | 2 104 | 1 951 | 153 |
| 51—60 | 940 | 829 | 111 |
| 60 以上 | 289 | 246 | 43 |
| 总计 | 8 329 | 7 805 | 524 |

资料来源：上海市统计局编：《1949 年上海市综合统计》,上海市秘书处 1950 年印发,第 348 页。

## (三) 以低技能的体力劳动工作为主要职业

由于文化水平和职业技能所限,棚户居民大都从事劳动技能不高的体力劳动,甚至不少还沿袭了在农村老家的生存方式,如种田等。表 2-3 中所列的其他工种也几为简单体力劳动,除无业和其他外,高达 85%,这样的职业分布体现出棚户居民的职业在城市社会生态中具有边缘性和不稳定性。此后随着社会主义工业城市道路选择,如何将这些没有一技之长的带有传统乡民特征的大量人口,转变为适应社会主义工业化建设所需要的劳动力,是上海城市转型与棚户改造需面对的一个重要问题。

表 2-3　1949 年 10 月上海棚户难民职业调查表　　(单位：户)

| 职　业 | 劳　动　力 | | | |
|---|---|---|---|---|
| | 合　计 | 整 | 半 | 无 |
| 种田 | 2 291 | 1 754 | 479 | 58 |
| 手艺工 | 863 | 760 | 98 | 5 |

**续 表**

| 职 业 | 劳 动 力 | | | |
|---|---|---|---|---|
| | 合 计 | 整 | 半 | 无 |
| 雇佣工 | 1 094 | 954 | 129 | 11 |
| 拉车 | 1 218 | 1 090 | 125 | 3 |
| 撑船 | 246 | 199 | 41 | 6 |
| 小贩 | 1 389 | 1 207 | 168 | 14 |
| 无业 | 861 | 536 | 215 | 110 |
| 其他 | 367 | 297 | 59 | 11 |
| 总计 | 8 329 | 6 797 | 1 314 | 218 |

资料来源：上海市统计局编：《1949 年上海市综合统计》，上海市秘书处 1950 年印发，第 348 页。

从表 2-3 的职业调查中还可以看出一个现象，即棚户居民中几乎没有在工厂工作的工人。20 世纪二三十年代上海市社会局的调查表明，产业工人尽管收入不高，但尚能负担房租，并且一些工厂提供宿舍，所以大多数工人并不居住在棚户区内。1934 年出版的对上海 305 户工人家庭的调查资料显示，仅有 17 户也就是 5%的家庭居住在草棚当中，60%的工人住处为楼房，另有 34%的工人为平房①。居住类型的对比正是职业所带来收入差距的直接显现。相较于产业工人，棚户居民所从事的多为稳定性不高的职业，且家庭人口全员就业的比例并不高。例如，1949 年时，蕃瓜弄 45%的家庭成员里无一人就业，51%的家庭全家仅有一人就业。因而，进厂就业拥有稳定的工作与收入，便成了棚户区居民的梦想。

### (四) 长时段的棚户区居住经历

在这些家庭中，他们在上海各类棚户区中居住的年数不等，超过十年的达 39%，4 年以上几近 70%，这一方面反映了上海确为棚户居民提供了谋生的机会，即便生活在环境恶劣、被认为“城市之耻”的棚户中，大家还是选择留在上海，并且勉强地存活了下来。同时，这也充分说明了解放后上海棚户改造的艰巨性，在中华人

① 上海市政府社会局：《上海市工人生活程度》，中华书局 1934 年版，第 83 页。

民共和国成立后近30年的时间里,动员人口回乡首先清理的便是城市无业人口,棚户居民占据相当部分比例,如何将这些根深蒂固的棚户居民动员回乡,或将留下的棚户人口改造成为适应现代工业与文明的社会主义新人,都并非易事。

**表2-4　1949年10月上海棚户难民居住年数调查表**　　(单位:户)

| 居住年数 | 合　计 | 男 | 女 |
| --- | --- | --- | --- |
| 1年以内 | 1 057 | 775 | 282 |
| 1—2 | 435 | 411 | 24 |
| 2—4 | 1 091 | 1 044 | 47 |
| 4—6 | 1 421 | 1 384 | 37 |
| 6—8 | 726 | 714 | 12 |
| 8—10 | 350 | 343 | 7 |
| 10—12 | 499 | 483 | 16 |
| 12—14 | 208 | 202 | 6 |
| 14—16 | 171 | 168 | 3 |
| 16—18 | 126 | 121 | 5 |
| 18—20 | 166 | 162 | 4 |
| 20年以上 | 2 079 | 1 998 | 81 |
| 总计 | 8 329 | 7 805 | 524 |

资料来源:上海市统计局编:《1949年上海市综合统计》,上海市秘书处1950年印发,第349页。

## 第二节　影响棚户区改造的主要因素

地处城市边缘位置的上海棚户区,既有着污秽糟糕的居住环境,又存在庞大的不稳定底层人口,棚户区的居住形态与人口结构显然应纳入重点改造范围。中华人民共和国成立以后,逐步建成的计划经济体制,使政府成为棚户改造的实施主体,其政策导向成为推进棚户区改造工作的重要因素之一。社会主义制度之下对城市形态和社会结构有着明确要求,即重工业优先的生产型城市和工人阶级为主的社会构成,这些目标的确立规制了棚户改造的范围,此后,上海棚户区改造中出现的种种变化,无不与之相关。可以说,不同时期棚户改造政策的变化,体现了政府对上海社会主义工业城市的塑造历程。

## 一、重工业优先发展的生产型城市转型对棚户空间改造规模的约束

中华人民共和国成立之后,中国共产党围绕建设社会主义新上海的目标,对上海城市的各个方面进行变革,实现了上海从消费型到生产型城市功能的转变,且生产的要义着重强调了重工业优先发展的产业结构调整。上海城市转型的进程,对属于旧城更新中的棚户区改造产生了重要影响。

### (一) 从消费型到生产型城市功能的转变

在解放主要大城市之前,党已经认识到应尽快把工作重心从乡村转移到城市。1949 年 3 月,毛泽东在党的七届二中全会的报告中告诫全党:"从我们接管城市的第一天起,我们的眼睛就要向着这个城市的生产事业的恢复和发展。"①对城市生产的重视,就成为社会主义城市建设发展的方向。

近代上海因商而兴,解放前,上海是中国最大的工商业城市,是全国的经济、金融、文化中心,此外它还是一个大型的消费型城市。1950 年苏联专家提交的《关于上海市改建及发展前途问题》的意见书指出,"上海的基本人口(指工业、港口、铁路等产业职工、专科以上学生等)占总人口的 13.2%,服务人口(指机关、团体、贸易企业工作人员,商业服务行业、市政公用事业职工及自由职业者等)占总人口的 34.7%,被抚养人口(指依靠他人抚养者)占总人口的 52.5%。……上海的服务人口远远大于直接从事生产的基本人口"②。在"改造"的革命话语之下,上海被定性

① 毛泽东:《在中国共产党第七届中央委员会第二次全体会议上的报告》,人民出版社 2004 年版,第 21 页。

② 《上海城市规划志》编纂委员会编:《上海城市规划志》,上海社会科学院出版社 1999 年版,第 89 页。

为消费型城市。要把过去畸形发展的旧上海改造成健全繁荣的新上海,但这不是一件轻而易举的事,从消费型城市到生产型城市的转变,对上海的影响十分巨大,社会主义改造贯穿上海这座城市的方方面面。

在进行转型之时,上海面临严重的沿海敌情。上海解放后不久,从1949年6月—1950年5月,国民党接连派飞机轰炸上海市区71次,全市28个区有17个区遭到轰炸,伤亡4 500余人①。此前上海在全国经济比重中占比过大,就不符合社会主义平均主义思想,加之出于国防和均衡的考虑,党和政府认为原来全国的工业布局并不合适,“我国工业原来畸形地偏集于一方和沿海的状态,在经济上和国防上都是不合理的”。因此,“必须在全国各地区适当地分布工业的生产力,使工业接近原料、燃料的产区和消费地区,并适合于巩固国防的条件,来逐步地改变这种不合理的状态,提高落后地区的经济水平”②。华东局在1953年1月底至2月初工业会议上明确指出,华东地区在今后相当长远的时期中,都不是国家建设的重点,今后的任务是:“坚决贯彻重点建设、重点发展的方针,充分利用现有企业的基础和设备,发掘潜在力量,为国家积累资金,培养技术和管理人材,以支援国家建设中具有决定意义的重工业和国防工业。”③

基于这样的城市发展思想,作为华东地区首要城市的上海来说,发展受到重大影响。在一五计划中的156个重大项目中,上海一个也没有,受此方针政策影响,上海工业和城市建设进展缓慢,“一五”期间经济建设低于全国发展水平,特别是1955年全国工业总产值比上一年增长5.6%,上海反而下降2.8%④。上海缓慢的经济发展速度影响了国家对棚户区改造的投资,棚户区的改造长期处于低标准且小范围的变化之中。

### (二) 优先发展重工业的产业结构调整

关于生产型城市建设,国家有着明确的方向,即走工业化发展的道路。早在七

---

① 《上海民防志》编纂委员会编:《上海民防志》,上海社会科学院出版社2001年版,第3页。

② 中共中央文献研究室编:《建国以来重要文献选编》(第六册),中央文献出版社1993年版,第423页。

③ 当代中国研究所编:《中华人民共和国史编年——1953年》,当代中国出版社2009年版,第80页。

④ 中共上海市委党史研究室主编:《中国共产党在上海(1921—1991)》,上海人民出版社1991年版,第460页。

大时,毛泽东就已论述了中国工业化的紧迫性,指出“没有工业,便没有巩固的国防,便没有人民的福利,便没有国家的富强”①。1949 年 3 月召开的党的七届二中全会上,毛泽东进一步指出:“在革命胜利以后,迅速恢复和发展生产,使中国稳步地由农业国转变为工业国,把中国建设成一个伟大的社会主义国家。”②对于当时凋敝落后的中国,实现工业化是历史必然。但在什么条件下,从什么时候开始、采取什么方式实现这一转变,是一个值得深度研究的问题。综合考虑各方面因素,党选择了优先发展重工业的工业化道路。

1949 年,周恩来指出未来的发展方向是“生产建设上要自力更生,政治上要独立自主”③。这两方面的要求决定了在工业发展的方向上,必须优先发展冶金、燃料、电力、机械制造、化学等重工业和国防工业。陈云在 1955 年《关于发展国民经济第一个五年计划的报告》中,对把重工业作为中国工业化重点的原因进行了如下解释:

我国的农业是落后的,铁路和其他交通设备也不足,都需要发展和扩建。但是,能够使用于五年计划建设的财力有限,如果平均使用,百废俱兴,必然一事无成。而且,没有重工业,就不可能大量供应化肥、农业机械、柴油、水利工程设备,就不可能大量修建铁路,供应铁路车辆、汽车、飞机、轮船、燃料和各种运输设备。另外,要系统地改善人民生活,必须扩大轻工业。但现实的情况是,许多轻工业设备还有空闲,原因就是既缺少来自农业的,也缺少来自重工业的原料。再者,我们还处在帝国主义的包围之中,需要建设一支强大的现代化的军队。这一切都决定了我们不能不优先发展重工业。④

以上原因,表明了社会主义工业化建设的方向是优先发展重工业,因此,上海基本建设投资中,农、轻、重的比例得到调整。

---

① 《毛泽东选集》(第 3 卷),人民出版社 1991 年版,第 1080 页。

② 毛泽东:《在中国共产党第七届中央委员会第二次全体会议上的报告》,人民出版社 2004 年版,第 21 页。

③ 周恩来:《当前财经形势和新中国经济的几种关系》,载中共中央文献研究室:《周恩来经济文选》,中央文献出版社 1993 年版,第 30 页。

④ 《陈云文集》(第 2 卷),中央文献出版社 2005 年版,第 592 页。

从表 2-5 中可以看出，上海轻工业、重工业的比重不断得到强化，重工业投资比例在 1958 年大跃进开始后有了大幅提升。在三年恢复国家经济和“一五”计划期间，上海完成工业基本建设投资 6.33 亿元，占全市基本建设投资总额 15.79 亿元的 40%；其中用于老厂改建的比重为 78.7%，用于新建工厂的为 21.3%①。这与当时的紧缩政策不无关系，上海此时的主要任务是全力支援内地重点建设，对自身工业则以改建为主，新建为辅。

**表 2-5　1950—1966 年上海市基本建设投资额按农业、轻工业、重工业分组情况表**

| 年　份 | 投资额(亿元) | | | 占投资额比重(%) | | |
|---|---|---|---|---|---|---|
| | 农　业 | 轻工业 | 重工业 | 农　业 | 轻工业 | 重工业 |
| 1950 | 0.01 | 0.02 | 0.05 | 7.5 | 10.2 | 34.3 |
| 1951 | 0.01 | 0.04 | 0.13 | 1.7 | 8.2 | 21.6 |
| 1952 | 0.01 | 0.07 | 0.43 | 0.6 | 4.9 | 30.6 |
| 1953 | 0.04 | 0.22 | 0.57 | 1.4 | 8.5 | 22.1 |
| 1954 | 0.03 | 0.24 | 0.53 | 1.3 | 10.4 | 22.8 |
| 1955 | 0.02 | 0.13 | 1.05 | 0.7 | 5.2 | 43.2 |
| 1956 | 0.06 | 0.34 | 0.94 | 2.3 | 12.6 | 35.1 |
| 1957 | 0.05 | 0.51 | 1.09 | 1.3 | 13.7 | 29.2 |
| 1958 | 0.07 | 1.08 | 5.89 | 0.7 | 11.1 | 60.5 |
| 1959 | 0.24 | 0.92 | 7.25 | 1.9 | 7.5 | 58.9 |
| 1960 | 0.55 | 0.65 | 6.18 | 4.5 | 5.3 | 50.4 |
| 1961 | 0.23 | 0.75 | 2.69 | 4.8 | 15.4 | 54.8 |
| 1962 | 0.16 | 0.19 | 1.42 | 7.4 | 8.8 | 64.6 |

① 《上海建设》编辑部编：《上海建设(1949—1985)》，上海科学技术文献出版社 1989 年版，第 202 页。

**续　表**

| 年　份 | 投资额(亿元) | | | 占投资额比重(%) | | |
|---|---|---|---|---|---|---|
| | 农　业 | 轻工业 | 重工业 | 农　业 | 轻工业 | 重工业 |
| 1963 | 0.24 | 0.26 | 2.00 | 7.4 | 7.8 | 60.5 |
| 1964 | 0.31 | 0.49 | 2.35 | 6.3 | 9.8 | 46.8 |
| 1965 | 0.15 | 0.66 | 2.51 | 2.9 | 12.8 | 49.2 |
| 1966 | 0.12 | 0.61 | 2.42 | 2.5 | 13.2 | 52.0 |

资料来源：上海通志编纂委员会编：《上海通志》(第3册)，上海人民出版社、上海社会科学院出版社2005年版，第1659页。

1956年，毛泽东在《论十大关系》中提出，正确处理好沿海工业和内地工业的关系，上海迎来发展契机。上海市委、市人委迅速作出反应，在1956年4月提出了“充分利用上海工业潜力、合理发展上海工业生产”的方针①。1958年全国范围内开始了“大跃进”运动，上海工业开始了加速发展。从表2－5可知，1958年到1962年的第二个五年计划时期，上海完成工业建设投资28.27亿元，比“一五”时期增长3.8倍；“新增工业固定资产21.7亿元，比‘一五’时期增加3.3倍；其中重工业投资占86.7%，轻工业投资占13.3%”②。由于加强了原材料工业和装备工业的投资建设，使上海的工业结构有了显著变化。

从表2－6可以看出，解放初上海的工业结构以轻纺工业为主，占全市工业总产值的86.4%，重工业产值只占13.6%。“纺织产品中80%的原棉，造纸的木浆，肥皂的硬化油，卷烟的包装纸，火柴和搪瓷制品的大部分化工原料，都依赖进口”③。此后，在相当长的时间内，上海努力调整了工业发展方向，以期实现工业结构的转型。“一五”计划期间，虽然上海的发展速度是低于全国平均水平的，但上海的工业经济仍有所发展，尤其是重工业，其占工业总产值的比重提高到1956年的

① 《上海通志》编纂委员会编：《上海通志》(第2册)，上海社会科学院出版社2005年版，第845页。

② 《上海建设》编辑部编：《上海建设(1949—1985)》，上海科学技术文献出版社1989年版，第203页。

③ 《上海建设》编辑部编：《上海建设(1949—1985)》，上海科学技术文献出版社1989年版，第201页。

31.1%①,为接下来的工业大发展奠定了基础。

**表 2-6　1949—1965 年上海重工业、轻工业、纺织工业产值统计表**

| 年　份 | 重　工　业 | | 轻　工　业 | | 纺织工业 | |
|---|---|---|---|---|---|---|
| | 产值(亿元) | 比重(%) | 产值(亿元) | 比重(%) | 产值(亿元) | 比重(%) |
| 1949 | 4.21 | 13.6 | 7.43 | 24.0 | 19.31 | 62.4 |
| 1952 | 13.71 | 22.9 | 14.91 | 24.9 | 31.32 | 52.2 |
| 1957 | 42.95 | 36.5 | 32.08 | 26.9 | 43.50 | 36.6 |
| 1960 | 186.66 | 60.2 | 67.87 | 21.9 | 55.67 | 17.9 |
| 1962 | 73.92 | 49.1 | 42.40 | 28.2 | 34.09 | 22.7 |
| 1965 | 140.29 | 55.5 | 58.75 | 23.3 | 53.58 | 21.2 |

资料来源:《综合计划统计资料(70)0013 号——上海工业总产值的增长和变化情况》,上海市档案馆: B252-1-9-34。

表 2-6 统计显示,"一五"计划期末,上海工业总产值中重工业占 36.5%,轻纺工业占 63.5%,到 1960 年时,重工业比重一度高达 60%,"二五"计划期末,重工业比重上升到 49.1%,轻工业比重下降为 50.9%。在国家的统筹布局中,上海城市功能和产业结构发生了重大转变。

### (三) 重工业优先发展的生产型城市转型对棚户空间改造规模的约束

张坤认为,"社会主义建设的过程,在一定程度上就是工业在国民经济中比重的不断提升和重工业在工业中比重不断提升的过程。重工业自身具有投资大、就业吸纳能力低、周期长的发展特点,并且这些特点是在中国缺乏资本原始积累的历史条件下发生作用,对于中国经济和社会发展的影响极为深远"②。如果说工业之路是一条需要高投入的发展模式,那优先发展重工业的战略,更需大量物资金钱投入其中,在面临帝国主义封锁的国际环境下,这些资金只能靠自我积累,这决定了

---

① 上海市统计局编:《上海市国民经济统计提要》(1956 年),1957 年版,第 13 页。
② 张坤:《城市转型与人口治理: 1949—1976 年上海动员人口回乡研究》,上海人民出版社、学林出版社 2020 年版,第 4 页。

国家需要从各方面节省资金。

所以,全面社会主义建设时期对于人民生活的改善是缓慢的,在一个较长的历史时期之内,"先生产后生活"成为安排国民经济计划的原则性要求。在计划经济的安排之下,资金和物资供应首先保证工业生产领域,连劳动力安排也服从这一原则。

从这个层面上来说,重工业发展的高投入挤占了对棚户区改造的有限投资,棚户空间改造的规模受到影响。此外重工业低吸纳的就业能力,让不属于生产人口的棚户居民不断被动员回乡,为保证城市的低成本运行,户口制度的建立也阻断了外地乡民奔向上海搭建棚户的可能。重工业优先发展的生产型城市转型,对上海棚户空间改造的规模和社会结构都产生了重要影响。

## 二、以工人阶级为主的社会阶级结构重塑

社会主义新城市的建设,除了使城市功能和产业结构发生了调整,同时也使社会阶级结构发生了根本性的变化。显然,在社会主义工业化的发展道路之下,工人阶级占据主流,如何重塑城市阶级结构,既需要严格控制上海城市人口,在有限的范围内进行重构,亦需要对可能进入工人阶级的群体进行全方位改造,包括身体素质、知识水平、劳动技能与思想认识等要素,使之符合工人阶级的形象与要求。在此旋律之下,原上海棚户区大量知识水平较低或无技能、无固定职业的底层人口,经过改造,成为新社会的城市劳动者。

### (一)严格控制上海城市人口规模

近代上海是中国最大的移民城市,上海解放后,这个趋势仍在加剧。在实行严厉的户籍制度之前,每年仍有大量外地人口进入上海,在新中国成立初,又迎来新一轮移民浪潮。"1950年,因灾荒、战争等影响,从外地迁来上海的人口近57万人。1951年,上海经济形势好转,市场开始繁荣,吸引了大批周边相邻省份的人口,当年迁入上海人口竟达100万人以上,出入相抵,净迁入40余万人,迁移增长率为83.8‰。1952年外地人口流入与上一年度相比有所缓和,迁入人数虽然达43万,但通过政府返乡的动员,迁出人口也多达35万以上,迁移增长率为13.9‰。到了1953年,受邻近省份自然灾害的影响,迁入48万余人,流动人口迁移增长率回至

39.1‰。1954 年,市政府开始对外来流动人口的迁移有所限制,但仍然有 45 万余人迁入本市,迁移增长率达 25.2‰。纵观 1951 年到 1954 年外来人口的迁移情况,平均每年净迁入 22 万余人,平均年人口迁移增长率为 40.5‰,高于同期平均年自然增长率 35‰的水平。上海市人口也由 1950 年初接近 500 万人,增加到 1954 年的 580 余万人"①。根据社会主义新城市、生产型城市的发展要求,城市不能存在过多的非生产人口,加之计划经济体制之下实行的供应制度,过大的人口规模,会增加城市负担,上海人口需要进行总体规模控制与结构性改造。

同时,由于上海位于国防前哨,实行严格的人口控制政策十分必要。在国际封锁的困境之下,维持如此大规模城市的人民日常生活压力亦十分庞大。

从 1955 年开始,上海实施严格的户籍管理制度,疏散和遣返城市闲置和"盲流"人员,持续 4 年的新一轮移民潮进入消退时期。当年,全市的常住人口降至 523 万人。大量无固定职业的棚户居民被动员回乡,一些棚户得以拆除。但在 1956 年之后,根据"充分利用、合理发展"的精神,上海迎来发展机会,不少灾民和此前被动员回乡人员再次陆续流入上海,人口的迁移流动出现反弹,棚户违章新建重现。此时,由于计划经济的全面实行,一旦出现大规模的非计划人员流动,政府立马采取严厉的管制措施,在几番调整之下,外地人口机械式的迁入得到了有效控制。随着 1960 年调整时期的到来,之后上海人口的稳定增加一般为自然增长,迁移增长在 1960 至 1967 年呈现出负增长。总体而言,对上海城市人口的控制,保证了棚户改造在一个可控的范围内进行。

### (二) 以工人阶级为主的社会阶级结构重塑

毛泽东对中国底层社会的问题存在有着深刻认识,他曾指出:"中国的殖民地和半殖民地的地位,造成了中国农村中和城市中广大的失业人群,有许多人没有任何谋生途径,不得不找寻不正当的职业过活,这就是土匪、流氓、乞丐、娼妓和许多迷信职业家的来源。"②可见,在就业机会与高失业率并存的上海都市中,若不能将大量闲散人员转化为与现代化进程相匹配的劳动人口,将对社会安定和城市健康发展产生重大负面影响。社会主义新上海的城市发展,需要与现代化进程相匹配

① 崔桂林:《上海流动人口的历史考察及其对社会变迁的影响》,载上海市现代上海研究中心编:《上海城市的发展与转型》,上海书店出版社 2009 年版,第 483 页。

② 毛泽东:《中国革命和中国共产党》,载《毛泽东选集》(第 2 卷),人民出版社 1992 年版,第 651 页。

的城市人口存在。

如何实现人口的转化升级,社会主义工业城市的发展给出了明确方向。1949年底,毛泽东提出了"四个中心"的论断,即在城乡关系中,城市是中心,在工商关系中,工业是中心,在公私关系中,公营经济是中心,在劳资关系中,应当依靠工人阶级①。张坤研究认为,中国共产党经过社会主义改造,使民族资产阶级作为一个阶级暂时退出了历史舞台,同时通过各类运动,压缩城市小资产阶级的生存空间,意图将民族资产阶级和小资产阶级都改造为自食其力的社会主义劳动者,最终将城市阶级结构变为'两大阶级、一大阶层',即整个社会阶级结构被简化为工人阶级、农民阶级和知识分子阶层②。工人阶级成为城市社会最主要的阶级结构。

此外,从意识形态出发,上海工人阶级队伍也需要不断扩大。新中国成立标志着工人阶级掌握国家政权,作为代表工人阶级利益的中国共产党,需要体现为工人阶级服务的属性,巩固自己的执政基础。因此,社会制度的更替,必然带来阶级结构的变化。

然而,棚户区内大量底层人口的社会构成与上海现代化城市的发展要求并不匹配,上海的棚户区一直被认为是繁华都市的贫民窟,棚户作为住宅表现形式,其产生的根源是棚户人口没有合适的渠道改变贫困处境。这种不协调的现象在新中国强有力的国家政权组织之下,改善人口结构成为可能。与此前受剥削的无保障的劳动状态不一样,全新的社会制度,让大量底层人民在平等的机会之下,经历了以劳动结构、文化水平和思想认识等为实施方向的社会重构,被整合进工人阶级队伍。正是因为棚户身份的转变,才最终获得了自身居住场所的改变。

### (三) 为工人阶级服务成为城市住宅建设和改善的准则

以工人阶级为主的社会阶级结构重塑,是促进社会稳定,符合意识形态和工业化道路三重需求的选择。解放后,城市住宅建设的布局、改造、设计、资金来源等均由政府主导,上海住宅的建设处于政府的规划和主导之下,为工人阶级服务成为城

① 中共中央文献研究室编:《毛泽东年谱(1949—1976)》(第一卷),中共中央文献出版社2013年版,第55页。

② 张坤:《城市转型与人口治理:1949—1976年上海动员人口回乡研究》,上海人民出版社、学林出版社2020年版,第26页。

市住宅建设和改善的准则。

在解放初期，虽然上海的人均居住面积有3.9平方米，但具体的分配极不平衡。"外国人、官僚、富商、高级职员、自由职业者等人均居住面积数十至数百平方米。建筑业职工人均2.14平方米；工业、邮电、财贸等业职工人均3.17—3.56平方米；行政机关和公用事业职工人均3.89平方米；文教卫生职工人均4.91平方米。工业部门的搪瓷业，商业部门的化工和交通运输部门职工最低，人均约1平方米。全市有26万余职工，连同家属约105万人缺房"①。工人群体严峻的住房形势成为党和政府必须改变的状况。

1952年8月31日，中共中央转发全国总工会党组关于解决工人居住问题的报告，让"各地党委督促政府和企业管理机关以及资本家认真地根据实际可能的条件逐步解决和改善工人的居住问题"②。带着鲜明的时代特征，社会主义新城市的建设需求和阶级结构重塑，投映于上海的住宅建设与分配方面。

工人新村成为新建住宅的主要形式，其不断扩大的新建面积，反映了工人阶级在社会主义新城市中的重要地位。工人新村被认为是符合社会主义理想的居住形式，是体现工人阶级为主体的劳动人民的平等居所。但受制于当时的经济发展模式与财政困境，新建的工人新村在数量上远不能解决所有居住困难群众的住房状况，其分配方式并没有给外来人口和城市贫民留下多少余地。但不能否认的是，以公有住宅建设为主要投资方向的政府行为，切实体现了为工人阶级服务的准则。

为了更大程度地解决居住困难，接收旧有住房和进行棚户改造，同时成为改善工人阶级住宅状况的重要手段。政府一方面在国有化运动中接收了大批旧有住房，实施低廉的租金政策，将一套住房分割成几户合住；一方面努力改善棚户区的居住环境，解决中低收入阶层的住房困难，以期实现人人有房住，并尽量保持居住水平的平均平衡。

1949—1966年间的上海棚户区改造几经起伏，棚户区改造并不是一条独线发

---

① 上海通志编纂委员会编：《上海通志》(第9册)，上海人民出版社、上海社会科学院出版社2005年版，第6380页。

②《中共中央转发全国总工会党组关于解决工人居住问题的报告》，载中央档案馆、中共中央文献研究室编：《中共中央文件选集》(1949年10月—1966年5月)(第9册)，人民出版社2013年版，第296页。

展的历史脉络,深受同一时期各项方针政策的影响。在时代改造的话语背景之下,重工业优先发展的生产型城市转型和工人阶级为主的社会结构转变,对棚户的空间改造与社会重构产生了重大影响。

## 第三节　1949—1966 年间上海棚户区改造的规模和结构分析

上海棚户区改造既是暂时缓解上海住房问题的重要手段,也暗含对城市社会改造的要求。1949 年上海解放之后,上海市政府一直实行积极的棚户区改造政策,围绕社会主义城市建设的目标,1949—1966 年间由政府主导的上海棚户区改造,主要从空间与社会两个维度进行。总体而言,棚户区的空间规模变化并不显著,但居住条件逐步往好的方向发展,棚户空间的变化与同时期社会经济发展水平相适应。在政府对城市人口或劳动力人口的干预调节之下,棚户人口占市区人口总量的比重不断变化。且随着工业城市的建设,棚户居民普遍实现了就业,棚户居民的职业结构发生了大的转变,大多数棚户区劳动人口被整合进以产业工人为主的社会主义建设者队伍中。

### 一、上海棚户空间规模的变动

受制于经济发展方向对住宅建设和改善投资的限制,1949—1966 年间,上海棚户区的空间面积变化并不明显,棚户面积占上海市区各类居住房屋中的比例始终在 13%左右徘徊。在上海解放后的一段时间内,棚户改造更多强调了空间环境的改善,大量存在的条件最为恶劣的滚地龙在 1957 年时消失不见。进入 20 世纪 60 年代之后,草棚开始大量翻建成瓦房,棚户的建筑结构发生了大的变化。

#### (一) 棚户面积占上海市区各类居住房屋中的比例

上海解放后,市区居住房屋面积的变化主要体现在两个方面,一是工人新村数量的大量增加,二是棚户简屋区面积的波动,具体统计数据见表 2 - 7。

**表 2-7　1950—1966 年上海市区各类居住房屋实有情况表**

(单位：万平方米)

| 年　份 | 合　计 | 公　寓 | 花园住宅 | 新工房 | 新式里弄 | 旧式里弄 | 简　棚 |
|---|---|---|---|---|---|---|---|
| 1950 | 2 360.5 | 101.4 | 223.7 | 1.3 | 469.0 | 1 242.5 | 322.6 |
| 1951 | 2 391.9 | 101.4 | 223.7 | 9.8 | 469.0 | 1 265.4 | 322.6 |
| 1952 | 2 488.8 | 101.4 | 223.7 | 82.2 | 469.0 | 1 289.9 | 322.6 |
| 1953 | 2 575.0 | 101.4 | 223.7 | 126.8 | 469.0 | 1 331.5 | 322.6 |
| 1954 | 2 655.9 | 101.4 | 223.7 | 154.5 | 469.0 | 1 384.0 | 323.3 |
| 1955 | 2 668.4 | 101.4 | 223.7 | 161.6 | 469.0 | 1 389.0 | 323.7 |
| 1956 | 2 687.1 | 101.4 | 223.7 | 179.4 | 469.0 | 1 390.3 | 323.3 |
| 1957 | 2 769.3 | 101.4 | 223.7 | 236.3 | 469.0 | 1 415.6 | 323.3 |
| 1958 | 3 298.3 | 101.4 | 223.7 | 383.3 | 469.0 | 1 662.1 | 458.8 |
| 1959 | 3 299.1 | 101.4 | 223.7 | 386.9 | 474.2 | 1 667.4 | 445.5 |
| 1960 | 3 602.4 | 101.4 | 223.8 | 499.9 | 477.9 | 1 799.5 | 499.9 |
| 1961 | 3 630.6 | 101.4 | 223.8 | 521.0 | 478.8 | 1 787.1 | 518.5 |
| 1962 | 3 641.0 | 101.4 | 223.8 | 543.8 | 478.8 | 1 795.6 | 497.6 |
| 1963 | 3 649.8 | 101.4 | 223.8 | 553.9 | 478.8 | 1 795.7 | 496.2 |
| 1964 | 3 681.5 | 101.4 | 223.9 | 593.9 | 478.8 | 1 794.0 | 489.5 |
| 1965 | 3 740.6 | 101.4 | 224.8 | 640.3 | 478.8 | 1 813.7 | 481.6 |
| 1966 | 3 762.2 | 101.4 | 225.3 | 660.3 | 478.8 | 1 824.4 | 472.0 |

资料来源：《上海住宅(1949—1990)》编辑部编：《上海住宅(1949—1990)》，上海科学普及出版社1993 年版，第 147 页。

从表 2-7 可以看出，市区住房最明显的变化是新工房的持续增长，工人新村的大量新建，使住宅流露出强烈的“为工人阶级服务”的总则。相较于工人新村数量的变化,1949 年到 1966 年间,棚户的空间规模变化可明显地划分为两个阶段。

1950—1957 年间,棚户面积保持着 1949 年统计的数字,处于较稳定的状态,棚户区面积没有出现解放前暴风式增长的情况。这与上海解放后,实行的严格的棚户搭建和人口管理制度相关。这两项制度,阻断了棚户无序扩大的可能。这一时期,棚户改造以外部环境设施改造为主。

随着上海城市人口的增多,经济的恢复发展,加之居民收入的提高,居民不断通过扩建,增加居住面积和增加生活设施配套。因此,上海的棚户面积在长期的稳定之后,加之部分市郊划入市区,1958 年上海棚户面积出现大幅度增长,在 1961 年达到峰值。此后,结合城市规划进行的旧城改造,棚户拆除增多,棚户面积逐步减少。

从表 2-8 中可以看出,虽然上海的棚户面积有波动起伏,但始终占市区各类居住房屋的 13%左右。这不小的比例,既体现了棚户简屋区域对上海住房的意义,也说明了彼时政府努力的棚户空间变化主要是环境的改善,棚户区空间面积并未大规模缩小,市区棚户的消除直至 2000 年左右才完成。

**表 2-8 1950—1966 年简棚面积占上海市区居住房屋面积的比例表**

| 年 份 | 简棚(万平方米) | 居住房屋(万平方米) | 简棚比例(%) |
|---|---|---|---|
| 1950 | 322.6 | 2 360.5 | 13.67 |
| 1951 | 322.6 | 2 391.9 | 13.49 |
| 1952 | 322.6 | 2 488.8 | 12.96 |
| 1953 | 322.6 | 2 575 | 12.53 |
| 1954 | 323.3 | 2 655.9 | 12.17 |
| 1955 | 323.7 | 2 668.4 | 12.13 |
| 1956 | 323.3 | 2 687.1 | 12.03 |
| 1957 | 323.3 | 2 769.3 | 11.67 |
| 1958 | 458.8 | 3 298.3 | 13.91 |

续　表

| 年　份 | 简棚(万平方米) | 居住房屋(万平方米) | 简棚比例(%) |
|---|---|---|---|
| 1959 | 445.5 | 3 299.1 | 13.50 |
| 1960 | 499.9 | 3 602.4 | 13.88 |
| 1961 | 518.5 | 3 630.6 | 14.28 |
| 1962 | 497.6 | 3 641 | 13.67 |
| 1963 | 496.2 | 3 649.8 | 13.60 |
| 1964 | 489.5 | 3 681.5 | 13.30 |
| 1965 | 481.6 | 3 740.6 | 12.87 |
| 1966 | 472 | 3 762.2 | 12.55 |

资料来源：根据表 2－7 测算。

### (二) 棚户建筑结构的历时性变化

虽然棚户面积没有随着改造逐步减少，但在政府的努力之下，棚户的建筑结构发生了改变。

在上海解放初期，棚户类型中条件相对好点的草棚，仅占全市棚户区的9.23%。大多为滚地龙和水上阁楼，上海人口密度最高的棚户区蕃瓜弄，滚地龙占全弄棚户比例高达63%①。

经过不断翻修改建，到1957年时，全市棚户区的建筑情况发生了很大改变，滚地龙基本消失不见，草棚和瓦棚成为最主要的建筑类型，甚至出现了6.65%的正式楼房，这着实是一项大的进步。

**表 2－9　1957 年上海棚屋建筑类型统计表**　　(单位：%)

| 类　别 | 正式楼房 | 矮楼房 | 老平房 | 平瓦棚 | 平草棚 | 滚地龙 | 总计 |
|---|---|---|---|---|---|---|---|
| 百分比 | 6.65 | 16.1 | 5.65 | 26.41 | 44.9 | 0.29 | 100 |

资料来源：《上海市规划建筑管理局对市民翻建棚屋的请示报告》，上海市档案馆：A54－2－175－18。

① 《上海住宅建设志》编纂委员会编：《上海住宅建设志》，上海社会科学院出版社 1998 年版，第131—132 页。

当然,每个棚户区中,具体的建筑是有所差异的。1951年,对药水弄和平凉路兰州路两处棚户区的调查显示,绝大多数房屋是草房,占84.6%。

**表2-10 1951年普陀区和榆林区222户棚户房屋建筑类型统计表**

| 类　　别 | 户数(户) | 百分比(%) |
|---|---|---|
| 瓦房 | 29 | 13 |
| 阁楼 | 5 | 2.4 |
| 草房 | 188 | 84.6 |
| 共计 | 222 | 100 |

资料来源:《上海劳动局编印〈工人住宅问题的调查材料〉》,载《222户工人住屋情况调查报告》,上海市档案馆: A59-1-306-22。

虽然多为草房,但居住条件仍然很差。普通草房在建造一年之后往往就十分破旧,这两处棚户区调查的草房,大都有三四年甚至五六年以上历史,所以屋顶盖草大都已经腐烂,雨天漏水的有96户①。屋内地面也多是泥地,仅有极少比例的砖头地面。

**表2-11 1951年222户棚户地面性质统计表**

| 类　　别 | 户数(户) | 百分比(%) |
|---|---|---|
| 地板 | 26 | 11.7 |
| 砖头 | 3 | 1.4 |
| 泥地 | 193 | 86.9 |
| 共计 | 222 | 100 |

资料来源:《上海劳动局编印〈工人住宅问题的调查材料〉》,载《222户工人住屋情况调查报告》,上海市档案馆: A59-1-306-22。

① 《上海劳动局编印〈工人住宅问题的调查材料〉》,载《222户工人住屋情况调查报告》,上海市档案馆: A59-1-306-22。

222 户棚户泥地占了 86.9%,有少量家庭是地板,占 11.7%,地砖的仅有 1.4%。除此之外,像样的窗户也很少,居民居住水平之差可想而知。

**表 2-12 1951 年 222 户棚户窗户类别统计表**

| 类别 | 户数(户) | 百分比(%) |
|---|---|---|
| 无窗 | 31 | 13.9 |
| 一个洞 | 93 | 41.8 |
| 天窗 | 24 | 10.8 |
| 木窗 | 45 | 20.0 |
| 玻璃窗 | 29 | 13.5 |
| 共计 | 222 | 100 |

资料来源:《上海劳动局编印〈工人住宅问题的调查材料〉》,载《222 户工人住屋情况调查报告》,上海市档案馆: A59-1-306-22。

在 222 户棚户中,有 93 户仅在壁上开了一个洞,占总户数的 41.8%,其他有窗的也十分简陋,在冬天晚上,风刮得厉害时,一般用旧报纸糊住,等于无窗。另外还有 31 户根本没有窗户,光线的来源只靠开大门,或者仅靠木板墙纸或芦席缝里透进来,屋内光线普遍暗淡,空气也因此特别混浊①。

在解放初期,不管身处哪种类型的棚户区中,居住状况都十分糟糕。在政府的努力之下,棚户建筑条件的改变有序推进。

以上海人口密度最高的棚户区蕃瓜弄为例,解放初,条件极其恶劣的滚地龙占了全弄棚户比例的 63%,1957 年时,滚地龙基本消失,多为平草棚和平瓦棚。到 1963 年时,条件进一步改善。

1963 年,蕃瓜弄全弄有居民 1 965 户,共 8 771 人,居住面积为 2.6 万平方米,人均面积 2.96 平方米②。其中新草屋占 63.00%,木简房占 24.10%,竹简房占

① 《上海劳动局编印〈工人住宅问题的调查材料〉》,载《222 户工人住屋情况调查报告》,上海市档案馆: A59-1-306-22。

② 上海市闸北区志编纂委员会编:《闸北区志》,上海社会科学院出版社 1998 年版,第 1291 页。

9.10%,竹木房占2.99%,还有0.81%的瓦屋楼房。同年,蕃瓜弄启动成片拆除改造,到1965年,蕃瓜弄地段建成市内第一个5层楼房群的工人新村,作为棚户区存在的旧蕃瓜弄彻底消失,这在上海棚户区改造的历程中具有重要的意义。

**表2-13　1963年闸北区蕃瓜弄棚户区建筑类型统计表**

| 类　型 | 新草屋 | 木简房 | 竹简房 | 竹木房 | 瓦屋楼房 |
|---|---|---|---|---|---|
| 户数(户) | 1 238 | 474 | 178 | 59 | 16 |
| 百分比(%) | 63.00 | 24.10 | 9.10 | 2.99 | 0.81 |

资料来源:上海市闸北区志编纂委员会编:《闸北区志》:上海社会科学院出版社1998年版,第1261页。

总体而言,棚户区的空间规模变化并不显著,但建筑情况发生了改变,居住条件逐步往好的方向发展,在整体低下的社会经济状况之中,改善如此庞大规模的棚户条件,不得不以平均主义的低标准进行,并有选择性地先行,棚户空间的变化与同时期社会经济发展水平相适应。

## 二、上海棚户社会结构的变迁

1949—1966年的棚户区改造在空间与社会两个维度进行,有别于棚户空间的初步改善,棚户社会的变化更为明显。首先表现在棚户人口占市区人口总量的比重不断调整,抛开自然增长的因素,波动变化体现出计划经济体制之下,政府对城市人口或劳动力人口的有效干预调节。户籍制度的实行,让已经在上海定居的棚户居民,普遍实现了就业,与此同时,棚户居民的职业结构发生了大的转变,大多数棚户区劳动人口被整合进以产业工人为主的社会主义建设者队伍中。

### (一) 棚户人口占市区人口总量的比重

有关棚户人口占上海市区总人口比重的调查并不连贯,除了解放初,上海市军管委员会为掌握上海的详细情况,有过详细调查之外,此后,关于棚户人口的统计,并无详细完整的数据。因为上海长时段动员人口回乡运动,棚户居民的总人数也长期处于变动之中,仅在部分年份,全市提出棚户改造需求时,有过系统调查。

**表2-14　1949—1964年间棚户人口占市区人口总量的比重统计表**

| 年　份 | 棚户户数(万户) | 棚户人数(万人) | 市区总人口(万人) | 棚户人口占比(%) |
|---|---|---|---|---|
| 1949 | — | 115 | 414.1 | 28 |
| 1954 | 24.9 | 94.7 | 566.9 | 17 |
| 1957 | 20 | 80 | 604.7 | 13 |
| 1959 | 20 | 110 | 587.3 | 19 |
| 1964 | 29 | 128 | 642.8 | 20 |

资料来源:《上海市人民政府公安局关于提出四百户以上重点棚户区开辟火巷改进消防水源计划的报告》,上海市档案馆: B1-2-1536-1;《关于上海市棚户地区家庭财产火险业务的调查报告》,上海市档案馆: B6-2-303-5;《中共上海市委公用事业办公室关于改善上海市简屋棚户居住条件的报告》,上海市档案馆: A60-1-25-7;《上海市建设建设局关于改造上海市棚户区意见的报告》,上海市档案馆: B11-2-81-1。

上海棚户人数占市区人口总数最多的年份是1949年,上海解放之后,虽然少有难民涌入上海,但因1949年、1950年皖北苏北等地连续发生水灾,先后约有20万灾民逃往上海①,致使搭盖棚户人数上升。随即政府实行对灾民的收容遣送政策,1954年时棚户人数占市区人口比重下降为17%。

1955年时,上海执行严格的紧缩人口政策,实行“严格限制迁入,积极鼓励迁出”的方针,制定了“加强户口管理限制外地人口继续流入”等6项措施,动员滞留人员回乡参加农业建设,1957年间上海棚户人数占市区人口比重为13%。当年,上海市人民委员会提出“对搭建简屋、棚屋的管理工作,应结合贯彻执行‘关于处理和防止外地人口流入本市的办法’进行,并必须密切配合动员应该回乡的外地人口回乡生产”②。棚户搭建管理与动员人口回乡运动结合起来,上海大量盲目无序的棚户搭建得以终止,此后违章搭建多为棚户居民的零星修建。

1959年棚户人口比重的上升,与人口自然增长不无关系,再加上“大跃进”运动时因工业大发展而造成的用工紧缺,大量外地劳动人口进入上海。在调整巩固时

① 《上海市民政局关于上海市收容遣送工作收获、优缺点及经验教训的材料》,上海市档案馆: B168-1-683-46。

② 《上海市人员委员会关于限制搭建简屋棚屋的指示》,上海市档案馆: A54-2-175-68。

期之后,上海工业发展又活跃起来,所以 1964 年棚户人口占市区人口比例与 1959 年大致相同。

### (二) 棚户居民就业比重和职业分类的变化

近代上海棚户居民在不同领域,并不同程度地见证参与了近代上海的城市发展。新中国成立后,党和政府领导下的棚户区的改造不只是空间形态的变化,包括居住主体即人的变化与其所代表的社会阶层的流动变化,棚户居民的就业比重大幅提高,职业种类亦随上海工业城市转型发生改变,产业工人成为最主要的职业构成。

以药水弄中一地段 1949 年和 1960 年成年人就业情况对比,可以看出解放以后棚户人口就业比重的迅速增长,到 20 世纪 60 年代初,此棚户区内基本实现了稳定就业。该地段在 1960 年底时共有 547 户,成年居民 1 223 人,就业率从 1949 年 53.7%上升到 1960 年的 75.4%。在无业人口中,"包括了 2.4%领取养老金的退休职工,其余也都是年老体弱不适于劳动的人,或有孩子需要照顾的妇女。①"能够参加劳动的青壮年,基本上都实现了就业,棚户居民的就业比率显著提升。

**表 2-15 1949 和 1960 年药水弄棚户区就业比重对比表** (单位:%)

| 年 份 | 就业比重 | 失业比重 | 无业比重 |
|---|---|---|---|
| 1949 | 53.7 | 17.5 | 28.8 |
| 1960 | 75.4 | — | 24.6 |

资料来源:上海社会科学院经济研究所城市经济组:《上海棚户区的变迁》,上海人民出版社 1962 年版,第 62 页。

在就业率提高的同时,亦是居民职业身份的变化,仍以药水弄中一地段为例,从 1949 年和 1960 年这一地段居民的职业构成对比来看,突出变化是产业工人的比重上升,交通运输工人和小商贩的人数大大减少,从表 2-16 中可以清晰看出这一变化。

---

① 上海社会科学院经济研究所城市经济组:《上海棚户区的变迁》,上海人民出版社 1962 年版,第 62 页。

**表 2－16　1949 和 1960 年药水弄棚户区职业分类情况表**　(单位: %)

| 1949 年 | | 1960 年 | |
|---|---|---|---|
| 职业类别 | 比　重 | 职业类别 | 比　重 |
| 产业工人 | 37.1 | 产业工人 | 65.2 |
| 交通运输工人 | 24.4 | 交通运输工人 | 16.0 |
| 小商贩 | 20.3 | 商业、服务业职工 | 14.3 |
| 其他 | 18.2 | 手工业工人 | 1.7 |
| | | 其他 | 2.8 |

资料来源:上海社会科学院经济研究所城市经济组:《上海棚户区的变迁》,上海人民出版社 1962 年版,第 63 页。

1949 年,该地区的产业工人只占就业人口的三分之一左右,而交通运输工人和小商贩几乎占到就业人口的一半。1960 年时,产业工人比重上升到 65.2%,已接近全部就业人口的三分之二。大部分居民从事工业生产劳动,还有一部分在社会必需的交通运输、商业和服务业等部门工作,这正是因为社会主义改造完成和全面建设社会主义时期的到来,为了适应工业发展的需要,原本以体力劳动为主棚户居民的职业发生了巨大改变,一定程度上实现了劳动力分配与行业需求的匹配。

从上海解放到 1960 年,共 11 年的时间里,失业消除、就业比重上升的还有原先就业情况十分糟糕的蕃瓜弄。蕃瓜弄在 1949 年时有 45.05%的家庭中无一人就业,51.49%的家庭中仅一人参加工作,每户有 2—3 人参加工作的家庭仅占 3.45%,无一家庭有 4 人以上参加工作。1960 年时这些情况发生了巨大改变,居民就业人数较 1949 年有极大增长。

**表 2－17　1949 和 1960 年蕃瓜弄棚户区就业比重对比表**　(单位: %)

| 每户在业人数 | 1949 年的比重 | 1960 年的比重 |
|---|---|---|
| 无人 | 45.05 | 1.46 |
| 1 人 | 51.49 | 53.46 |

**续　表**

| 每户在业人数 | 1949年的比重 | 1960年的比重 |
| --- | --- | --- |
| 2、3人 | 3.45 | 38.08 |
| 4人以上 | 0 | 7.00 |

资料来源：上海社会科学院经济研究所城市经济组：《上海棚户区的变迁》，上海人民出版社1962年版，第62页。

1960年时，蕃瓜弄98.54%的家庭均有人参加工作，一户4人以上拥有工作的占到7%，比1949年有大幅提高。虽然这些只是某一个地段的调查数据，但是大体上可以反映出一般棚户区的情况。

棚户区就业比重和职业身份的变化，是长期以来，政府实行解决并稳定就业，和进行社会结构重构的结果。上海工业城市的建设，虽然让大量资源进入生产领域，量多面广的棚户空间改造只能低标准进行，但工业发展的迅速推进，也给棚户居民提供了大量实现工人身份转变的机会。并且意识形态领域的“工人阶级当家作主”，随着棚户社会转型的进行，渗透进棚户居民的工作与生活，棚户身份淡化，工人身份凸显，棚户居民的身份认同和社会地位得到提升。

# 第三章　独挑大梁：政府主导下的棚户整顿与改造（1949—1957）

根据棚户改造政策和实施主体的变化，1949—1966 年间的上海棚户区改造大致可分为两个阶段。1949—1957 年为第一阶段，主要由政府出资进行棚户外部环境改善，受经济实力与城市发展定位的影响，这一阶段的上海住宅政策遵循"重点建设、一般维持"的原则。作为社会主义空间形态的主要代表，工人新村成为"重点建设"对象。在百废待兴的情况之下，没有足够资金普遍大量建设工人新村，因此通过入住选拔，工人新村主要分配给劳模等社会主义建设事业的优秀工作者。由于僧多粥少，从棚户区搬进工人新村的居民数量十分有限，但工人新村的建设，让棚户居民对社会主义美好生活有了明确的畅想方向。工人新村对广大棚户居民而言，象征意义大于实际获得意义。"一般维持"重点表现在棚户区的一般性维持利用，主要是原地改善了棚户区的部分外部环境，这些零星改造集中在一些大型棚户内进行，药水弄棚户区优先得到了改善。经过一段时间的工作，上海市内棚户区的水、电、道路、卫生等状况得到了一定程度的改善，这种改造方式与当时社会整体经济水平相适应。棚户火险设立情况的变化，反映了这一阶段环境改善的大体效果。相较于棚户空间外部环境改造的变化，棚户区内的社会重构更为深刻。政府加强了对棚户居民身体和文化两方面内容的现代化素质培养，这些方面的提高为城市就业问题的解决准备了条件，棚户居民的文化水平、劳动技能、职工比例和身体健康等方面发生了显著变化。虽然在政府的努力之下，棚户改造取得了一些成效，但政府独挑大梁的改造模式暴露出不少问题，如改造资源匮乏和对公房建设与维修的倾斜，影响了棚户改造的进一步发展扩大。

# 第一节　解放初期的棚户救济与工人新村建设

1949年5月上海迎来了解放,中国共产党接管了有着严重房荒和住宅问题的旧上海。受自然灾害的影响,解放初期上海棚户区出现了扩大趋势,政府在有限的经济条件下,竭力对棚户灾难民进行救济,并通过一系列措施,实行了对棚户区域与棚户人口数量的控制。长期以来,因为收入不平衡,上海的住宅分配极不平衡,当时"一面是高楼大厦,资本主义式的建设;一面是贫民窟,破落肮脏,既无卫生可言,又无道路设备,而那里却是上海人口最多的劳动人民居住"①。改善劳动人民的居住条件,理所当然地成为与无产阶级站在统一战线的党的重要任务,上海的工人新村开始了建设步伐。

## 一、解放初期的棚户灾民救济

面对解放初期棚户面积扩大、棚户灾民增加的趋势,上海市政府对棚户灾难民实施了收容遣送。在棚户贫民中实行"不饿死一个人"的救济标准,并"以不扩大,不升高,不加搭为原则",对棚户搭建和修理进行了明确规定。这些举措将上海的棚户区域与棚户人口数量置于可控的范围之内。

### (一) 收容遣送棚户灾难民

在解放初期,除了旧上海遗留下来的322万平方米的棚户简屋,棚户有扩大的趋势。主要是因为1949年、1950年皖北苏北等地连续发生水灾,灾区的灾民,"先后逃荒到上海的约有20万人"②,这加剧了政府处理棚户问题的困难。灾难民中不少人以乞讨为生,流浪在市区和郊区,部分灾民在市区马路偏僻处搭盖席棚,致使

① 《上海市人民政府1950年工作总结 潘副市长在上海市二届二次人民代表会议的报告》,载《文汇报》1951年4月19日。

② 《上海市民政局关于上海市收容遣送工作收获、优缺点及经验教训的材料》,上海市档案馆:B168-1-683-46。

棚户面积和人数上升。由于一些灾民偷窃农作物，与农民斗殴等事件不断发生，严重破坏了上海的社会秩序及公共卫生。对此，为防止棚户进一步蔓延扩大，减少无序灾民造成的不良影响，政府对棚户灾难民进行了收容遣送工作。

《棚户贫民申请收容或遣送审查处理办法草案》中，明确的收容机构主要有灾民收容所、难民收容所、妇女生产教养所、残老生产教养所和儿童临时收容站等①。由于各所收容量有限，加之"自觉自愿，严格审查"的原则，这一举措并没有全面发动。

1952年，由陈毅任执行委员会主席的中国人民救济总会上海市分会②，进一步对收容和遣送对象与标准作了详细规定：

1. 收容方面：

(1) 灾民收容所——因水灾或其他情况逃荒来沪，流浪街头，无亲可靠，以乞讨为生的灾民。

(2) 难民收容所——流浪街头，无家可归，无乡可还，无亲可靠，无法独立生活之难民。

(3) 妇女生产教养所——流浪街头，无家可归，无亲可靠，无法独立生活之妇女。

(4) 残老生产教养所——：① 残废方面以双目失明，失去手足及其他残废不能从事劳动生产者；② 年老方面以60岁以上身体衰弱无劳动力者；③ 以上条件均须无家可归，无亲可靠，无法独立生活者。

(5) 儿童临时收容站——6岁以上，16岁以下，无家可归，无亲可靠，无法独立生活之孤儿。

2. 遣送方面：

(1) 凡系在沪没有职业或生产收入，生活确实困难，有乡可归，原籍有

① 《棚户贫民申请收容或遣送审查处理办法草案》，载《中国人民救济总会上海市分会关于拟订棚户、贫民申请收容遣送审查处理办法的报告》，上海市档案馆：B168-1-686-3。

② 中国人民救济总会上海市分会于1950年10月9日成立。其执行委员会主席为陈毅，副主席刘鸿生、曹漫之、赵朴初、黄涵之，秘书长赵朴初。该分会下设秘书处、财务处、联络处、救济福利处、人事处和灾民疏遣委员会。市救分会调动社会各界力量，对旧救济团体进行改造，办理外国津贴及外资经营的救济福利机关的登记和处理工作；接办"国际难民组织上海办事处"；开展灾民收容、救济和遣送工作。1953年6月8日起，该会与市民政局合署办公。

田地房屋或具备其他生活条件并有一定证明,结调查后确实且无力回乡的难民。

(2) 凡因灾情逃荒来沪之灾民,有条件回乡参加生产,但因生活困难无法回乡者。①

为让遣送工作顺利进行,不少党员住进棚户区内,通过感化的方式动员棚户灾难民回乡。“南区有一位工作同志,曾经在棚户里住上几个月,难民们把她看作自己人一样”,疏救会的工作人员通过一系列工作帮助灾难民解决日常生活问题,如免费诊疗给药,为灾难民建立茅厕,教灾难民中的儿童唱歌识字,甚至排难解纷②。经过努力,工作人员得到了灾难民的认同和拥护,许多灾难民在疏救会工作人员的动员下回乡生产了。

通过这些工作,在1950年10月时,收容最高额达3万多人,当年共计收容灾民95 249人,遣送86 491人(其自行还乡未经资遣者不计在内)③。

**表3-1 1949—1953年上海收容遣送灾难民人数统计表** (单位:人)

| 时间 | 收容人数 | 遣送人数 |
|---|---|---|
| 1949.8—1950.7 | 43 912 | 66 762 |
| 1950.8—1950.12 | 81 236 | 43 940 |
| 1951 | 44 791 | 22 754 |
| 1952.1—1953.7 | 23 899 | 8 085 |
| 合计 | 193 838 | 141 541 |

注:《上海民政志》文中写的是“总计收容193 838人,遣送149 239人”,与实际分类计算有误差。

资料来源:《上海民政志》编纂委员会编:《上海民政志》,上海社会科学院出版社2000年版,第283—284页。

① 《棚户贫民申请收容或遣送审查处理办法草案》,载《中国人民救济总会上海市分会关于拟订棚户、贫民申请收容遣送审查处理办法的报告》,上海市档案馆:B168-1-686-3。

② 《争取难民同乡转进生产的队伍》,载《文汇报》1949年9月20日。

③ 《上海市民政局关于灾民收容遣送工作总结》,上海市档案馆:B168-1-686-37。

1949—1953 年间，通过收容遣送工作，上海灾难民人数逐渐减少，共收容 193 838 人，遣送 141 541 人，上海棚户区的面积与人口控制取得了一定成效。

### (二)"不饿死一个人"的救济标准

经过战争的摧残，上海的经济与生产受到了极大破坏，庞大的棚户灾难民丧失了在城市找寻工作的可能性。因此，党和政府在有限的物资经济基础之上，在棚户灾难民中实行了以"不饿死一个人"为原则的救济举措①。

至 1949 年 12 月底时，全国还有一小部分区域尚待解放。出于可能的战争考虑，国家财政计划的支出安排十分谨慎节约。在整个预算中，军事费占 38.8%，行政费占 21.4%，经济建设和文教费用约占 30%，总预备费约占 10%，用于临时遇到的事项，如救灾等。从预算的分配来看，开支主要用于支援战争，解放全中国，其次是用于建设，恢复生产②。在有限的经济能力范围之内，上海市政府一方面努力恢复生产、稳定经济，一方面积极对无法生存的棚户灾民实施救济。

救济在"不饿死一个人"的标准下有序进行。1950 年 3 月到 9 月，发给灾民每人每日 5 两大米，并准许他们外出乞讨，保证了灾民的基本生活。由于流浪乞讨，导致许多灾民身患疾病。据卫生局 1950 年 9 月份的检查得知，灾民患病比例达 51.1%。并且灾民在各所集中之后，有了组织很容易发生集体强讨，这严重影响了社会秩序和治安。于是自当年 10 月份起改为 12 两米的供给，禁止外出乞讨，但是由于供给标准太高，致使灾民产生了长期依赖救济、不愿回乡生产自救的思想，甚至有灾民还告诉其在灾区的灾民亲友，让他们变卖粮食耕畜农具等作路费，来上海吃救济粮。于是从当年 11 月中旬起，政府一面进行全面性的收容，一面把供给标准减低为 8 两米③。恰当的供给标准成为处理灾民工作的重要内容，这明确了对灾民的救济方针，"只能做到仅够维持最低生活的救济，不能做到吃得饱，穿得暖"④。此

① 《上海市人民政府关于执行"棚户、贫民紧急救济实施办法"的批示》，上海市档案馆：B168-1-686-16。

② 《当前财经形势和新中国经济的几种关系》，载中共中央文献研究室：《周恩来经济文选》，中央文献出版社 1993 年版，第 26 页。

③ 《上海市民政局关于灾民收容遣送工作总结》，上海市档案馆：B168-1-686-37。

④ 《上海市疏散难民回乡生产等冬令救济方案和工作总结及无业棚户遣送回乡及收容管教遣送办法(草案)》，上海市档案馆：B168-1-683。

后,救济标准再次降低。到1952年时,明确为“职工本人每月45斤,家属每人每月15斤,总共以不超过90斤为限”①。从1952年3月29日到4月23日,上海20个区共发放救济米265 478.5斤,具体如表3-2所示。

**表3-2 1952年上海各区一个月之内发放救济米数量统计表**

| 区 名 | 领米次数(次) | 发放救济人数(人) | | | 发放救济米数量(斤) |
|---|---|---|---|---|---|
| | | 大 | 小 | 合 计 | |
| 徐汇 | 1 | 1 185 | — | 1 185 | 14 275 |
| 蓬莱 | 2 | 2 689 | — | 2 689 | 30 085 |
| 卢湾 | 2 | 882 | — | 882 | 9 860 |
| 北四川路 | 3 | 2 113 | 389 | 2 502 | 28 661 |
| 闸北 | 1 | 2 000 | — | 2 000 | 30 000 |
| 提篮桥 | 1 | 1 600 | — | 1 600 | 22 000 |
| 嵩山 | 2 | 1 155 | 75 | 1 230 | 14 857.5 |
| 榆林 | 3 | 440 | 74 | 514 | 5 605 |
| 常熟 | 2 | 423 | 221 | 644 | 5 697.5 |
| 邑庙 | 1 | 1 050 | — | 1 050 | 12 250 |
| 杨浦 | 3 | 2 000 | — | 2 000 | 22 650 |
| 普陀 | 2 | 1 729 | — | 1 729 | 20 510 |
| 虹口 | 1 | 371 | — | 371 | 2 445 |
| 北站 | 1 | 117 | 100 | 217 | 2 045 |
| 长宁 | 2 | 5 820 | 1 100 | 6 920 | 27 500 |
| 静安 | 2 | 520 | — | 520 | 4 302.5 |

① 《上海市民政局转报中国人民救济总会上海市分会关于棚户贫民申请收容遣送审查办法的请示报告和市府的批复指示》,上海市档案馆:B168-1-686。

续 表

| 区 名 | 领米次数(次) | 发放救济人数(人) | | | 发放救济米数量(斤) |
|---|---|---|---|---|---|
| | | 大 | 小 | 合 计 | |
| 黄浦 | 1 | 18 | 20 | 38 | 420 |
| 老闸 | 1 | 143 | — | 143 | 1 120 |
| 江宁 | 1 | 976 | — | 976 | 9 460 |
| 新成 | 1 | 725 | — | 725 | 2 465 |
| 共20区 | | 25 556 | 1 979 | 27 525 | 265 478.5 |

资料来源：《上海市民政局转报中国人民救济总会上海市分会关于棚户贫民申请收容遣送审查办法的请示报告和市府的批复指示》，上海市档案馆：B168-1-686。

自1952年起的7年内，发放的贫民救济(包括现金和寒衣等)共达1 400余万元，490余万人次，另有医药补助850余万元，110余万人次。如蕃瓜弄在1953年2月到次年7月的一年半时间里，共补助失业工人999人次，家属592人次，救济金额6 891元，对贫苦居民的社会救济有91户，283人，仅大米就发了6 400余斤。享受医药补助的居民则达200人，每人30元到100元不等，其中还有20余人免费住院治疗①。

在救济的同时，积极动员灾民回乡生产，“是使他们了解盲目逃荒，并不能解决灾荒问题。主要还是进行生产自救，才是战胜灾荒的唯一出路”。在加强对灾民的宣传教育、说服动员之后，一个月内顺利遣送灾民回乡3万人左右，基本上制止了灾民盲目逃荒的现象②。1952年中国人民救济总会上海市分会上报的《棚户贫民紧急救济实施办法》，实行棚户贫民救济与收容遣送工作相结合的工作方针，根据棚户贫民的不同情况，将救济对象分成5种类型：

1. 凡全家失业或无业，即有断炊之虞者，给予完全救济(如拾荒、行乞之

① 上海社会科学院经济研究所城市经济组：《上海棚户区的变迁》，上海人民出版社1962年版，第53页。

② 《上海市民政局关于灾民收容遣送工作总结》，上海市档案馆：B168-1-686-37。

类)或原有临时职业已经停顿或业小贩生意清淡本钱吃尽等生计来源已绝、并无亲戚可靠或有亲友而不可靠,且平时毫无积蓄者;

2. 凡家中有人生产,但不能维持全家最低生活者,即将断炊者,酌予救济(如小贩及未经失业工人登记的临时工和无固定雇主工人等);

3. 凡家中有人生产,能勉强维持最低生活者,不予救济;

4. 凡系无家可归,无亲可靠,无法生活之单身残老、难民、妇女、儿童合乎本会教养所收容对象者,在自愿原则下,经审查收容入所安置;

5. 凡有乡可还,原籍有生活条件者,动员自费或资助遣送回乡。①

当月,陈毅同意了该报告,让各区遵照执行②。收容、救济、遣送三结合的方法,在保证棚户贫民生存的基础上,控制了棚户人口的无序增加。

### (三)"以不扩大,不升高,不加搭为原则"控制棚户搭建

从接管上海开始,改变旧上海"富者高楼华屋、贫者无立锥之地"的居住现象,就被列为党的重要工作。然而要想有效地改造最为糟糕的棚户区居住环境,须在明确的边界范围内进行,方能收到理想的效果。因此,减少新增的盲目灾难民人数是控制棚户扩大的一个方面,管理限制既有棚户面积亦成为重要内容。

上海解放前,为确定被认可的棚户范围,国民政府就曾编制棚户门牌,如若没有得到政府允许私自搭建,不论出于何种原因都被认定为违章建筑。解放后,这一做法得到延续。为了不扰乱上海城市的正常建设规划与管理,上海市人民政府对棚户搭建进行了明确规定。1951 年市公安局和公务局向市政府提交了《上海市旧有无照棚屋请照修建暂行办法》,具体内容如下:

**上海市旧有无照棚屋请照修建暂行办法③**

一、在 1950 年 6 月 16 日上海市人民政府公告以前之旧建无照棚屋,除在

① 《中国人民救济总会上海市分会关于遵照内务部指示对本市紧急救济实施办法提出修改意见的报告》,上海市档案馆:B168-1-686-23。

② 《上海市民政局转报中国人民救济总会上海市分会关于棚户贫民申请收容遣送审查办法的请示报告和市府的批复指示》,上海市档案馆:B168-1-686。

③ 《上海市人民政府公安局、上海市人民政府公务局关于上海市旧有无照棚屋请照修建暂行办法施行情况的呈》,上海市档案馆:B1-2-711-1。

七种地区(已成公路线上,人行道上,下水道上,河浜上,架空电线下,地下管线上,里弄弄口弄内)以外,或有碍交通消防安全卫生及市政建设或公用事业,经工务局核明不准修建者外,如需拆建或修理时,准予核发临时执照,并于执照上加盖注明"系暂准存留之建筑"字样。

二、不论拆建或修理,概以不扩大,不升高,不加搭为原则。

三、凡已在公地上搭建之棚屋,现需修建者,应呈验公地使用费收据,或经地政局核准免缴使用费之证明文件后,方得修建。

四、凡已在非公地上搭建之棚屋,现需修建者,应提出土地所有权或使用权证明文件,否则由工务局于所发临时执照上,加盖"经土地所有人提出异议时,应由搭建人自行负责处理"字样,以重产权。

五、凡部分侵占公路、弄道、河浜等有碍公共交通、消防、卫生之棚屋,于拆建或修理主要载重部分时,均应按照界收让。

六、申请拆建或修理之棚屋,如系非防火材料之屋面者,必须加强结构,改建为防火材料屋面。

七、本办法自公布之日起施行。

很快,市政府回复了该请呈,同意了该办法,只提出将第四条"加盖经土地所有人提出异议时应由搭建人自行负责处理字样"改为"加盖经土地所有人提出异议时,应由搭建人自行负责向业主协商,倘协商不成所建棚屋应即拆除字样",在"以不扩大,不升高,不加搭为原则"的前提下,棚户搭建和修理有了明确规定。

虽然在中华人民共和国成立初期,这一系列控制棚户扩大的举措并未完全阻断外地人口涌入上海,但为以后长时段的城市人口与棚户面积控制摸索了经验。

## 二、工人新村的示范性

上海解放后,政府在对棚户区进行救济的同时,工人新村亦开始了建设步伐,在这个全新的时代,破棚户区、立工人新村成为彰显社会主义优越性的重要方式。工人新村的建设在一定范围内改变了工人阶级的居住状况,但工人新村无论从面积数量上来说,还是从它的分配方式来看,都没有改变大量民众居住困难的局面,仅有少部分棚户居民搬入工人新村。尽管如此,工人新村对棚户居民仍有着重要的象征引领意义,既有工人身份这一宣传领域中的领导地位,又有努力工作后可能带来的实际居住变化,这使得棚户居民对社会主义美好生活的向往,有了明确实现途径。

### (一) 工人新村的建设

中华人民共和国成立后,党开始了对城市建设和管理的社会主义探索,实现社会主义工业化,将上海从消费型城市改造成生产型城市,成为上海城市发展的方向。在住宅方面,改善劳动人民的居住环境,限制和压缩资本主义的居住空间,无疑是住宅规划的方向,这一方向被概括为"为生产服务、为劳动人民服务"的社会主义城市建设原则。工人阶级在主流意识形态中的领导位置投射到居住空间领域,在1950年10月召开的上海市第二届第一次各界人民代表会议上,上海市长陈毅指出,"目前经济情况已开始好转,必须照顾工人的待遇和福利"。1951年4月,上海市第二届第二次各界人民代表会议确定市政建设"应贯彻为生产服务,为劳动人民服务,并且首先是为工人阶级服务"的方针。副市长潘汉年阐述了这个方针,"为工人阶级服务,就市政建设来说,目前上海最迫切的工作,就是为工人阶级解决居住问题",他要求市市政建设委员会"规划和领导建筑工人住宅"①。是年起,上海开始有计划地建造住宅,上海在原地改善棚户区的同时,开始了工人新村建设。

第一个由市政府规划建造的工人新村曹杨一村于1951年启动建设,1952年竣工。作为试点项目,曹杨一村建有1 002户住宅,全部为砖木结构,立帖式二层楼房,计48幢,167个单元,面积共达32 366平方米,多户合用灶间、卫生设备②。"居住对象主要是有重大技术革新、创造发明和提出合理化建议,对生产有显著贡献者;生产一贯带头的先进工作者。同时也照顾工龄较长、生产积极、住房情况特别拥挤之职工"③。曹杨一村新工房的建设,为全市国营、公私合营和私营企业建造工人住宅时所效仿,发挥了示范作用。上海人民印制厂投资在曹杨路基地内建造了

① 《上海住宅建设志》编纂委员会编:《上海住宅建设志》,上海社会科学院出版社1998年版,第142页。

② 《上海住宅建设志》编纂委员会编:《上海住宅建设志》,上海社会科学院出版社1998年版,第145页。

③ 《上海住宅建设志》编纂委员会编:《上海住宅建设志》,上海社会科学院出版社1998年版,第145页。

设计标准相似的二层楼砖木结构住宅 79 幢，建筑面积达 32 543 平方米①。其他许多国营、公私合营、私营企业也纷纷在指定的地点投资建造工人住宅。

1952 年 4 月 11 日，上海市人民政府市长办公会议决定当年兴建"二万户"工人住宅，作为"今后更大规模地建造工人住宅的开端"。与 1 002 户住宅相比，要求建设费更加经济，建设时间争取迅速。"二万户"住宅的建设费用 5 821 万元，全部由国家投资。新建住宅共有 1 052 幢，建筑面积 552 671 平方米，每户平均 27.675 平方米。两万户在设计上追求了经济原则，因此更加紧凑，"住宅结构以五开间为一单元，二层楼，后部一层披屋，瓦屋面，楼上地面铺设木板，楼下是水泥地面。每个单元住 10 户，楼上楼下各有一个大门进出。大户居住面积 20.4 平方米，小户居住面积 15.3 平方米。厨房、厕所、洗衣处集中底层，五家合用，厨房面积有 12.7 平方米"②。当"二万户"住宅建成后，划分成了 17 个工人新村。1953 年 9 月 28 日前，有近 10 万工人及其家属搬入新居③。

这批工人新村的建设为解决工人的住宅问题提供了良好开端。到 1958 年底，上海市由国家统一建设，加上企事业单位自建的新村达 201 个，有 70 多万职工和家属搬进了新居④。此后，市区新村建设速度逐渐放缓，新建主要在近郊工业区和郊区卫星城进行，包括农民新村在内的住房建设增多，更多的经济支持投入在了工业生产相关领域。至 1966 年底，上海共新建住宅 895 万平方米住宅，各类新村 239 个⑤。

### （二）工人新村的分配与示范性

工人新村的建设，既是解决民生问题的重要方式，亦是凸显新政权优越性的重要举措。在党和政府看来，建造住房首先是关于"为哪个阶级服务"的问题，"阶级

---

①《上海住宅建设志》编纂委员会编：《上海住宅建设志》，上海社会科学院出版社 1998 年版，第 145 页。

②《上海住宅建设志》编纂委员会编：《上海住宅建设志》，上海社会科学院出版社 1998 年版，第 147 页。

③《上海住宅建设志》编纂委员会编：《上海住宅建设志》，上海社会科学院出版社 1998 年版，第 147—148 页。

④《上海住宅建设志》编纂委员会编：《上海住宅建设志》，上海社会科学院出版社 1998 年版，第 151 页。

⑤《上海住宅建设志》编纂委员会编：《上海住宅建设志》，上海社会科学院出版社 1998 年版，第 142 页。

观念的引入使得城市住房有了政治含义,工人住宅不再是单纯的市政建设,而是一项重要的政治任务,它包含着新政府对工人阶级的特殊关怀,是一种自上而下的社会建构"①。通过国家和单位建造分配给职工住房,带给工人当家作主的感受,要远比实际状况的改善强烈得多,并通过对新村居民的选拔强化了这种认同。

工人新村在最初建设阶段,户数并不多,在僧多粥少的情况下,居民如何挑选,是十分慎重的问题,从最终入住新村的居民来看,基本上是分配给劳动模范和先进生产者。当曹杨新村建成时,为了做好解放后第一次职工住房分配工作,市政府决定,由上海总工会牵头,建立包括市公共房屋管理处、市政建设委员会、市劳动局、华东纺织管理局、华东工业部等单位组成的曹杨新村房屋调配委员会。房屋调配委员会确定的分房原则是:"① 就近分配给住房困难的工人,并以纺织、五金等主要产业的工人为主;② 照顾生产上有贡献者,将房屋优先分配给生产上一贯带头的先进工人和工龄较长、生产上一贯表现积极的老工人中住房特别拥挤的。"②

1952 年 6 月,曹杨新村分配工作基本完成。共有 52 家国营工厂的 653 名工人和 65 家私营工厂的 349 名工人迁居曹杨新村。其中,"从事创造发明和提出合理化建议、在生产上有显著贡献的先进工作者 247 人,占 24.6%;生产上一贯表现积极工龄较长的老工人 530 人,占 52.9%"③。共涉及纺织厂 64 个、687 户;化工厂 11 个,39 户;食品厂 9 个,69 户;轻工厂 13 个,42 户;五金厂 20 个,165 户④。曹杨新村的建成与分配是上海新建职工住宅和分配的开始。

优先劳动模范或先进工作者的分房原则,为后来分配政府建造的工人新村时所沿用。1953 年,在二万户工房分配工作中,经市政交通委员会报市政府核定,切块分配给纺织、轻工、重工、市政建设、建工、军需等系统,共 19 730 户职工居住⑤。

因为入选住进新式的工人新村,让工人有了至高无上的荣誉感,各单位往往敲锣打鼓为新村居民组织欢送,通过这种形式进一步强化了工人对入住新村的荣誉感和幸福获得感。

"工人阶级当家做主"这一广泛的宣传语句,通过工人新村的建设与分配,将话

① 杨辰:《历史、身份、空间——工人新村研究的三种路径》,载《时代建筑》2017 年第 2 期。
② 《上海工运志》编纂委员会编:《上海工运志》,上海社会科学院出版社 1997 年版,第 561 页。
③ 《上海工运志》编纂委员会编:《上海工运志》,上海社会科学院出版社 1997 年版,第 561 页。
④ 《上海房地产志》编纂委员会编:《上海房地产志》,上海社会科学院出版社 1999 年版,第 209 页。
⑤ 《上海房地产志》编纂委员会编:《上海房地产志》,上海社会科学院出版社 1999 年版,第 209 页。

语中的内涵与指向具体化了。入住新村，优秀的工人有了详细的名单与范围，这不仅进一步激发他们为社会主义建设贡献的热情，更重要的是也为其他非工人新村居民树立了积极榜样，大家有了明确的奋斗目标，经过努力工作就有机会真正成为“国家主人”。同一时空下的棚户改造与工人新村建设，正是破与立的关系，即破棚户区、立工人新村。工人新村作为社会主义城市的空间实践，虽然居住条件远达不到舒适宜居的标准，但对工人来说是从无到有的关怀，大家都以入住工人新村为荣，其样板性带来了很强的示范效应。

工人新村解决了住房困难职工的居住问题，但相对于庞大的棚户居民人数，无异于杯水车薪。1960 年，对上海最大棚户区的药水弄中一地段的调查显示，仅有 84 户、334 人迁往曹杨新村居住。到 1964 年，才先后共有 134 户、600 余人迁往新村居住①。此外，“为生产服务”才是工人新村建设的第一要义，从工人新村的布局指导思想中不难发现其中的端倪：“按照工业分布的状况，本着职工就近生产、就近生活的要求，统筹安排住宅新村的位置，既要距离工业区较近，尽可能缩短职工上下班的交通时间，又要同工业区保持适当距离，防止工业生产中有害气体和噪音的侵袭。当时选择市区边缘地区作为住宅建设基地，还考虑到可以利用市区原有市政、公用服务设施，能节约建设资金，缩短建设周期，使新建住宅能很快投入使用。”②工人新村从布局出发就是首先考虑为工业生产服务，国家全面的工业建设，将主要投资放在了需要高投入的重工业建设上，不可能拿出太多资金建成更多的高质量住房。这些情况都表明国家没有条件建设足够的工人新村来解决全部棚户居民的居住问题，因此，棚户区的逐步改善显得尤为重要。

## 第二节　棚户控制与外部环境的零星改造

中华人民共和国成立之后，在工业城市的发展目标之下，过多的非工业人口将会加重城市的负担，为此，控制棚户的无序扩大成为改造的重要内容。动员无稳定

① 上海市普陀区志编纂委员会编：《普陀区志》，上海社会科学院出版社 1994 年版，第 973 页。

② 《上海住宅建设志》编纂委员会编：《上海住宅建设志》，上海社会科学院出版社 1998 年版，第 142 页。

职业的棚户居民回乡,既削减了城市的运行成本,更从客观上成为减少棚户的直接手段。棚户控制措施的实行,让棚户的外部环境改善成为可能,受制于经济实力与上海的城市发展定位,1949—1957年间的棚户改造主要以政府出资的外部环境改善为主,因为量大面广,各棚户区间的改造并不同步,率先在人口稠密地区进行,药水弄获得了优先改善。

## 一、动员棚户回乡与禁止违章搭建棚屋

自棚户出现起,对棚户的描述都宛若人间的地狱,不论是国民政府还是工部局,对棚户均实行过取缔改造。按照社会主义城市建设的理想,与工业城市发展目标不相符的棚户区更应得到改造直至消除,但现实的困难,使得政府对棚户不得不进行利用改善。在整理改造过程中,直接快速消除贫困脏乱棚户面积的办法:动员棚户居民回乡,早在南京国民政府时期就曾实行。虽然上海解放后动员人口回乡,实行的最终目的并不是消除棚户,但仅从内容和方式上看,解放后与解放前在这一政策上具有某些连续性。

### (一) 解放初期疏散棚户灾难民回乡

上海解放后,1949年7月,中共中央华东局就发出了《关于上海市疏散难民回乡生产的指示》,上海市公安机关会同市民政局疏散难民40余万人①。1950年,在上海市民政局、中国人民救济总会上海市分会关于无照搭建棚户遣送回乡的办法中,明确规定动员遣送范围主要是指示中第一类旧有无照棚户,即对消防、交通及市政规划方面有严重危害的旧有无照棚户,其中有合乎遣送对象者,予以动员回乡,并不是对所有无照棚户全面进行动员。遣送对象为外地盲目流入上海的剩余劳动力和农民,回乡有田地或其他生产生活条件,经教育动员后愿意回乡者。其中少数符合遣送对象经过反复教育动员仍不愿回乡者,由遣送站派人护送回乡②。在遣送的同时,附近不少遭受水灾的灾民流入上海,到1950年,“先后逃荒到上海的约

---

① 上海通志编纂委员会编:《上海通志》(第1册),上海人民出版社、上海社会科学院出版社2005年版,第733页。

② 《上海市民政局、中国人民救济总会上海市分会关于无照搭建棚户遣送回乡办法(草案)》,上海市档案馆:B168-1-683-3。

有20万人”①，他们当中不少人以乞讨为生，流浪在市区和郊区，部分灾民在市区马路偏僻处搭盖席棚，致使棚户面积和人数上升，这些灾民成了遣送回乡的重点对象。至1953年，上海又遣送灾难民149 239人②。

在城市经济未达到基本好转以前，城市工业不可能马上快速发展，由乡村流动到城市的农民，并没有进行生产的条件，所以城市并不适合长期收容灾区农民，若任其自流，不仅对灾民本身，而且对上海秩序稳定和城市发展也十分不利。

尽管动员工作一直在进行，但外地人口流入上海的现象并未停止。仅1954年9月4日至11日间，就增加了4 800余人，统计中还不包括长宁、虹口、东昌、洋泾、真如等五个区的资料。灾民为了落脚选择在空地搭建棚户，“常熟区安徽会馆于9月4日至6日新增加席棚20余个、148人，为了严格贯彻禁止增搭棚户的决定，于9月8日由区府会同公安局进行拆除，但当日下午灾民又重新搭建，于9日又进行拆除，至目前尚有一户坚持搭建中”③。拆除新增棚户之后，虽对部分灾民进行了收容，但仍有部分留居于安徽会馆老席棚中，人数增加到700余人④。这样的情况让政府必须进一步加强对动员回乡工作的管理力度。

### （二）1955年人口紧缩与市区严禁搭棚相结合

随着一五计划的实行，和受上海城市发展定位影响，动员回乡工作被提到重要位置。

解放后，新中国开始逐步走向社会主义，按照规划，中国要建设成为社会主义工业国，城市作为生产中心，承担着主要的工业建设任务。“现在上海六百万人口中，实际上直接和间接参加生产的人口不过三百万人，不生产的人口达到三百万人之多”⑤。如何达到生产城市的目标，或把如此众多的消费人员变为生产人员，或疏

---

① 《上海市民政局关于上海市收容遣送工作收获、优缺点及经验教训的材料》，上海市档案馆：B168-1-683-46。

② 《上海民政志》编纂委员会编：《上海民政志》，上海社会科学院出版社2000年版，第283—284页。

③ 《上海市民政局关于外地灾民流入城市情况的简报》，载《灾区农民流入本市情况简报第五号》，上海市档案馆：A6-2-76。

④ 《上海市民政局关于外地灾民流入城市情况的简报》，载《灾区农民流入本市情况简报第五号》，上海市档案馆：A6-2-76。

⑤ 中共上海市委党史研究室、上海市档案馆编：《上海市党代会、人代会文件选编》（下册），中共党史出版社2009年版，第7页。

散他们回乡生产,这是一项复杂而艰巨的工作。张坤通过对社会主义时期工业化和城市化基本面貌的分析,认为中国选择了一条投资高、吸纳就业能力低的以重工业为主的工业化道路,从而需要严格控制城市规模,以降低城市运行成本。动员人口回乡既根源于中国共产党建设社会主义新城市的理想,又由一系列现实困难促成,与中国的工业化进程有着密切关联,对工业化道路的选择是动员人口回乡的最主要动力①。这一时期,动员人口回乡在降低城市运行成本、节约工业发展资金的同时,客观上对棚户的减少产生了直接影响。

1955 年,中共上海市委宣传部制订关于逐步紧缩上海人口宣传提纲时,认为彼时上海人口臃肿不合理的状况,是不符合社会主义城市建设要求的,"它不仅对国家社会主义建设和国防安全都很不利,而且对城市的改造和广大人民本身的生活增加了不必要的困难"②。建设重工业,完成社会主义工业化建设,需要大量的建设资金,而这些资金主要是靠内部积累取得,势必要求全国人民努力增产节约,节省开支,以增加资金的积累。

社会抚养和失业无业人口的大量存在,不但不能为国家增加财富,反而会大大增加国家的供应和负担,尤其是外来人口的不断流入,更增加了就业的困难。据 1955 年的统计显示,上海解放几年来,政府经过各方面的努力,除已介绍 31 万余人就业外,尚有失业无业人员约 60 万人。这些人员由于失业、无业,不仅自己生活困难,国家每年也要维持着巨大的开支,"据 1950 年至 1955 年 4 月不完全统计,就支出救济金 3 290 多万元,相当于建设一个近代化的月产纱四千多件、布四万多匹、三千多工人的纺织厂。这说明由于上海人口过多,国家要经常开支相当的费用,这就必然分散着国家建设的资金"③。针对过剩人口引发的棚户搭建问题,上海市委宣传部明确指出"违章棚屋建筑,影响社会治安,必须严格限制搭建"④。

1955 年,政府执行"严格限制迁入,积极鼓励迁出"的方针,制定了"加强户口管理限制外地人口继续流入"等 6 项措施,动员滞留人员回乡参加农业建设。8 月,市

① 张坤:《城市转型与人口治理:1949—1976 年上海动员人口回乡研究》,上海人民出版社、学林出版社 2020 年版。

②《中共上海市委宣传部关于逐步紧缩上海人口的宣传提纲》,上海市档案馆:B168-1-870-33。

③《中共上海市委宣传部关于逐步紧缩上海人口的宣传提纲》,上海市档案馆:B168-1-870-33。

④《中共上海市委宣传部关于逐步紧缩上海人口的宣传提纲》,上海市档案馆:B168-1-870-33。

政府颁布《上海市限制人口盲目流入管理暂行办法》①。公安部门更是严厉提出"对棚户要严加限制，空地不准搭棚，处理要坚决，不能动摇，允许一户，吸引一片，因此应根本限制不许搭建"②，暂住人口迅速下降。

通过这些措施，1955年的上海动员回乡工作取得了一定成效，"仅仅七、八两个月内，回乡农民即达315 000余人。八月下旬全市人口已下降到645万余人；人口上升的情况开始有所转变，八月份迁入人口只有5 152人，比去年同月迁入20 506人减少75%。市政工作上某些方面也有了初步的变化。如八月份支出失业救济、社会救济比七月份减少20%有余"③。后续调查显示，这些回乡人口90%以上都能很快地投入农业生产或安排好生活，很多人加入了合作社，有的还被合作社送去学习会计④。同时，通过这一阶段的工作，"在本市都市改造方面也出现了一些初步的成绩，主要表现在回乡农民的成份上，除流入城市、待机就业的农民外，小贩、三轮车工人等(本来是过程的行业)也占了很大的比例。目前三轮车工人回乡的已达一万五千余人，占全部三轮车工人的20%，三轮车已收回五千余辆。某些地区的棚户区已开始逐渐消灭，如龙华区著名的垃圾摊棚户即已减了一半。"⑤这就坚定了政府对动员回乡工作的决心，为以后继续紧缩人口，改造城市创造了良好的开端。

从表3-3中可以看出，1950—1957年间，上海迁入迁出相抵，共机械增长489 536万人，而具体年份中的迁移人数的增加与减少，与上海市政府对待动员回乡工作的严厉程度直接相关，尤其在1955年时，因为执行了严格的紧缩人口政策，上海净迁出58万多人。但不久城市人口控制工作出现了放松，因为1956年之后上海迎来发展机会，城市劳动力短缺严重，上海市修改了限制流动人口的政策，提出"充分利用，合理发展"，居民出现回流，棚户再次增加，过多的新增棚户影响了上海城市的其他工作。"原来上海的粮食、副食品以及住房、交通等供应方面就很紧张，而

① 上海通志编纂委员会编：《上海通志》(第1册)，上海人民出版社、上海社会科学院出版社2005年版，第733页。

②《江苏省公安厅、南京市公安局对上海市限制人口盲目流入管理暂行办法(草案)的意见》，上海市档案馆：B168-1-860-214。

③《上海市民政局关于上海市动员农民回乡生产工作初步总结》，上海市档案馆：B168-1-860-204。

④《上海市民政局关于上海市动员农民回乡生产工作初步总结》，上海市档案馆：B168-1-860-204。

⑤《上海市民政局关于本市动员农民回乡工作概况》，上海市档案馆：B168-1-862-131。

外来人口大量增加,就使得各项供应更加紧张。同时,由于外来人口,一般都没有户口、粮票,他们以购买大饼、油条等熟食品作为口粮,以致在外来农民较集中的地区,居民就不易买到熟食品;职工上班买不到早点吃,影响对本市居民和职工的生产供应。此外,外来农民到处乱搭草屋、棚户等,影响社会秩序"①。1957 年上海暂住人口达到 37 万人②,外地人口流入上海对上海的影响是多方面的,既增加了新鲜的劳动力,但也造成计划经济之下的混乱,这促使政府不得不慎重考虑棚户问题。

**表 3-3　1950—1957 年上海人口迁移数表**　(单位:人)

| 年份 | 迁入 | 迁出 | 迁入迁出相抵机械增长数 | 年份 | 迁入 | 迁出 | 迁入迁出相抵机械增长数 |
|---|---|---|---|---|---|---|---|
| 1950 | 566 951 | 623 342 | —56 391 | 1954 | 457 576 | 296 712 | 160 864 |
| 1951 | 1 004 032 | 566 208 | 437 824 | 1955 | 260 430 | 847 293 | —586 863 |
| 1952 | 430 039 | 352 117 | 77 922 | 1956 | 382 551 | 443 326 | —60 775 |
| 1953 | 487 806 | 255 492 | 232 314 | 1957 | 418 474 | 134 833 | 283 641 |

资料来源:《上海公安志》编纂委员会编:《上海公安志》,上海社会科学院出版社 1997 年版,第 255 页。

## (三) 1957 年禁止违章搭建棚屋

1957 年,上海市规划建筑管理局向上海市建设委员会提交了《关于限制外地流入人口搭建简屋棚屋的对内掌握原则》请迅予核示施行的报告③,报告称自 1956 年下半年开始,外地人口盲目流入较多,部分不遵守建筑管理规章,任意搭建棚屋,亦有部分暂居亲友处,并要求区人会拨地搭建。在这样的新情况下全市尚无统一处理原则,而各区各自为政,在处理上非常困难。这些流入人口,一般经济能力较差,搭建的都是草、席的滚地龙和极简陋的棚屋,且从事的多是流动性职业。

① 《上海市人民委员会关于处理和防止外地人口流入上海市的办法》,上海市档案馆:B25-1-7-1。

② 上海通志编纂委员会编:《上海通志》(第 1 册),上海人民出版社、上海社会科学院出版社 2005 年版,第 733 页。

③ 《1957 上海市规划建筑管理局关于检送"关于限制外地流入人口搭建简屋棚屋的对内掌握原则"请迅予核示施行的报告》,上海市档案馆:A54-2-175-31。

为了合理解决这个问题，并防止增加城市建设上的困难，加强对搭建简屋、棚屋的管理，上海市人民委员会于 1957 年 7 月 16 日作出指示，指出应结合贯彻执行《关于处理和防止外地人口流入本市的办法》进行，并必须密切配合动员应该回乡的外地人口回乡生产①，公布的《关于限制搭建简屋棚屋的对内掌握原则》，让各部门遵照执行。

**关于限制搭建简屋棚屋的对内掌握原则②**

（一）对搭建简屋、棚屋的管理工作，应结合贯彻执行"关于处理和防止外地人口流入本市的办法"进行，并必须密切配合动员应该回乡的外地人口回乡生产。该项工作由各区人民委员会统一领导。在区人民委员会统一领导下，各区建设科、民政科、公安分局、办事处、派出所等单位应密切合作。

（二）凡不给予登记为本市常住人口的，或属于应该动员回乡或回原工作岗位的对象，一律不准在本市搭建简屋、棚屋。

（三）简屋和棚屋的区别是：采用瓦顶（或其他耐火材料屋面）、竹木立帖结构的为简屋；采用草顶、席顶和为棚屋。棚屋要严格控制，一般不得搭建，经济条件稍好的应尽量搭建简屋。

（四）新登记的常住人口确属居住无着，具备下列条件之一的准许申请搭建简屋，确无力搭建简屋的得在原有棚屋区内指定空地暂准搭建棚屋，并限在一定时期内改建简屋：

1. 原在本市居住，因过去动员回乡时曾将住屋拆除，现原址仍为空地，而搭建后对交通、消防无重大危害的；

2. 搭建人自行找得小块空地，并合得业主同意。经核与消防、交通规划无重大妨碍的。

（五）符合第四条规定申请搭建棚屋时，须经里弄组织讨论。再向办事处提出申请，并由办事处会同派出所、里弄组织核定，不再办理其他手续；对搭建简屋的须向区建设科申请执照。

（六）对擅自违章搭建简屋、棚屋的，分别作如下处理：

① 《上海市人员委员会关于限制搭建简屋棚屋的指示》，上海市档案馆：A54－2－175－68。
② 《上海市人员委员会关于限制搭建简屋棚屋的指示》，上海市档案馆：A54－2－175－68。

1. 虽未申请,但符合第四条规定的,予以批评教育后准予保留。

2. 搭建地点不适当的应耐心说服拆除、迁移或改建。居住确有困难的按照上项办法予以具体安排照顾。搭建人如属工厂、企业、机关、学校等单位职工,亦请该单位协助解决。

3. 凡属应该动员回乡对象搭建的房屋,应采取耐心说服动员办法,配合动员回乡工作,并视具体情况,给予一定期限责令保证拆除。

4. 强占土地擅建简屋、棚屋借机贩卖牟利的,可代为拆除,其情节严重恶劣的可送法院处理。

5. 原居住并不困难,擅建简屋、棚屋不符照顾条件的,应动员教育拆除,说服无效的可代为拆除。

6. 回乡或收容后留下来的棚屋,以及无人的空关新搭棚屋,得代为拆除,材料由办事处保管发还。

(七) 对违章搭建简屋、棚屋的情况由派出所注意巡查,在事前严格制止。对不听劝告继续搭建完成的,由办事处说服教育动员拆除。

(八) 按照上项规定必须执行代拆的经区长批准后,由办事处、派出所组织里弄组织拆除。

如发现有大量发展搭建违章简屋、棚屋的情况时,各区人民委员会应督导区建设科、派出所、办事处等单位组织力量进行动员劝止,并依照上列各项原则处理。

这份原则的出台,虽然初衷是限制外地流入人口搭建简屋棚屋,但实则是对棚户搭建管理的松动,从 1955 年的“不许搭建”变成了 1957 年的“视情况允许搭建”。总体来看,上海的人口迁移和棚户管理政策有着紧密关联,在 1950—1954 年间,由于人口增加,棚屋曾有所发展。1955 年政府加强了对棚户的搭建管理,并积极开展动员回乡工作,拆除了部分简陋草棚,棚屋总数有所减少。但从 1956 年下半年开始,受倒流人口影响,棚屋又有发展趋势。1957 年再次加强了对人口和棚屋搭建的管理工作,出于对工业发展劳动力需求的考量,1957 年的搭建管理区分了不同情况,从一刀切变成分类处理。

### (四) 对回乡棚户的妥善处理

动员人口回乡直接减少了城市人口,但由于回乡人口的房屋问题比较复杂,上海市民政局对回乡人口的棚户有两种处理方式，一是对属于违章建筑的棚屋，大多由农民自行拆除，把材料运回乡，或就地出卖；二是强调“由于城市房屋并不充裕，除严重违章建筑外，一般应尽可能保留，并允许转让、出租，不易转让、出租的可发给补助费，把房屋交地区调配使用，或由政府收买一部分”①。对回乡农民的家具也进行了处理，凡农村不需用的，尽可能动员物主就地出卖，发动里弄居民购买，农村需用的协助他们运回使用②。1955年，上海市人委明确了对席棚、草棚、板棚三种不同类型的棚户，采取不同的处理方法：

1. 凡建筑无居住价值，且有危险，并在已成的公路线上、人行道上、下水道上(即阴沟上)，里弄弄口、弄内、河浜上、架空电线下或地下管(包括自来水管及煤气管、地下电缆及电话线)线上应禁止买卖顶让，并说服房主自行拆除。

2. 凡建筑尚有居住价值，并不严重危害交通和公共安全而该地区房屋很缺少的或一时尚不能拆除的(如拆除影响邻屋安全或因装有集体火表，影响集体用电等)，经区人民委员会认为可以保留或转让者，可任其转让或保留。

3. 上项可以保留的房屋如无人承购，可用补助回乡路费等办法解决。

4. 予以补助后的房屋由区办事处会同居民委员会暂行管理，俟住户回乡后由区人民委员会研究处理。

5. 非违章建筑的棚户(如龙华区为填塞肇家浜由政府规划建筑的迁建新邨)不应拆③。

妥善处理回乡人口的房屋问题，对回乡者的情绪、回乡时间有直接关联。某三轮车工人愿意全家回乡，但他的棚户有一半租给两个单身人住，这两个人一时找不到别的住房，因此房子不能拆卖。居委会主任就到附近和居民协商，设法为两个单身人找到了房屋，使这个三轮车工人能够把房子拆卖。但木料拆卖后，屋瓦没有人买，

---

①《上海市民政局关于上海市动员农民回乡生产工作初步总结(四稿)》，上海市档案馆：B168-1-864-13。

②《上海市民政局关于上海市动员农民回乡生产工作初步总结(四稿)》，上海市档案馆：B168-1-864-13。

③《上海市人民委员会人口办公室编印〈工作简报〉1955年第9期》，上海市档案馆：B168-1-861-26。

居委会主任又多方设法,找到瓦店老板,经过说服、教育,老板同意以每张瓦七分钱的价钱买了一百多张。三轮车工人解决了这些具体困难,就欢欢喜喜地回乡了①。

对回乡棚户房屋问题的妥善处理,保证了动员人口回乡工作的有效实施。比如在总数户 4 059 户、15 561 人的闸北区太阳庙路办事处,作为一个典型的棚户集中地区,在 1955 年 7 月至 9 月间共回乡 1 893 人,占该地总人口的 12.16%②。

人口对城市发展的影响是巨大的,华揽洪在书中写到:"人口的负担成为一个影响中国城市规划中所有问题的重要因素,而且人口的分布又极不均匀。"③上海庞大的城市人口影响着社会主义建设时期,一切以工业发展为中心的城市工作展开,大量外来人口在充实上海力量的同时,是对原籍地劳动力的削弱。虽然采取动员人口回乡的方式,与 1954 年宪法中关于公民居住和迁徙自由的规定形成了矛盾,但对平衡地区人口与减少城市负担有着重要作用。在这一时期,既有棚户居民经过动员回到家乡,亦有不少外省市人口或上海农村人口通过各种方式进入上海市区,实现从农村向城市的转移,不论是城市人口还是棚户面积,都存在增加和减少并行的现象,与政策执行严厉与否不无相关。

## 二、棚户改善的主要措施

上海解放之前,棚户区"雨天水进屋,晴天灰茫茫,出门不见路,救护靠人背"的状况让居民叫苦不迭。解放后,新政府遵循对城市原有建筑维持利用的原则,主要对棚户区的外部环境进行了原地改善。"首先修筑道路,开辟火巷,填平臭浜,埋设管道,设置给水站,供应电力照明,建造公共厕所和垃圾箱,改善居住环境;同时,要求各企业帮助职工拆除草棚,翻建平瓦房或楼房"④。在政府的组织之下,棚户的外部环境面貌得到了一定程度改善。

---

① 《上海市人民委员会人口办公室编印〈工作简报〉1955 年第 10 期》,上海市档案馆:B168-1-861-30。

② 《上海市人民委员会人口办公室编印的〈工作简报〉1956 年第 18 期》,上海市档案馆:B59-1-130-22。

③ 华揽洪著,李颖译,华崇民编校:《重建中国 城市规划三十年 1949—1979》,生活·读书·新知三联书店 2006 年版,第 22 页。

④ 《上海住宅建设志》编纂委员会编:《上海住宅建设志》,上海社会科学院出版社 1998 年版,第 215 页。

## (一) 解决用水困难

从 1949 年 7 月起，首先是沪东、闸北、南市和沪西的棚户区，设置了 300 多个给水站，解决棚户区居民的吃水问题。当年还规定，防疫给水龙头改称零售水站，收费标准按照各自来水公司普通水价折半收费，另加养护费 20%。1950 年上海的公用给水站发展至 355 座，用水人口近 20 万人，1951 年达 1 119 座，用水人口约 61 万人。用水困难的解决改变了棚户居民的用水习惯，1951 年 7 月，在蓬莱区陈家桥一带，上海市卫生人员训练所卫生统计班的学员，举行了一次棚户区的家庭卫生状况调查，总共调查了 3 910 户，13 801 人，这些居民吃生水的比例降至了 5%以下。

通过表 3－4 统计可知，依然保留吃生水习惯的居民还有 669 人，占全部调查人数的 4.8%，男子比女子高出 0.8%，虽然还有少数的居民吃生水，但已经不是一个严重的问题，说明解放以后的普及用水工作，收到了很大的成效。

**表 3－4　1951 年蓬莱区部分棚户居民吃生水习惯按性别百分比表**

| 吃生水习惯 | 总计 | | 男 | | 女 | |
|---|---|---|---|---|---|---|
| | 人数(人) | 百分比(%) | 人数(人) | 百分比(%) | 人数(人) | 百分比(%) |
| 总计 | 13 801 | 100.0 | 7 812 | 100.0 | 5 989 | 100.0 |
| 吃 | 669 | 4.8 | 408 | 5.2 | 261 | 4.4 |
| 不吃 | 13 132 | 95.2 | 7 404 | 94.8 | 5 728 | 95.6 |

资料来源：张兴华、万玉麟、郑传锐：《上海市蓬莱区的部分棚户居民生活调查》，载《上海卫生》第一卷第 7 期，1951 年 11 月。

针对历史上自来水管网的分割局面，自 1952 年起，上海用 4 年时间实施了市区管网环流工程。1955 年 7 月开始，由上海市自来水公司统一经营管理市区的供水事业。1956 年 5 月，市公用局决定将给水站移交给上海市自来水公司，此时公用给水站发展至 1 865 座，用水人口 130 万人，全市原来没有自来水的地区都陆续设立了给水站①。至 1957 年末，上海供水事业投资 2 266 万元，敷设管道约 413 公里，平

① 《上海公用事业志》编纂委员会编：《上海公用事业志》，上海社会科学院出版社 2000 年版，第 152 页。

均日供水量由解放初期的50.3万立方米提高到66.9万立方米①。到1966年时,给水站增长至3 903座,用水人口约160万人,年供应水量1 873万立方米,给水站近于普及②。棚户区彻底告别了新中国成立以前无干净水源的历史。

### (二) 开展清洁卫生运动

病菌滋生的一个重要来源就是大量堆积久不处理的垃圾。为了从根源上解决这一问题,棚户区内重点开展了清洁卫生运动。

从1950年4月起,在沪东虹镇、小木桥和沪北全家庵以及沪西药水弄等4个棚户、简屋区,开始铺设路面,设置垃圾箱,建造公厕、蓄粪池,增设给水站,开辟火巷,增添一些市政公用设施。1950年10月,上海市召开第二届第一次各界人民代表会议,制定了改善棚户、简屋区居住环境卫生的决议,并决定重点治理邑庙、蓬莱区西凌家宅、草鞋湾、光启路,东昌区小浦东、沪西南曹家宅、汪家弄,沪北恒业里及沪东榆林区等77处棚户、简屋区。

上海市第一届扩大清洁运动于1950年举行,陈毅为此题词:"普遍开展清洁卫生运动,保持市民的健康,希望全体市民作共同努力!"动员全市各行各业和市民参加清洁运动。这次清洁运动制订了三个明确的目标:(1)促进市民对于清洁卫生的注意,进而养成爱好清洁卫生的习惯;(2)改善并经常保持居住环境的清洁;(3)全市作一般的要求,对公共场所、棚户区及卫生状况特殊不良的地区,作重点实施。鉴于棚户区的卫生状况,棚户区毫无疑问成为整治重点,该次清洁运动制定了清洁卫生歌:

生病是一生大不幸,又费金钱又苦恼;
人人要想身体好,清洁卫生顶重要。
公共的卫生要注意,垃圾不要随便倒;
不要随地乱吐痰,里里外外要勤打扫。
人人都注意清洁卫生,传染病一定会减少。

---

① 《上海公用事业志》编纂委员会编:《上海公用事业志》,上海社会科学院出版社2000年版,第236页。

② 《上海公用事业志》编纂委员会编:《上海公用事业志》,上海社会科学院出版社2000年版,第234页。

少生病来身体壮，健健康康活到老。

通过这次运动，全市清除垃圾 6 621.5 吨，泥土废料 1 545.9 吨，污泥 4 019.8 吨，整理路面 97 处共 39 924 平方米，整理沟渠 3 605 处共 22 951 平方米，清除墙壁 77 处，修理公厕 26 座，添建公厕 53 座，修理垃圾箱 215 只，添设垃圾箱 826 只，修理小便池 65 处，添建小便池 610 处，成绩显著。在普遍进行大扫除，清除堆积垃圾的同时，对闸北区海昌路、太阳庙路，提篮区沙虹路等棚户区进行了重点治理，改善了这些地区的环境卫生。这是上海历史上规模最大、时间最长、发动群众最广的一次清洁运动，为以后的城市卫生工作打下了良好的基础。

1951 年 3 月，上海又举行了春季清洁运动，一共清除垃圾污泥 6 011 吨，在工人住宅区及棚户区重点打扫路面 182 156 米，疏通沟渠 128 642 米，填塞洼地粪坑 1.6 万平方米，各区打扫 5 265 处，近 200 余万人参加①。环境卫生工作的开展，使棚户区居民的卫生意识得到大大提高，1951 年夏天时，蓬莱区陈家桥棚户居民的垃圾处理方式就已发生变化：

**表 3－5 1951 年蓬莱区部分棚户居民垃圾处理方式统计表**

| 处理方式 | 户数(户) | 百分比(%) |
| --- | --- | --- |
| 总计 | 3 910 | 100.0 |
| 倒垃圾桶 | 2 350 | 60.1 |
| 倒垃圾车 | 89 | 2.3 |
| 倒路旁 | 599 | 15.3 |
| 倒水塘 | 79 | 2.0 |
| 堆积 | 793 | 20.3 |

资料来源：张兴华、万玉麟、郑传锐：《上海市蓬莱区的部分棚户居民生活调查》，载《上海卫生》第一卷第 7 期，1951 年 11 月。

① 《上海环境卫生志》编纂委员会编：《上海环境卫生志》，上海社会科学院出版社 1996 年版，第 262、265—267 页。

从处理垃圾的方式来看，在该地区，垃圾箱的设置已相当普及，有 60.1%的住户已经使用，加上 2.3%倒入垃圾车的住户，共有 62.3%的居民有了良好的垃圾处理习惯。但还有 15.3%的棚户任意倾倒路旁，堆积起来的也有 20.3%。这份调查对未来棚户区的卫生改进方式提供了明确方向。

经过卫生运动，广大居民以“讲卫生为光荣，不讲卫生为耻辱”，这明显起到了移风易俗的作用。1952 年 12 月，全国及华东地区首次评选爱国卫生运动模范，以前谈之色变的著名棚户区——徐汇区北平民村被评为全国乙等模范，老闸区被评为丙等模范，是这次评选中上海唯一获得的两个荣誉，可见卫生工作在棚户区的积极开展所带来的变化。

到 1958 年时，上海市政府共投资了 700 多万元，“铺筑道路 226 公里，埋置下水道 192 公里，填没臭水浜长达 153 公里，增添给水站 1 813 处”①，使棚户简屋区的居民受益。

### (三) 部分棚户的拆除与翻建

虽然 1949—1957 年间的棚户区改造以原地改善为主，但也有结合工业、文化、科技、商业等各项建设，进行填浜辟路，拆除棚户简屋，易地或原地建造住宅的情况。例如在 1954 年，为彻底整治肇嘉浜，拆除了两岸 1 704 户棚屋，在漕河泾东北部诸家宅建造住宅进行安置。1956 年，因辟筑河南南路人民路至中华路段，动迁居民 1 045 户，拆除棚户、简屋 18 296 平方米，为了减少居民搬迁次数，方便民众生活，采取先建住房后拆迁的办法，于车站前路、国货路、普育东路、尚文路等处，建造砖木结构二层楼房 250 幢，三层楼房 30 幢。1957 年续辟河南南路，拆迁棚户 1 259 户，另择瞿溪路建造二、三层砖木结构住宅进行安置②。1951—1957 年间上海结合各项建设拆除简棚户数统计如表 3－6 所示。

表 3－6 的统计并不是 1951—1957 年间上海结合各项建设拆除简棚屋的全部数据。例如，在 1952 年，“普陀区因苏州河以南的工厂企业扩建和辟通瓶颈道路，需要拆除一批棚户，便易地新建永安新村、同泰新村和顺义新村进行安置，建有二、三

---

① 《上海住宅建设志》编纂委员会编：《上海住宅建设志》，上海社会科学院出版社 1998 年版，第 216 页。

② 《上海住宅建设志》编纂委员会编：《上海住宅建设志》，上海社会科学院出版社 1998 年版，第 219 页。

层楼房计 5.81 万平方米。闸北区因北火车站建设需要，拆除棚户、简屋 215 间"①。这些棚户简屋的拆除没有确切的户数统计，但从表 3-6 可知，在 1951—1957 年间，上海结合各项建设，至少拆除了简棚户共计 13 001 户。结合各项建设拆除简棚屋，既改善了原地区的环境面貌，又使原住棚户居民有机会搬进新屋，改善了居住条件。

**表 3-6　1951—1957 年间上海结合各项建设拆除简棚户数统计表**

| 年　份 | 拆除简棚屋户数(户) | 备　　注 |
|---|---|---|
| 1951 | 831 | — |
| 1952 | 162(仅榆林区数字) | 同年，普陀区和闸北区因建设拆除的棚户未有准确数字。 |
| 1953 | 8 000 | 部分在 1954 年拆除 |
| 1954 | 1 704 | — |
| 1956 | 1 045 | — |
| 1957 | 1 259 | — |
| 合计 | 13 001 | — |

资料来源：《上海住宅建设志》编纂委员会编：《上海住宅建设志》，上海社会科学院出版社 1998 年版，第 218—219 页。

在政府努力改善棚户环境的同时，许多工厂企业也帮助职工翻建棚户，变草棚为瓦屋。1952 年底，市政建设委员会为了鼓励居民有序地进行草棚翻建瓦屋工作，制定了《简单住宅暂行管理办法》，明确规定居民自建住宅中的规划、设计、用地和市政配套建设等方面的有关政策。1954 年群众自建住宅即达 140 余万平方米。通过这些举措，杨浦棉纺织厂有 80%的工人将草棚翻建成瓦房，长宁区顾东地区原来草棚占住房总面积 70%，到 1956 年底已下降至 30%。药水弄在 1953—1956 年间，

① 《上海住宅建设志》编纂委员会编：《上海住宅建设志》，上海社会科学院出版社 1998 年版，第 218 页。

有1 098户翻建成瓦平房和二层楼房。1957年,中共上海市委发出"必须全面关心人"的号召,各工厂企业又进一步帮助职工翻建棚户①。

## 三、初步改善后的棚户区——以药水弄棚户区为例

由于需要改造的棚户量大面广,限于物力财力,新中国成立初期上海的棚户改造只能有重点地进行。当时主要是对一些环境最为恶劣、问题最为严重,且居住着大量人口的棚户区进行改善工作。作为上海最大棚户区的药水弄,它的外部环境在当时率先得到了改善。

### (一) 环境卫生的改善

药水弄位于上海市区的普陀区,北临苏州河,东北面依西康路,南边为国营棉纺织厂,西靠其他里弄居民住房。弄道弯曲狭窄,密如蜂窝,房屋低小,建筑简陋,有许多房屋地面低于街道,在解放前臭水浜纵横,臭气四溢,每逢阴雨,道路泥泞,不堪涉足。解放后对该弄逐步改善,翻修了弹石路面,清除了大量积存垃圾,并填没了臭水浜,到1951年8月,药水弄已装置瓦筒阴沟1 500公尺,除臭水浜尚余一小部分未曾填满外,其余大体得到了改善。

解放前该地区的居民一般饮用井水或河水,只有少数较富裕的居民饮用自来水,水龙头仅有两个,并长期为帮会、流氓头子和伪保长把持,成为剥削其他居民的工具,导致大多数居民无法享用自来水。解放后这一局面得到了彻底改变,至1951年8月,药水弄新增自来水龙17只,还修建了两个蓄水池,居民均有自来水可饮②。

1951年底,上海市劳动局对药水弄100户居民的居住情况进行了详细调研。调查报告显示药水弄在解放后曾经过政府大力建设,路面铺了石子路,主要支弄筑了下水道,修建了公共厕所,大小便处特设了20个,垃圾箱增设了12个,并设有一所儿童晚班,一所合作社,且设有四处公用电话。在事关生活方便程度的用电方

① 《上海住宅建设志》编纂委员会编:《上海住宅建设志》,上海社会科学院出版社1998年版,第216页。

② 许世瑾执笔,华东军政委员会卫生部印发:《一个劳动人民典型住宅区的卫生调查》,载《华东卫生》特刊第001种,对内刊物,1952年9月。

面，调查的100家中有87家使用电灯，稍好些的家庭甚至有使用2盏电灯的情况，电灯的使用较为普遍①。药水弄的环境卫生发生了良好变化。

## （二）居民患病比例下降

环境卫生的改善，对居民的身体健康有着重要影响，最直接的就是由卫生状况导致的患病比例出现下降。上海医学院曾在1951年8月份对药水弄进行调查，全弄15 260人中，患病的有1 243人，占8.1%②，虽然患病率较高，但比同时期的其他棚户区要低。在1951年底上海市劳动局对药水弄100户居民进行调查的同时，也对榆林区平凉路兰州路棚户区122户居民进行了调查，调查显示，平凉路兰州路棚户区中几乎有近半的居民疾病在身。药水弄略好一些的状况与在政府大力支持下，尽力改善卫生状况不无相关。

1951年8月的调查对药水弄居民的患病情形进行了统计，详细疾病分类如表3－7所示：

**表3－7　1951年8月在调查当日对正在患病的药水弄居民按疾病分类的统计表**

| 病　名 | 男 | | 女 | |
|---|---|---|---|---|
| | 患病例数（例） | 每万人患病率（%） | 患病例数（例） | 每万人患病率（%） |
| 急性传染病（热病） | 39 | 50 | 42 | 57 |
| 肺痨 | 83 | 107 | 71 | 97 |
| 其他呼吸疾病 | 70 | 90 | 61 | 83 |
| 麻风 | 5 | 6 | 2 | 3 |
| 腹泻 | 31 | 40 | 20 | 27 |
| 胃病 | 55 | 71 | 85 | 116 |
| 疥疮 | 41 | 53 | 37 | 51 |

① 《上海劳动局编印〈工人住宅问题的调查材料〉》，载《222户工人住屋情况调查报告》，上海市档案馆：A59－1－306－22。

② 《上海劳动局编印〈工人住宅问题的调查材料〉》，载《222户工人住屋情况调查报告》，上海市档案馆：A59－1－306－22。

**续　表**

| 病　　名 | 男 | | 女 | |
|---|---|---|---|---|
| | 患病例数(例) | 每万人患病率(%) | 患病例数(例) | 每万人患病率(%) |
| 其他皮肤病 | 53 | 68 | 42 | 57 |
| 眼病 | 50 | 64 | 48 | 66 |
| 残废及瘫痪 | 51 | 65 | 25 | 34 |
| 其他 | 146 | 187 | 203 | 277 |

资料来源：许世瑾执笔，华东军政委员会卫生部印发：《一个劳动人民典型住宅区的卫生调查》，载《华东卫生》特刊第001种，对内刊物，1952年9月。

药水弄的疾病情况反映了一般棚户区容易出现的结果，因为人口过于密集，空间狭小拥挤，没有可供隔离的地带，所以棚户区内呼吸道传染病的患病率较高，像热病这样的急性传染病也多有发生，肺病和其他呼吸疾病占有较大比重。而腹泻和疥疮等其他皮肤病的存在，则说明了棚户区虽经过改善，但区内卫生状况仍不尽如人意，胃病的高发则可能与饮食不规律及营养不良相关。从患病情况来看，棚户区的条件有待进一步加强。但令当时调查者惊奇的是，在药水弄密集的居住范围内，没有发现一个天花病人，也没有发现一个白喉病人，这与当时各类疫苗的普及有着重要关系，证明了上海解放以来卫生工作取得的显著成绩。此外，药水弄棚户区麻疹的患病率也有明显的降低趋势。

**表3-8　1951年药水弄与王家宅各年龄儿童曾患麻疹百分率比较表**

| 年龄(岁) | 询问人数(人) | 曾患麻疹人数(人) | 曾患麻疹率(%) |
|---|---|---|---|
| 0 | 594 | 149 | 25.1 |
| 1 | 602 | 467 | 77.6 |
| 2 | 520 | 460 | 88.5 |
| 3 | 411 | 387 | 94.2 |
| 4 | 358 | 335 | 93.6 |

续 表

| 年龄(岁) | 询问人数(人) | 曾患麻疹人数(人) | 曾患麻疹率(%) |
| --- | --- | --- | --- |
| 5—9 | 1 071 | 1 041 | 97.2 |
| 10—14 | 887 | 853 | 96.6 |

资料来源：许世瑾执笔，华东军政委员会卫生部印发：《一个劳动人民典型住宅区的卫生调查》，载《华东卫生》特刊第 001 种，对内刊物，1952 年 9 月。

麻疹是一种传染性甚强的急性传染病，居室愈拥挤的地方，流行愈容易，患者年龄愈小，愈后愈不良。因此麻疹疾病在人口密集地区的危害性，比人口稀疏地区的危害性来得大。从药水弄的调查来看，新出生的儿童的患病率明显低于年纪稍长的儿童，可见，解放之后，麻疹患病情况在政府的努力之下得到了有效的控制。

### (三) 死亡情况

而环境卫生的好坏，不光直接影响居民的生活、疾病，严重时甚至影响生命。自解放以来，上海卫生医疗事业的快速发展，尤以天花、霍乱、白喉等预防接种的普遍推行，垃圾的处理，下水道的改善，自来水龙头的增设，科学接生机会的增多，棚户居民中一般生活水平及卫生知识的提高等，都是减低死亡率的主要因素。

从 1951 年的调查结果来看，药水弄的死亡率亦呈下降趋势，在调查的一年内共死亡 270 人，每千人的死亡率为 17.9%，其中男子死亡 138 人，女子死亡 132 人①，这 270 名居民的具体死因如表 3－9 所示：

**表 3－9 1951 年药水弄死亡人数按性别及死因分类统计表**

| 死 因 | 男 | 女 | 合 计 |
| --- | --- | --- | --- |
| 麻疹 | 28 | 31 | 59 |
| 热病 | 19 | 18 | 37 |
| 腹泻 | 6 | 7 | 13 |

① 许世瑾执笔，华东军政委员会卫生部印发：《一个劳动人民典型住宅区的卫生调查》，载《华东卫生》特刊第 001 种，对内刊物，1952 年 9 月。

续　表

| 死　因 | 男 | 女 | 合　计 |
|---|---|---|---|
| 咳嗽 | 29 | 23 | 52 |
| 其他 | 16 | 15 | 31 |
| 未详 | 40 | 38 | 78 |
| 总计 | 138 | 132 | 270 |

资料来源：许世瑾执笔，华东军政委员会卫生部印发：《一个劳动人民典型住宅区的卫生调查》，载《华东卫生》特刊第 001 种，对内刊物，1952 年 9 月。

虽然经过解放初期的棚户区改造，药水弄的环境卫生状况有所好转，但居民的死亡原因仍以传染病为多，这 270 人中，传染病的比重极大，麻疹死亡 59 人，热病 37 人，咳嗽 52 人，而死因不明者则超过全体死亡人数的四分之一以上。因为传染病致死的情况，医学界一般认为每人住屋容积的大小与死亡率的高低呈负相关状况，即住屋容积大者死亡率低，住屋容积小者死亡率高，这个结论在药水弄和王家宅棚户区的共同调查中得到了证实。

**表 3-10　1951 年药水弄与王家宅居民每人所占房屋容积与死亡人数的比例表**

| 每人所占的房屋容积（立方公尺/人） | 人口(人) | 一年内的死亡人数(人) | 死亡率(%) |
|---|---|---|---|
| 5 以下 | 4 377 | 94 | 21.7 |
| 5—10 | 7 888 | 124 | 15.7 |
| 10—15 | 3 295 | 53 | 16.1 |
| 15—20 | 1 025 | 12 | 11.7 |
| 20 以上 | 757 | 8 | 10.6 |

资料来源：许世瑾执笔，华东军政委员会卫生部印发：《一个劳动人民典型住宅区的卫生调查》，载《华东卫生》特刊第 001 种，对内刊物，1952 年 9 月。

住屋容积大者，一般卫生条件稍佳，同时可以猜测，凡能享受居住较宽大的房屋居民，其经济状况亦较佳，因此死亡率亦较低。所以，想要更加有效地降低居民的非自然死亡率，改善其卫生条件与提高生活水准，具有同样的重要性，这也是对棚户居民而言，最为深刻、最为期盼的改变。

### (四) 工人棚户区改造的优先选择

如果说工人新村的建设突显了住宅为工人阶级服务的准则，棚户区改造的区域选择也显示出同样的信息，棚户区外部环境的改善优先在产业工人集中的地区进行。

1951 年上海市劳动局的调查，既包括了药水弄 100 户的情况，也有榆林区平凉路兰州路棚户区 122 户居民的生活状况。在平凉路兰州路棚户区，住户约 1 000 户，产业工人住户占 17%左右，以纺织、橡胶、造纸、五金等业为主。而普陀区药水弄 3 637 户住户中，产业工人住户约占 60%左右，以纺织业、面粉业等为主[①]。产业工人比重的巨大差异，让棚户环境改善先在药水弄进行。

在药水弄外部环境卫生改善的同时，平凉路兰州路棚户区的改造是滞后的，上海劳动局的调查显示了不同棚户区间的差异。

与药水弄的优先改造对比，平凉路兰州路棚户区的路面从未经过铺筑，全是泥土，臭水塘很多，没有阴沟，垃圾乱堆，当下雨时臭水四溢，居民不胜其苦，同时在水和灯方面，榆林路棚户区还未接线，其余几条支弄虽有路线，但很少有住户使用电灯，自来水也是公用的[②]。榆林路的妇女代表说："我们睡到半夜往往被雨水打醒，大家爬起来挤着坐到天明，床上、桌子上、地上……全淋湿了"，居住在 864 号的王某某家，屋顶上更全是洞，抬头就可看到青天，外面下雨，里面也在下雨。因为房子小而低，不透气，所以夏季屋内特别热，这些工人们做夜工回来全睡在露天环境中。居住在榆林路 855 号的张某某说："我家产妇 6 月里生小孩，屋里太热了，她险些晕厥。"如此差的居住条件给居民生活带来诸多不便甚至危及居民生命。

在榆林区的平凉路兰州路棚户区，122 户居民中使用电灯的仅 58 户，其中两家、三家、四家合用一盏的现象十分普遍，点豆油灯的有 35 户，即利用破了的匙子放

---

① 《上海劳动局编印〈工人住宅问题的调查材料〉》，载《222 户工人住屋情况调查报告》，上海市档案馆：A59－1－306－22。

② 《上海劳动局编印〈工人住宅问题的调查材料〉》，载《222 户工人住屋情况调查报告》，上海市档案馆：A59－1－306－22。

上豆油,点亮灯芯当灯使用,灯光如豆。居住在此的874号王家,除了必不得已时才点上灯,平时总在隔壁借光,回家就睡觉。两处棚户区改造步伐的不一致,表明了政府有限财力、物力条件之下的无奈选择。

由于没得到优先改造,榆林区的棚户区“路面全是泥土,四处有小的臭水潭,没有阴沟,用水就倒在门外地上,弄得一片潮湿,就算在天气寒冷的时候,依旧还有苍蝇,导致生病的居民特别多。几乎有近半的居民疾病在身,如榆林路891号烈属在上海电线厂工作,终日咳嗽,并常吐血,但是家庭生活困难,不得不带病工作”。各种对比均显示,在政府大力支持下,药水弄改造后的情况较榆林区好一些。

棚户改造的优先选择,既包括改造区域的选取,亦包括改造内容的倾向,改造的重点放在了外部公共环境领域,对属于私人领域的房屋结构及其室内生活方便情况,还是不尽如人意,远没有达到那个时期生活较为舒适的状态。

尽管药水弄的改善情况优于平凉路兰州路棚户区,但两处居民均对属于自己的私人空间有颇多意见,都认为其所居住的房屋本身条件尚未改变,房屋实在太小,空气混浊,光线不够,对自己及其亲人的身体健康影响很大①。对私人领域的关注是人类的天性,棚户的私人室内空间自然成为棚户居民最为关注的改造点,对私人具体享有条件的改善,在上海解放初期受到了特别期待。此后棚户居民不断通过合规或违规的方式进行私人空间的改造,违规搭建管理也就成了此后棚户改造的重要内涵要义。

棚户区在解放初得到了不同程度的改善,尽管条件仍旧十分艰苦,但居住情况比起解放前还是发生了一些改变,这只是改造的开始,此后,棚户区的居住条件进一步改善,党和政府对棚户改造工作一直不遗余力。

## 第三节　现代化素质目标下的棚户社会重构

早期棚户不仅是居住场所,也是身份象征,开展城市的社会改造是中国共产党城市政策的重要一环。棚户居民的原始构成多为城市中的乡下人,这些人势必成

① 《上海劳动局编印〈工人住宅问题的调查材料〉》,载《222户工人住屋情况调查报告》,上海市档案馆:A59-1-306-22。

为改造的重点对象。上海解放后，党和政府在改造棚户空间的同时，加强了对棚户居民自身现代化素质的培养，包括身体和文化两方面的内容，这些素质的提高又为城市就业问题的解决打下了深厚基础。经过一系列变化，他们被整合进了社会主义劳动者的范围之中。以人力车夫为例，民国时期棚户区居民主要的职业身份——人力车夫，在1957年前后实现了职业转变，退出了上海劳动舞台。

## 一、培养具备现代化素质的劳动人口

由于经济现代化需要大批与之相适应的具有现代化素质的劳动人口，而“这种现代化素质包括思想素质、文化素质和身体素质，特别是文化素质所取决的科学技术水平对现代化大生产和现代化的经营管理具有决定性的意义”①。党和政府对棚户社会重构的内容正是紧贴了这些要素的变化而进行，由于受资金困难等一系列因素影响，这段时期的棚户改造没能消除大规模的棚户面积，但对比棚户空间的变化，棚户居民的人口素质在相对短的时期内有了较为显著的提高。

### (一) 增强身体素质

身体素质的加强包含多项内容，在解放初期的棚户改造工作中，最为突出的表现就是减少了传染病的发生。解放前，棚户居民深受传染病的威胁，对于解放后继续居留在上海的棚户居民来说，要想长期留在上海、真正适应都市生活，并转变为合格的社会主义事业建设者，必须拥有健康的身体和一定的文化知识水平。

在上海解放后的第一个夏天，上海开展了声势浩大的防疫运动。笔者在前文对棚户区的卫生状况已有描述，此不再赘述，正如彭善民在《公共卫生与上海都市文明(1898—1949)》中描述的那样，棚户区是卫生的死角②。传染病盛行，且没有资源得到有效医治，是旧时代棚户居民的一般遭遇。解放后上海防疫工作的对象，自然着重在传染病最易流行、卫生状况不良、生活艰苦的棚户居民身上，让他们免费接种霍乱疫苗和牛痘疫苗。从1949年下半年起，全市再也没有发生过霍乱，上海有效地防止了霍乱的流行。

---

① 《当代中国的人口》编辑委员会编：《当代中国的人口》，中国社会科学出版社1988年版，第207页。

② 彭善民：《公共卫生与上海都市文明(1898—1949)》，上海人民出版社2007年版，第27页。

1950年冬季至翌年春,上海开展了以“人人种痘”为主要内容的防疫清洁卫生运动,由6 000余名医务人员和10 000余名医学院校学生组成2 000多个种痘队,接种达1 068万人次。到1951年7月,在全市范围内消灭了天花[①]。从蓬莱区陈家桥棚户区的家庭卫生状况调查,可以看出棚户区居民在防疫运动中的状况。

关于预防接种的状况,从表3-11、表3-12可以看出,霍乱预防注射在棚户区达到87.5%,种牛痘比率达到95%,仅有极少数的人,没有施行预防接种。可以说以往危害棚户居民最严重的传染病得到了预防,棚户区居民的健康有了相当大的保障。

**表3-11 1951年蓬莱区棚户居民曾否霍乱预防注射按性别统计表**

| 类别 | 总计 | | 男 | | 女 | |
|---|---|---|---|---|---|---|
| | 人数(人) | 百分比(%) | 人数(人) | 百分比(%) | 人数(人) | 百分比(%) |
| 总计 | 13 801 | 100.0 | 7 812 | 100.0 | 5 989 | 100.0 |
| 已注射 | 12 077 | 87.5 | 7 111 | 91.0 | 4 966 | 82.9 |
| 未注射 | 1 724 | 12.5 | 701 | 9.0 | 1 023 | 17.1 |

资料来源:张兴华、万玉麟、郑传锐:《上海市蓬莱区的部分棚户居民生活调查》,载《上海卫生》第一卷第7期,1951年11月。

**表3-12 1951年蓬莱区棚户居民曾否接种牛痘按性别统计表**

| 类别 | 总计 | | 男 | | 女 | |
|---|---|---|---|---|---|---|
| | 人数(人) | 百分比(%) | 人数(人) | 百分比(%) | 人数(人) | 百分比(%) |
| 总计 | 13 801 | 100.0 | 7 812 | 100.0 | 5 989 | 100.0 |
| 已接种 | 13 114 | 95.0 | 7 505 | 96.1 | 5 609 | 93.6 |
| 未接种 | 687 | 5.0 | 307 | 3.9 | 380 | 6.4 |

资料来源:张兴华、万玉麟、郑传锐:《上海市蓬莱区的部分棚户居民生活调查》,载《上海卫生》第一卷第7期,1951年11月。

① 《当代中国的上海》编辑委员会编:《当代中国的上海》(下),当代中国出版社1993年版,第78页。

新中国成立后，上海整顿和发展了卫生防疫队伍，建立了各级卫生防疫机构，将原来的区卫生事务所，一分为三，建立区人民政府卫生科、区卫生防疫站、区诊疗站，以加强卫生防疫工作力量，并实行严格的传染病管理制度。1952 年以后，市区和郊区先后建立爱国卫生运动委员会及办事机构(清洁卫生委员会同时被撤销)，领导群众开展爱国卫生运动。1953 年，成立了上海市卫生防疫站。1956 年起，逐步建立以市、区、县卫生防疫站为核心的卫生防病网络，实行传染病防治的分区负责制，各级医疗卫生机构也都把卫生防疫工作列为重要任务之一①。由于贯彻“预防为主”的方针，使许多严重危害人民健康的急性传染病得到了有效控制。同时，在全市广泛地开展以“除害灭病”为中心的爱国卫生运动和群众性体育活动，人民群众的健康状况进一步改善。1952 年到 1957 年，人口死亡率从 8.8‰降到 6‰，婴儿死亡率从 81.2‰降至 31.1‰，人口平均期望寿命提高了 13 岁②。

### (二) 组织文化学习

近代工业发展使职业种类日趋分化与细化，新产生的职业往往是些需要具有一定文化基础且经过专门技术训练的职业种类，然而来自农村的大量贫苦农民，绝大多数都没有文化和一技之长，可以说“除双手外，别无长物”③，根本无法胜任这些新兴职业。按照党和政府的建设理想，消费型城市必须转变为生产型城市，劳动人口主要从事工业生产相关工作，必然要求工人拥有一定的文化知识和相应的劳动技能。要让这些曾经从事各行各业、五花八门的棚户底层劳动人民，快速适应现代企业标准化的大生产，迫切需要提高他们的基础文化水平。

解放初期，在上海的职工队伍中，“文盲、半文盲约占 75% 左右，总数逾 70 万人，其中以手工、纺织、铸造、码头装卸等行业最为集中。”④1949 年 12 月，第一次全国教育工作会议在北京召开，会议明确提出要积极准备全国规模的识字运动，逐步扫除文盲。从上海解放后到 1952 年间，“全市已建立各级各类成人文化学校 526

---

① 《当代中国的上海》编辑委员会编：《当代中国的上海》(下)，当代中国出版社 1993 年版，第 79 页。

② 《当代中国的上海》编辑委员会编：《当代中国的上海》(上)，当代中国出版社 1993 年版，第 205 页。

③ 毛泽东：《中国社会各阶级的分析》，载《毛泽东选集》(第 1 卷)，人民出版社 1991 年版，第 8 页。

④ 《上海工运志》编纂委员会编：《上海工运志》，上海社会科学院出版社 1997 年版，第 584 页。

所,在学人数达 97.54 万人”①。1952 年开始,上海在对成人进行识字教育的基础上,开展了扫盲运动。扫盲的对象首先是干部、青壮年、产业工人和工农积极分子,并逐步推广到工农群众、街道里弄干部、家庭妇女。1952 年这一年,上海劳动人民中有 82.2 万人接受了扫盲识字教育,27.5 万人达到了扫盲标准②。1953 年上海市的文化普查显示,15—50 岁内的市民中文盲、半文盲仍占相当大的比重。

**表 3-13　1953 年上海市文盲半文盲统计表**

| | 文盲半文盲总数(人) | 占市民比例(%) | 扣除老弱病残(人)(以 10%计算) | 实际应组织数(人) |
|---|---|---|---|---|
| 职工 | 662 500 | 47 | 66 250 | 596 250 |
| 农民 | 117 100 | 74 | 11 710 | 105 390 |
| 市民 | 1 080 000 | 60 | 108 000 | 982 000 |
| 总计 | 1 859 600 | 55 | 185 960 | 1 673 640 |

资料来源:《上海工运志》编纂委员会编:《上海工运志》,上海社会科学院出版社 1997 年版,第 585 页。

1956 年,上海又一次掀起扫盲高潮。年初,上海市工会联合会二届五次委员扩大会议作出《在二年半内扫除上海市职工文盲的决定》③,5 月开始,上海组织动员全市有文化的干部、职工和中等以上学校的学生共 15 万人担任扫盲教师,通过各种形式开展扫盲工作,参加学习的文盲达 121.3 万人,占全市文盲数的 81%。到 1957 年春季,有 62.5 万人达到了扫盲标准④。1957 年统计,上海工交、邮电、建筑、城市公用部门职工队伍的文盲率下降为 18.76%,小学文化上升到 55.87%⑤。此后,文盲半文盲比例逐步下降,大专以上文化也稳步上升。

---

① 《当代中国的上海》编辑委员会编:《当代中国的上海》(下),当代中国出版社 1993 年版,第 52 页。

② 《当代中国的上海》编辑委员会编:《当代中国的上海》(下),当代中国出版社 1993 年版,第 53 页。

③ 《上海工运志》编纂委员会编:《上海工运志》,上海社会科学院出版社 1997 年版,第 585 页。

④ 《当代中国的上海》编辑委员会编:《当代中国的上海》(下),当代中国出版社 1993 年版,第 53 页。

⑤ 《上海劳动志》编纂委员会编:《上海劳动志》,上海社会科学院出版社 1998 年版,第 143 页。

**表3-14　1957—1962年上海市工交、邮电、建筑、城市公用部门职工文化程度百分比表**

(单位：%)

| 年　份 | 大专以上 | 中　学 | 小　学 | 文盲半文盲 |
| --- | --- | --- | --- | --- |
| 1957 | 1.99 | 23.38 | 55.87 | 18.76 |
| 1959 | 2.00 | 36.00 | 51.00 | 11.00 |
| 1962 | 3.11 | 42.39 | 47.80 | 6.70 |

资料来源：《上海劳动志》编纂委员会编：《上海劳动志》，上海社会科学院出版社1998年版，第143页。

上海在开展群众性扫盲运动的同时，积极发展成人初、中等文化基础教育。1949年秋季，全市举办了246所地区性和行业性的成人初等学校，并在敬业、育才、格致、晋元、缉规、虹口等6所普通中学附设了夜中心，招收职工入学。当时，成人在初等学校学习的有1.13万人，在夜中学学习的有45 000人。到1953年，成人文化基础教育已有一定规模，成人初等学校的在学人数达13.2万人，夜中学和陆续举办的业余中学的在学人数达2.8万人①。为了提高成人文化基础教育的质量，从1953年起，对成人教育的学制、课程、教材、教法进行了多次改革。根据成人学习特点，课程设置、教材和教法贯彻"速成的、联系实际的"教学方针和"精简集中、突出重点"的原则。到1966年，全市有51.5万人在成人业余初等学校毕业，11.4万人在成人中等学校初中毕业，4.6万人在高中毕业②。

通过扫盲和成人教育，上海劳动者的文化水平发生了明显的变化。从1953年至1965年，上海有105万人通过识字教育脱离了文盲状态，职工中达到小学毕业或初中毕业水平的占职工总数的67%③。据1977年上半年调查，上海郊区农民中有文盲61万人，占青、壮年劳动力总数的30%左右；全市职工中还有文盲53万人，占青、壮年职工数的18%左右④。至1981年，上海市职工队伍中的文盲基本扫除，扫

① 《当代中国的上海》编辑委员会编：《当代中国的上海》(下)，当代中国出版社1993年版，第54页。

② 《当代中国的上海》编辑委员会编：《当代中国的上海》(下)，当代中国出版社1993年版，第55页。

③ 《当代中国的上海》编辑委员会编：《当代中国的上海》(下)，当代中国出版社1993年版，第52页。

④ 《当代中国的上海》编辑委员会编：《当代中国的上海》(下)，当代中国出版社1993年版，第54页。

盲工作也告一段落①。

由于棚户区居民普遍文化水平低下,这些教育活动在棚户居民中覆盖面最广。陈映芳教授领衔的口述采访中提到了这些棚户居民的学习情况。有一位名叫蒋月娥的老人,8 岁时来上海,从 22 岁结婚起就住在元和弄棚户区(化名)中,她回忆自己的过去,当年并没有机会读书,"小姑娘是不读书的",解放后才有机会上扫盲班②。有同样经历的还有宜兴的汪金才老人,参加了厂里组织的扫盲③。秦玉莲老人参加当时的扫盲班,拿到了毕业证书。"那个时候我觉得读书有劲,那时我读得很好。以前在乡下根本不读书,到上海来参加扫盲班,读得蛮好的"④。万超群老人参加扫盲班之后,念到了初中⑤。棚户居民在政府提供的学习机会中努力提高自身的文化水平。

### (三) 稳定就业

在上海解放前,因为较低就业率导致的贫困,让众多从异乡流落至上海的经济能力低下的人们蜗居在棚户中,就算谋得了一份工作,能从事的也主要是一些又累又脏且劳动技能要求不高的职业。无论是韩起澜还是卢汉超的研究都表明,早期棚户区居民的职业以人力车夫为主。没有稳定像样的工作成了棚户区居民贫困的根源,卢汉超在《霓虹灯外》一书中就将进厂就业描述成为棚户区的梦想⑥。

三年国民经济恢复时期,上海累积已久的失业无业问题进一步加剧。据统计,"1949 年 5 月上海解放时失业人员为 25 万人,1950 年为 16 万人,1951 年为 7.4 万人,1952 年为 18.9 万人。其失业率,1949 年 5 月为职工总数 122.5 万人的 20.4%;1952 年为职工总数 141.38 万人的 13.36%"⑦。虽然问题十分严峻,但并没有消减政府解决就业问题的决心。前文所述的对棚户居民的身体健康和文化素质提高的相关措施,为就业工作的展开提供了有利条件。

恢复时期,"中共上海市委和市人民政府把保障职工的职业和安排失业者就业

---

① 《上海工运志》编纂委员会编:《上海工运志》,上海社会科学院出版社 1997 年版,第 586 页。
② 陈映芳主编:《棚户区:记忆中的生活史》,上海古籍出版社 2006 年版,第 139 页。
③ 陈映芳主编:《棚户区:记忆中的生活史》,上海古籍出版社 2006 年版,第 41—43 页。
④ 陈映芳主编:《棚户区:记忆中的生活史》,上海古籍出版社 2006 年版,第 120 页。
⑤ 陈映芳主编:《棚户区:记忆中的生活史》,上海古籍出版社 2006 年版,第 131 页。
⑥ 卢汉超著,段炼、吴敏、子羽译:《霓虹灯外——20 世纪初日常生活中的上海》,上海古籍出版社 2004 年版,第 119 页。
⑦ 袁志平:《解放初期上海对失业工人的救济和就业安置》,载《中共党史研究》1998 年第 5 期。

作为一项重要工作。在三年多的时间里，全市吸收24万余人就业"①。1952年底的调查资料显示，在普陀区药水弄棚户区的3 637户住户中，产业工人住户比例约占60%以上，以纺织业、面粉业等为主②。这一处棚户区的就业情况似乎不算恶劣，实际上，这种高比率的就业率在解放初期的各棚户区中是不平衡的。如在平凉路兰州路棚户区，住户共约1 000户，其中产业工人住户仅占17%左右，以纺织、橡胶、造纸、五金等业为主③。这样的对比，既表现了党和政府在就业工作方面的积极成果，也说明了未来一段时间仍需努力，将更多的棚户居民纳入工人阶级队伍。

党和政府解决就业的措施迅速且有效。为防止新的失业情况产生，在1949—1957年间，政府"从经济上扶持有利国计民生的私营工商业，鼓励不利于国计民生的行业转业，发动劳资双方共同协商减少关厂歇业，限制任意解雇职工"④。政府一面减少新的失业人数，一面安置失业人员就业。在安置失业人员就业方面，实行政府介绍就业与自行就业相结合的方针，同时组织以工代赈、生产自救、转业训练和文化补习，为失业人员创造就业条件。到1957年时，经过登记的67.2万失业人员，陆续安置就业，尚需安置就业的剩3万人⑤。

**表3-15　1956年徐汇区沟南居委会棚户居民职业情况表**

| 职　　业 | 户数(户) | 比例(%) |
|---|---|---|
| 产业工人 | 218 | 49.77 |
| 搬运工人 | 86 | 19.63 |
| 手工业工人 | 38 | 8.68 |

① 《当代中国的上海》编辑委员会编：《当代中国的上海》(上)，当代中国出版社1993年版，第165页。

② 《上海劳动局编印〈工人住宅问题的调查材料〉》，载《222户工人住屋情况调查报告》，上海市档案馆：A59-1-306-22。

③ 《上海劳动局编印〈工人住宅问题的调查材料〉》，载《222户工人住屋情况调查报告》，上海市档案馆：A59-1-306-22。

④ 上海通志编纂委员会编：《上海通志》(第2册)，上海人民出版社、上海社会科学院出版社2005年版，第1297页。

⑤ 上海通志编纂委员会编：《上海通志》(第2册)，上海人民出版社、上海社会科学院出版社2005年版，第1297页。

续 表

| 职　业 | 户数(户) | 比例(%) |
| --- | --- | --- |
| 商业职工 | 10 | 2.28 |
| 机关干部 | 8 | 1.83 |
| 摊贩 | 28 | 6.39 |
| 流动工人 | 18 | 4.1 |
| 无业 | 21 | 4.8 |
| 其他 | 11 | 2.51 |
| 合计 | 438 | 100 |

资料来源:《上海市徐汇区人民委员会办公室关于改善棚户区劳动人民居住条件的意见报告》,上海市档案馆: A54-2-175-12。

1957年,徐汇区人委对沟南居委会438户棚户居民,共1 955人的调查显示,产业工人在一半左右,占总户数的49.77%,另有28.31%的搬运工人和手工业工人,商业职工也有10户,甚至出现了8户机关干部居住在此棚户区中,总体来看,90%以上的棚户居民处于在业状态。

普遍就业的实现,让上海市政府在1957年宣布失业问题基本解决,组织管理失业人员的制度、机构撤销①。此后,在1958—1966年间,虽然全国经济建设出现大起大落,上海的劳动就业也出现大反复,但并没有出现像民国时期那样工人普遍失业的情况,党和政府通过继续推行动员人口回乡工作,解决城市劳动力过剩的问题。

## 二、社会主义中的转业安置——以人力车夫为例

社会重构一方面改变了棚户居民的身体与文化素质,另一方面改变了他们的

① 上海通志编纂委员会编:《上海通志》(第2册),上海人民出版社、上海社会科学院出版社2005年版,第1297页。

职业身份。上海向生产型城市转变的要求，需要对旧社会遗留的不符合工业城市发展的职业岗位进行淘汰和改造。民国时期部分以人力车夫为就业渠道的棚户居民，在新政府的帮助之下实现了职业转变。

### (一) 解放前上海人力车行业的状况

人力车作为操作简便的客运工具，对方便市民日常出行发挥了重要作用，是旧上海十分重要的交通方式。因人力车夫的职业门槛较低，几乎没有技术含量可言，这类劳动密集型工作是棚户人口比较容易获得的谋生职业，因此，人力车夫一直是棚户区人口主要的职业类型。

近代上海人力车的数量伴随上海城市发展逐渐增多。1878 年时，上海约有黄包车 2 000 多辆，因为贫苦农民流入城市以后以拉车为生的人较多，黄包车数量增长很快。到 1900 年，公共租界的营业黄包车为 4 647 辆，1907 年增加至 8 204 辆。此后，上海人力车进一步发展，1927 年，上海登记的人力车达 17 869 辆。

从表 3 - 16 可以看出，经过近十年发展，上海人力车到 1936 年时，已猛增至 23 335 辆，当年有车夫约 5 万人。之后，随着三轮车的发展，人力车慢慢减少。

**表 3 - 16　1927—1936 年上海市公用局营业人力车登记数统计表**（单位：辆）

| 年　份 | 登记数 | 年　份 | 登记数 | 年　份 | 登记数 |
|---|---|---|---|---|---|
| 1927 | 17 869 | 1931 | 20 039 | 1935 | 23 335 |
| 1928 | 17 508 | 1932 | 21 200 | 1936 | 23 335 |
| 1929 | 17 962 | 1933 | 23 335 | | |
| 1930 | 17 792 | 1934 | 23 335 | | |

说明：统计包括租界境内车辆。

资料来源：《上海公用事业志》编纂委员会编：《上海公用事业志》，上海社会科学院出版社 2000 年版，第 282 页。

抗战期间，上海三轮车兴起，1943 年上海有营业三轮车 1 973 辆。当三轮车大批出现时，黄包车数量减少到 12 984 辆，这是交通工具进一步发展的结果。抗战胜利后，营业黄包车又上升到 2 万辆以上，三轮车也有 1 万多辆。因黄包车的落后性，车夫宰客行为、不遵守交通规则等现象时常发生，1946 年 5 月市政府下令取缔黄包车，是年上海有营业黄包车2.5万余辆,车夫约8万人。此后,黄包车逐步被改装成三轮车,1946年8月到1949年12月的多次统计数据记录了人力车和三轮车的消长情况。

**表3-17　1946—1949年上海人力车和三轮车数量统计表**　(单位:辆)

| 时　间 | 人力车 | 三轮力 |
|---|---|---|
| 1946年8月 | 20 582 | 9 715 |
| 1947年7月 | 14 045 | 16 213 |
| 1948年9月 | 6 226 | 24 099 |
| 1949年12月 | 3 695 | 26 570 |

资料来源:《上海公用事业志》编纂委员会编:《上海公用事业志》,上海社会科学院出版社2000年版,第292页。

在上海解放时,人力车、黄包车,加上胶轮榻车、老虎车等,全市共有各类人力车6万多辆,各种人力车工人在10万人以上①。

黄包车夫在棚户居民的职业种类中仍占相当大的比重。1950年9月的棚户区人口职业调查显示,黄包车夫占37%,街头小贩占17%,非技术劳工占16%②。旧上海遗留的人力车、三轮车行业,行业臃肿,人员庞杂,管理无序,供过于求,伴随公共汽车等现代交通工具的日趋普及成熟,淘汰人力车这种落后的交通工具成为历史必然。

### (二)人力车行业的缓慢调整

解放后不久,上海市总工会(筹)派遣工作组筹备上海市政工会人力车三轮车分会,将人力车三轮车工人组织起来。1949年12月,上海登记在册的黄包车还剩3 659辆,营业三轮车26 570辆。由于人力车的淘汰趋势,管理部门进行了统一规定,禁止将人力车改装成三轮车,以防这种落后交通工具的数目扩大。

当时人力车三轮车行业内部存在许多问题,主要是人事管理和车辆管理混乱,供过于求严重,工人生活困难。针对这些情况,对人力车的调整采取了较缓和的方

---

① 《上海工运志》编纂委员会编:《上海工运志》,上海社会科学院出版社1997年版,第88页。
② 上海市人民政府办公厅编:《1950年上海市政工作情况统计图》。

式。由于解放初期，社会整体的就业或转业安置工作比较困难，在维持生存的情况下对人力车进行了逐步控制并实现转业。

1949—1956 年间，上海市政府拨款救济人力车工人及其家属，每年救济金达 60 万元(包括三轮车工人)，确保人力车工人和三轮车工人不挨饿受冻。这一举措使原先的单身汉“困大户堂”不复存在，多数人住进了自己搭建的房屋①。仅 1955 年 1 月，就发放棉衣 9 550 件，棉被 494 条，救济金 197 343 元，救济人数 19 942 人(不包括家属)，救济人数占工人总数的 27.1%②。

为实现平稳淘汰，允许车主将车收回，或自己踏车，或转租他人，或出卖。如果踏车工人离职改行，允许将车班头让人顶替，同时新增一批临时牌照的人力车和三轮车。1950 年秋冬之际，上海市人民政府公用局和公安局将一批被解雇而转为非法营业的原自用人力车、自用三轮车批准为临时牌照营业车，至 1954 年冬，尚存临时牌照人力车 1 080 辆。1949—1954 年，上海市政工会人力车三轮车分会(曾经一度由中国搬运工会上海市委员会负责)安置 1 500 名年轻力壮的人力车工人改踏三轮车，先后淘汰人力车约 1 600 辆。

### (三) 公共交通大发展之下的人力车和三轮车改造

根据 1954 年冬季调查统计，全市人力车为 3 224 辆(其中临时牌照 1 080 辆)，比 1949 年登记数仅减少 395 辆，拉车的仍有 5 402 人；全市三轮车 27 114 辆(其中临时牌照 379 辆)，比 1949 年登记数增加 544 辆，踏车工人为 70 001 人。上海解放 4 年余，从业人员未见减少，车辆反而增多③。

1954 年秋冬之际，中国搬运工会上海市委员会会同上海市公安局和交通运输管理局，组成整顿人力车三轮车联合办公室。联合办公室采取发放驾驶执照调换会员记录卡(暂时代替工会会员证)措施，在总体上控制非行业人员流入，为人车固定创造条件。接着，上海市三轮管理所健全组织，编制小组，建立车队。为完全做到人车固定，市交通运输管理局颁布了《上海市人民政府交通运输管理局人力车三

① 《上海公用事业志》编纂委员会编：《上海公用事业志》，上海社会科学院出版社 2000 年版，第 290 页。
② 《上海公用事业志》编纂委员会编：《上海公用事业志》，上海社会科学院出版社 2000 年版，第 303 页。
③ 《上海公用事业志》编纂委员会编：《上海公用事业志》，上海社会科学院出版社 2000 年版，第 303 页。

轮车管理及调配规则》,规定车主不得出卖或者转租车辆,不得自行退牌;还规定工人不得擅自转让班次或者临时给人顶班;一切车辆及车辆班次,由分所业务部门调配,车辆退牌和退牌废车处理均由分所业务部门办理手续①。

此后,上海市三轮车管理所优先安排人力车工人转业或者退职,至 1956 年 2 月 29 日,共淘汰人力车 3 224 辆,安置工人 5 402 人。同年 3 月 1 日将最后 2 辆人力车送进了上海博物馆。

**表 3-18　1949—1956 年上海市人力车登记统计表**　　(单位: 辆)

| 年　份 | 车辆数 | 年　份 | 车辆数 | 年　份 | 车辆数 | 年　份 | 车辆数 |
|---|---|---|---|---|---|---|---|
| 1949 | 3 649 | 1951 | 3 711 | 1953 | 2 753 | 1955 | 1 083 |
| 1950 | 3 743 | 1952 | 3 395 | 1954 | 2 108 | 1956 | 0 |

资料来源:《上海公用事业志》编纂委员会编:《上海公用事业志》,上海社会科学院出版社 2000 年版,第 282 页。

人力车和三轮车得以进行改造淘汰的一个重要原因就是上海公共交通的迅速发展。新的交通方式,经过解放后的大力建设,逐步能满足居民的日常出行需求。

上海的公交线路,从 1949 年每 5 385 人口有 1 辆车,发展到 1957 年每 4 561 人口就有 1 辆车的乘车条件②。上海解放至 1953 年,市区汽车线路从 23 条增至 32 条。并于 1952 年 6 月开辟一条从西康路至曹杨新村的 56 路汽车线路,成为上海第一条通往工人新村的公共交通线③。

从表 3-19 中可以看出,上海的公共交通在解放后得到了快速发展,尤其是 1957 年之后,发展更为迅速。总体而言,从 1949 年到 1965 年,公共汽车的数量增长约三倍,无轨电车的数量也增加了三倍多。上海公共交通的推广普及,为人力车和三轮车这些老旧交通工具的退出创造了条件。

① 《上海公用事业志》编纂委员会编:《上海公用事业志》,上海社会科学院出版社 2000 年版,第 301 页。

② 《上海公用事业志》编纂委员会编:《上海公用事业志》,上海社会科学院出版社 2000 年版,第 329 页。

③ 《上海公用事业志》编纂委员会编:《上海公用事业志》,上海社会科学院出版社 2000 年版,第 336 页。

表3-19　1949—1965年上海公交车辆发展情况表　（单位：辆）

| 年份 | 总计 | 其中铰接式 | 公共汽车 | | 无轨电车 | | 有轨电车 | | 小型火车 | |
|---|---|---|---|---|---|---|---|---|---|---|
| | | | 合计 | 其中铰接式 | 合计 | 其中铰接式 | 合计 | 其中挂车 | 合计 | 其中挂车 |
| 1949 | 934 | — | 402 | — | 166 | — | 331 | 162 | 35 | 26 |
| 1952 | 1 096 | — | 505 | — | 202 | — | 352 | 178 | 37 | 26 |
| 1957 | 1 512 | — | 785 | — | 326 | — | 360 | 180 | 41 | 30 |
| 1962 | 2 331 | 160 | 1 322 | 1 | 619 | 159 | 360 | 180 | 30 | 23 |
| 1965 | 2 282 | 367 | 1 395 | 116 | 598 | 251 | 260 | 130 | 29 | 23 |

资料来源：《上海公用事业志》编纂委员会编：《上海公用事业志》，上海社会科学院出版社2000年版，第349页。

1955年1月，上海市三轮车管理所成立，制定了“加强管理、停止发展、逐步转业疏散”的行业改造方针，对人力车三轮车行业进行社会主义改造。结合当时全市紧缩人口工作，广泛动员人力车工人、三轮车工人、马车人员、载客自行车人员(马车和载客自行车人员疏散工作是上海市交通局委托代办的)或回乡生产，或志愿垦荒，或去内地参加建设或转业本市工厂做工。先后疏散36 700人(不包括家属人数)，其中回乡生产的26 000人，志愿垦荒的3 700人，转业外地的和本市工矿企业单位做工的3 700人，自行离职、政治清理以及死亡的3 300人。共裁减车辆15 700辆，其中马车14辆，载客自行车2 300辆，人力车3 200辆，三轮车10 200辆。1957年1月，三轮车减至16 904辆，踏车工人减至39 269人(不包括长期生病或保留会籍人数)。经过这一阶段的转业疏散，减人减车，三轮车行业供过于求的矛盾暂告缓和①。

### (四) 三轮车行业的加速调整

1957年下半年至1958年上半年，三轮车营运业务又跌进低谷。每人每月营业收入仅25—30元，三轮车工人普遍希望安排转业做工。当时，适逢“大跃进”，许多工矿

① 《上海公用事业志》编纂委员会编：《上海公用事业志》，上海社会科学院出版社2000年版，第303页。

交通企业单位劳动力不足,需要补充工人。上海市三轮车管理所经市委、市政府有关部门批准,进行第二次颇具规模的转业疏散,向冶金局、机电局、化工局、铁路局、海运局等下属企业单位输出 15 000 名踏车工人,再次缓解了行业供过于求的矛盾。

1961—1967 年间,三轮车的营运业务越来越清淡,踏车工人的经济生活仍不见好转,为此,上海市三轮车管理所再次从两方面疏散工人。一方面结合市政府精减职工减少城镇人口工作,动员在沪生活困难且具备支援农业条件的踏车工人,或者回到原籍参加农业生产,或者前往安徽农村插队落户务农。先后疏散踏车工人 1 600 余人,其中回原籍生产的 1 400 余人,往安徽插队落户的 200 余人。另一方面将踏车工人借调给有关企业单位充任临时工,先后借调给建工局、冶金局、机电局、港务局、商业局等下属企业单位做临时工的 4 400 余人。这批临时工于 1967 年按国务院有关文件精神,就地转正为固定工,同年,直接转业做工的 1 500 余人。至此,上海市三轮车管理所对踏车工人转业疏散工作告一段落。

1955—1970 年间,上海共疏散人力车、三轮车工人 56 000 人,其中疏散到农村务农的 31 000 人,支援内地建设和转业到上海市工厂工作的 25 000 人,裁减人力三轮车 24 688 辆①。上海人力车早在 1956 年已完成了淘汰,由于三轮车工人队伍庞大,车辆众多,至 20 世纪 90 年代,三轮车才完全淘汰完成。

在人力车和三轮车工人的职业变化历程中,我们可以看到中国共产党建设社会主义新上海的决心与能力,党和政府力图将上海变成生产型的现代化社会主义城市,不符合这一建设目标的职业人群在政府的组织下实现了转业安置。

## 第四节 棚户改造的阶段性成效及困境

**今日棚户变楼房②**

过去住在棚户区,

---

① 《上海公用事业志》编纂委员会编:《上海公用事业志》,上海社会科学院出版社 2000 年版,第 266 页。

② 上海民歌编辑委员会编:《条条里弄满春风》(《上海歌谣集之十三》),上海文艺出版社 1958 年版,第 18 页。

臭沟臭浜多垃圾，
苍蝇蚊子遍地飞，
老鼠攒东又攒西，
患了疾病无钱医，
是死是活由它去。
今日棚户变楼房，
花香扑鼻味芬芳，
苍蝇蚊子已绝迹，
猫儿无事捉迷藏，
老人健康孙儿胖，
感谢恩人共产党。
(卢湾区中铅二厂　周根　冯洁明　成赞扬)

## 一、棚户空间整顿的阶段性成效

1949—1957年间的棚户改造主要是着手于外部环境的改善，重点解决道路、消防、生活用水等情况，条件特别恶劣或占用交通消防通道的少量棚户才得到拆除，所以，棚户的总量并未减少，但棚户的建筑情况发生了较大变化，条件特别恶劣的滚地龙已经消失。空间分布上保留了解放初期的大致情况，仍以闸北、普陀等区为多，这也说明了这一时段棚户改造工作的重点不是拆除，而是以利用原有建筑为主。由于消防涉及水源、道路、建筑用材，与棚户外部环境和各项改善紧密相关，所以，对棚户火险开展的情况进行考察，可为我们提供了一种全新的视角检验棚户改造的效果。

### (一) 1957年棚户区的空间分布与建筑情况

经过一系列工作，到1957年时，上海市区棚户区的建筑情况出现了不小的改变。

通过表3-20可以看出，经过解放后一段时期的改善，建筑情况发生了好的转变，到1957年时，上海棚户区符合居住条件的面积占到62.1%，以楼棚和平瓦棚为主，条件特别恶劣的滚地龙已经消失。这一时期虽对部分棚户进行了拆除，但总体来说,棚户区改造仍以原地改善外部环境为主,因此,棚户面积在这一时期与上海解放前相比,并没有发生太大的变化。

**表 3-20 1957 年上海市区棚户建筑情况表**

| 类别 | | 间数(间) | 面积(平方米) |
|---|---|---|---|
| 符合居住条件的 | 楼棚 | 25 339 | 506 787 |
| | 平瓦棚 | 53 844 | 646 129 |
| | 小计 | 79 183 | 1 152 916 |
| 不符合居住条件的 | 草棚 | 62 558 | 625 574 |
| | 弄口弄内棚屋 | 5 663 | 28 318 |
| | 人行道棚屋 | 225 | 1 352 |
| | 占路棚屋 | 1 521 | 15 206 |
| | 沿河棚屋 | 4 190 | 33 524 |
| | 小计 | 74 157 | 703 974 |
| | 总计 | 153 340 | 1 856 890 |

资料来源:《关于上海市棚户地区家庭财产火险业务的调查报告》,上海市档案馆: B6-2-303-5。

**表 3-21 1957 年上海棚户区概况表**

| | 市 区 | 全 市 | 备 注 |
|---|---|---|---|
| 棚户区房屋间数(间) | 153 340 | 176 005 | 与解放前没有大变化① |
| 棚户区房屋面积(平方米) | 1 856 890 | 2 131 363 | 市区棚户房屋面积占市区住宅房屋总面积的 3.6% |

① 1952—1953 年,本市外来人口很多,新搭建棚屋不少,而 1954—1955 年,结合动员还乡生产而拆去的棚屋为数也很可观,1957 年 1 月前后人口倒流,又有部分新搭建棚屋出现,增减相抵,没有显著的出入。

续　表

| | 市　区 | 全　市 | 备　　注 |
| --- | --- | --- | --- |
| 棚户区人口(人) | 800 000 | 886 399 | — |
| 棚户区户数(户) | 200 000 | 220 707 | — |

资料来源：《关于上海市棚户地区家庭财产火险业务的调查报告》，上海市档案馆：B6-2-303-5。

到1957年时，上海市区仍然居住着80万左右的棚户居民，根据市区棚户区间数、面积和人口户数，可以得出市区棚户区每户平均所占间数为0.77间，每户平均居住面积为9.33平方公尺，每人平均所占居住面积为2.33平方米，从绝对数字上看市区棚户区仍然十分拥挤；另一方面，市区棚户人口占市区总人口的14.77%，而居住面积仅占3.6%，从相对数字上来说也可看出棚户的拥挤，到1957年时上海市区300户以上的棚户区仍有267个，各区具体分布情况如表3-22所示：

**表3-22　1957年上海市区各区在300户以上的棚户区分布情况表**

| | 棚户区数(个) | 最大的棚户区(户数) | 上千户的棚户区数(个) |
| --- | --- | --- | --- |
| 闸北 | 22 | 蕃瓜弄(3 695户) | 8 |
| 虹口 | 17 | — | 0 |
| 普陀 | 17 | 药水弄(4 268户) | 13 |
| 江宁 | 13 | 梵皇渡路太平里(1 342户) | 1 |
| 徐汇 | 22 | 北嘉路258、383弄沈家巷北(1 290户) | 2 |
| 长宁 | 37 | 凯旋路苏家角(2 100户) | 5 |
| 杨浦 | 19 | 平均超过500户 | 2(爱国二村、中联村) |
| 榆林 | 28 | 东西明园村(1 690户) | 4 |
| 提篮 | 42 | 临平路德润路(1 659户) | 4 |
| 卢湾 | 4 | 无一个超过500户 | 0 |

续 表

| | 棚户区数(个) | 最大的棚户区(户数) | 上千户的棚户区数(个) |
|---|---|---|---|
| 蓬莱 | 25 | 超过 500 户的有 6 个棚户区 | — |
| 邑庙 | 7 | — | — |
| 东昌 | 14 | 小浦东(2 950 户) | 4 |

资料来源:《关于上海市棚户地区家庭财产火险业务的调查报告》,上海市档案馆: B6-2-303-5。

在解放前就是上海最大棚户区的药水弄和蕃瓜弄,此时仍旧是上海棚户最为集中的地段,从表 3-22 中可以看出,市区棚户比较集中的区域主要分布在 8 个区,即普陀、长宁、闸北、东昌、蓬莱、杨浦、榆林、提篮。"这些区的棚屋均在 1 万间以上,如普陀高达 2 万余间,这 8 个区的棚屋总数占市区 15 个棚户总数的 80%以上。黄浦区没有棚屋,新成区也没有较集中而上百间的棚户区。又其中蓬莱、邑庙、新成的棚户区瓦屋(木板瓦顶)所占的比例较高"①。这样的分布情况与上海解放初没有大的差别,由此可以看出两点: 一是大规模的棚户拆除并未出现,棚户发造以原地改善为主;二是在政府的控制之下,没有产生新的大型棚户区。在当时的城市发展战略与经济实力情况之下,棚户不可能全部推倒重建,对棚户区采取了改善型为主的改造政策,此后在工业大跃进和结合城市旧区改造的共同促进下,上海棚户区才出现大面积的拆除,进行成街成坊的整体改造。

**表 3-23 1957 年上海各区棚屋建筑分析表(单住间)** (单位: 间)

| 号次 | 行政区 | 范 围 | 正式楼房 | 矮楼房 | 老平房 | 平瓦棚 | 平草棚 | 滚地龙 | 总计 |
|---|---|---|---|---|---|---|---|---|---|
| 1 | 闸北区 | 棚屋区一 | 12 | 69 | 20 | 161 | 95 | — | 357 |
| 2 | | 棚屋区二 | 60 | 80 | 4 | 235 | 394 | 7 | 780 |
| 3 | | 棚屋区三 | 63 | 123 | 115 | 182 | 305 | — | 788 |
| 4 | | 棚屋区四 | 70 | 33 | 28 | 116 | 139 | — | 386 |

① 《关于上海市棚户地区家庭财产火险业务的调查报告》,上海市档案馆: B6-2-303-5。

续　表

| 号次 | 行政区 | 范　围 | 正式楼房 | 矮楼房 | 老平房 | 平瓦棚 | 平草棚 | 滚地龙 | 总计 |
|---|---|---|---|---|---|---|---|---|---|
| 5 | 蓬莱区 | 棚屋区一 | 10 | 41 | — | 50 | 445 | 1 | 547 |
| 6 | | 棚屋区二 | 4 | 14 | 31 | 83 | 128 | 7 | 267 |
| 7 | | 棚屋区三 | 38 | 82 | 15 | 179 | 193 | 15 | 522 |
| 8 | 长宁区 | 棚屋区一 | 48 | 220 | 28 | 13 | 229 | 2 | 540 |
| 9 | | 棚屋区二 | 30 | 93 | — | 117 | 492 | 1 | 733 |
| 10 | | 棚屋区三 | 31 | 55 | 80 | 180 | 81 | — | 427 |
| 11 | | 棚屋区四 | 42 | 63 | 2 | 19 | 45 | — | 171 |
| 12 | 卢湾区 | 棚屋区一 | 8 | 238 | 6 | 227 | 110 | — | 589 |
| 13 | | 棚屋区二 | 41 | 114 | 20 | 430 | 233 | — | 838 |
| 14 | | 棚屋区三 | 23 | 97 | 41 | 24 | 40 | — | 225 |
| 15 | 提篮桥区 | 棚屋区一 | 3 | 9 | — | 105 | 287 | 1 | 405 |
| 16 | | 棚屋区二 | 9 | 172 | 80 | 104 | 24 | — | 389 |
| 17 | | 棚屋区三 | 48 | 24 | — | 130 | 188 | — | 390 |
| 18 | 徐汇区 | 棚屋区一 | 12 | — | 111 | 17 | 121 | — | 261 |
| 19 | | 棚屋区二 | 15 | 22 | 2 | 60 | 503 | — | 602 |
| 20 | | 棚屋区三 | 17 | 13 | 31 | 34 | 294 | 1 | 390 |
| 21 | 普陀区 | 棚屋区一 | 80 | 90 | — | 114 | — | — | 284 |
| 22 | | 棚屋区二 | 60 | — | 41 | — | 174 | — | 275 |
| 23 | | 棚屋区三 | 8 | 110 | — | 132 | 59 | — | 309 |
| 24 | 东昌区 | 棚屋区一 | 10 | 13 | — | 40 | 131 | — | 194 |
| 25 | | 棚屋区二 | — | 39 | — | 135 | 148 | — | 322 |
| 26 | | 棚屋区三 | — | 1 | — | 95 | 397 | — | 493 |

续 表

| 号次 | 行政区 | 范 围 | 正式楼房 | 矮楼房 | 老平房 | 平瓦棚 | 平草棚 | 滚地龙 | 总计 |
|---|---|---|---|---|---|---|---|---|---|
| 27 | 榆林区 | 棚屋区一 | 62 | 135 | 29 | 222 | 187 | — | 635 |
| 共计 | | | 804 | 1 950 | 684 | 3 204 | 5 442 | 35 | 12 119 |
| 百分比(%) | | | 6.65 | 16.1 | 5.65 | 26.41 | 44.9 | 0.29 | 100 |

资料来源:《上海市规划建筑管理局对市民翻建棚屋的请示报告》,上海市档案馆: A54-2-175-18。

从1957年市民对棚屋翻建的请求来看,多为平草棚,几占一半,为44.9%,其次为平瓦棚,占26.41%,这说明棚户建筑条件的改善在有序推进,并出现了改善型需求,矮楼房、正式楼房和老平房的住户也提了翻建申请,从本节后文的分析可以看出,正是普遍就业的实行,居民收入的增加,让民众有了改善的实力。此后,棚户控制的方向也从严禁增高扩大变成了有条件的限制,监管部门根据社会情况的变化调整了棚户搭建管理。

## (二) 棚户外部环境改造审视:火险业务的展开与调整

### 1. 火险业务的肇始与暂停

上海解放后,棚户区改造中防火设施的添置与防火意识的宣传一直是重点内容,一系列工作的展开,使得棚户火灾发生的情况有所好转,但因为建筑材料的关系,棚户区依旧是上海市火灾发生最多的区域。

从表3-24中对1949—1956年间的火灾分类统计,可以看出上海棚户区的火灾成灾数明显高于全市其他地方,受棚户建筑材料与建筑密度的影响,火灾对棚户的破坏不可能有效避免,在1953年当年全市的火灾损失中,棚户区的损失为全部损失的67%①,火灾在棚户区的发生既是频次最高也是破坏面最广的危害因素。

① 《上海市人民政府公安局关于提出四百户以上重点棚户区开辟火巷改进消防水源计划的报告》,上海市档案馆: B1-2-1536-1。

**表3-24　1949年6月—1956年3月上海火灾统计表**

| 场所 次数 年份 | 住宅 | | 棚户 | | 机关学校 | | 医院团体 | | 公共场所 | | 公司商号 | |
|---|---|---|---|---|---|---|---|---|---|---|---|---|
| | 成 | 未 | 成 | 未 | 成 | 未 | 成 | 未 | 成 | 未 | 成 | 未 |
| 1949　6—12 | 23 | 131 | 16 | 11 | — | 8 | 1 | 1 | 1 | 16 | 9 | 81 |
| 1950 | 37 | 318 | 52 | 55 | — | 16 | 1 | 4 | 5 | 23 | 17 | 141 |
| 1951 | 49 | 433 | 61 | 223 | 4 | 23 | 2 | 5 | 1 | 28 | 45 | 211 |
| 1952 | 20 | 351 | 54 | 301 | 4 | 24 | — | 7 | — | 10 | 6 | 171 |
| 1953 | 24 | 451 | 70 | 468 | 5 | 35 | — | 16 | — | 15 | 24 | 326 |
| 1954 | 15 | 468 | 49 | 387 | 1 | 31 | — | 7 | 2 | 21 | 35 | 291 |
| 1955 | 27 | 579 | — | 445 | 4 | 53 | — | 14 | — | 19 | 14 | 264 |
| 1956　1—3 | 13 | 221 | 14 | 117 | 1 | 6 | — | 6 | — | 1 | 4 | 96 |
| 总计 | 208 | 2 952 | 359 | 2 007 | 19 | 196 | 4 | 60 | 9 | 133 | 154 | 1 581 |

资料来源：王寿林编著：《上海消防百年记事》，上海科学技术出版社1994年版，第247页。

为了降低百姓心中忧虑，保证居民的财产安全，中国人民保险公司上海分公司在1951—1953年间举办了一种居民团体火险，主要业务对象就是里弄及棚户区居民。这个险种的前身是1950年5月，以职工为对象开办的"职工团体火险"，当时限保家具、衣物、日用品等，限期为半年，保险金额最高为两千万元，保险费率千分之二。但到1950年底，承保户只有七千户左右。1951年1月，保险公司为了扩展业务，将"职工团体火险"改为"团体火险"，凡里弄棚户区居民凑满十人均可投保，房屋也可以保险，且规定"不论何等建筑均可承保"，属于棚户的建筑才被纳入保险范围，保险额提高到50万元至1亿元，保险期限改为一年①。这一改变对棚户区的承保者十分有利，"团体火险"业务得到迅速发展。

自1951年起，投保的居民户数及保险费收入逐步增加，到1953年，承保保额即

① 《中共上海市委员会关于中国人民保险公司上海分公司盲目发展团体火险业务并提出稳步收缩团体火险业务的报告的批复》，上海市档案馆：B28-2-74-1。

达28 511万元,收入保险费553 340元。但1953年京江路、飞虹路、太平弄发生过大火,受灾居民数千户,保险赔款付出715 953元,超过当年保费收入的16万余元,保险公司出现严重亏损。此次大火之后,意识到投保的好处,要求参加保险的棚户更加踊跃,一度发生排队投保的现象。到当年6月底统计,承保户达496 003户,其中很大一部分就是棚户区居民①。这大大超出了保险公司的预估,由于棚户建筑中易燃材料的存在并未发生完全改变,为避免发生更大亏损,保险公司紧急叫停了该项业务。保险公司检查了工作中的缺点,认为在当时的条件下大量开展棚户火险业务是不适当的,里弄及棚户的消防条件很差,防火组织还没有普遍建立起来,而且很不健全,对防火的宣传教育也不够经常深入,甚至参保火险之后,部分居民还产生了消极的侥幸心理和依赖保险赔款的思想,1954年初保险公司即告市委并获批准,在全市范围内正式停办了该项居民团体火险业务。

但在停办过程当中以及停办以后,不少职工、居民因财产失去了保险保障,觉得不能安心,来信来访要求继续办理居民火险。为了准确答复居民,并为给今后家庭财产火险业务方针提供参考材料,保险公司在1956下半年开始了全市棚户区调查工作,从市一级到区一级到各区典型居委会,均有涵盖,调查了解的主要对象和主要内容如下:

(一)了解对象:

1. 市一级:消防处、民政局、规划建筑管理局、市政工程局、房地产管理局。

2. 区一级:各区公安分局(除黄浦、新成二区及郊区外,共了解了十三个分局)

各区消防队(在市区十五个区共访问了二十个消防队)

各区居民委员会(除黄浦、新成及三个郊区外的十三个区中,向四十七个居民委员会进行了了解和实地观察)。

此外也了解了五个区的十一个派出所,和一个区的区人民委员会民政科、建设科。

①《中共上海市委员会关于中国人民保险公司上海分公司盲目发展团体火险业务并提出稳步收缩团体火险业务的报告的批复》,上海市档案馆:B28-2-74-1。

（二）了解内容：

1. 市一级：

（1）建筑安全和集散情况方面：包括全市棚户总面积、总户数、总人口、总幢数，以及棚户在全市的分布情况，棚户地区的一般建筑情况等。

（2）防火与消火力量方面：包括全市防火组织的数量、质量以及历年来力量的增长和当前存在问题；消防处对棚户区的控制力量以及历年来力量的增长和当前存在问题；解放后历年来各棚户地区火警（包括成灾未成灾）次数和损失的统计以及火警的原因和趋势。

（3）今后动向方面：包括以往改善棚户区建筑和市政设施情况以及今后对棚户地区的政策和措施。

2. 区一级：

（1）了解区内较大棚户区（300户以上）和名称和户数。

（2）棚户地区防火工作情况，包括组织、制度、具体工作和典型事例等。

（3）棚户地区消火工作情况，包括水源、防火巷、火警统计和原因等。

（4）对今后改善棚户区工作的规划或建议。

（5）对各棚户区防火工作的领导。

（6）其他有关事项。

3. 居民委员会一级：

（1）防火工作的组织和制度，以及工作情况。

（2）如何发动群众以及居民对防火工作的看法。

（3）防火工作的先进经验和动人事例。

（4）建筑情况。

（5）火警统计及原因。①

综观保险公司的调查对象与内容，十分全面，涉及范围广，其中包含的水源、火巷通道等调查，对应了彼时棚户区外部环境改善的主要内容。因此，从消防层面，对火险业务的设置情况进行考察，可以窥探1949—1957年间上海棚户区原地改造

① 《关于上海市棚户地区家庭财产火险业务的调查报告》，上海市档案馆：B6-2-303-5。

的大致情况。

**2. 调查结果**

保险公司调查结果显示,到1957年1月时,上海还有约80万居民居住在棚户区,面积占市区住房总面积的3.6%,市区棚户区比较集中的有8个区,即普陀、长宁、闸北、东昌、蓬莱、杨浦、榆林、提篮。这些区的棚屋均在1万间以上,如普陀高达2万余间,这8个区的棚屋总数占市区15个棚户总数的80%以上①,其中又以蓬莱、邑庙、新成的棚户区瓦屋(木板瓦顶)所占的比例较高。

**表3-25 1949年6月—1956年6月上海市区和棚户区火警统计表**

| | 全 市 | 棚户区(约占比) |
|---|---|---|
| 总数(次) | 10 979 | 2 461(23%) |
| 成灾数(次) | 1 129 | 364(32%) |
| 总损失数(元) | 8 537 452 | 3 302 521(39%) |
| 总毁屋数(间) | 8 722 | 6 312(72%) |

资料来源:《关于上海市棚户地区家庭财产火险业务的调查报告》,上海市档案馆:B6-2-303-5。

从表3-25中可以看出,棚户区火灾毁坏的房屋占到市区总毁屋数的72%,但成灾数只占32%,成灾数与损失数并不对等,在前文已提到这与棚户的建筑材料与建筑密度有很大关系,因此,在整改棚户消防条件时,主要是拓宽道路,增加消防水龙头,减少草棚比例。1954年上海市公安局专门提出为四百户以上重点棚户区开辟火巷改进消防水源计划,要点如下:

(一)交通道及火巷须供二辆车对开的,宽度应为九公尺;供一辆车通行的,应为六公尺。

(二)二条通车道路之间的距离,最大不得超过三百公尺。即就有棚户应分隔成块,每块宽度或长度均不得大于三百公尺。

(三)根据具体求教,在通车道下,应埋设至少一五〇公厘水管,并在适当

① 《关于上海市棚户地区家庭财产火险业务的调查报告》,上海市档案馆:B6-2-303-5。

地点装置消防龙头(消防龙头之间的距离，平均以一百公尺为标准)。上项水管应尽量装置循环水流，以充裕水量。

(四) 配合开辟道路、火巷，将该区内地下沟管，加以整理添置。

(五) 动员原有棚户，自动加固，自动将稻草屋顶改为瓦屋顶。

(六) 贴近电力站、方棚间及重要工厂仓库的棚户，先予动员拆除，经调查确有困难需要拨地或补贴的，由有关单位商讨拨地或酌予补贴。棚户区内的小型危险品工厂、工场，应予动员迁移。①

通过这些措施，棚户区的消防条件有了很大改善。在棚户区铺设的水管，或将到头管改为循环管，或者放大水管口径，进行了添浜埋管工程。从上海解放后到1957年初，全市棚户区内增设的水龙头达1 200多只，占总数的三分之一多。棚户集中的区域如蓬莱区的棚户区解放前只有龙头37只，到1957年已经增添至291只；闸北区由80余只增至303只。龙头不仅在数量有增加，而且在质量上大有改进。龙头式样基本统一，对容易漏水并且冬天容易冰冻的龙头也陆续进行了改装。并将相当数量的草棚进行了改善或改建为平瓦棚，到1957年时，普陀区药水弄北段居民委员会已有一半盖瓦顶或改建楼房。在开拓道路和防火巷方面，对棚户区原来房屋比较拥挤的地方进行了调整，对较小的道路弄堂进行了拓宽，更多棚户地区还有了小花园或者广场。又如闸北虬江路京江路沿铁路结合动员还乡生产，拆了一条宽约二三十公尺的安全距离，比一般火巷还宽。蓬莱董家渡的道路由6尺拓宽至1丈2尺。1953年后还在21个棚户区开辟了26条火巷：

**表3-26　1954—1956年上海棚户区开辟火巷情况统计表**

| 时　间 | 涉及棚户区数(个) | 开辟火巷数(条) |
| --- | --- | --- |
| 1954 | 16 | 21 |
| 1955 | 3 | 3 |

①《上海市人民政府公安局关于提出四百户以上重点棚户区开辟火巷改进消防水源计划的报告》，上海市档案馆：B1-2-1536-1。

续 表

| 时 间 | 涉及棚户区数(个) | 开辟火巷数(条) |
| --- | --- | --- |
| 1956 | 2 | 2 |
| 合计 | 21 | 26 |

资料来源:《关于上海市棚户地区家庭财产火险业务的调查报告》,上海市档案馆: B6-2-303-5。

为增强居民防火意识,各居委会采用黑板报、标语、文娱等各种形式进行防火宣传。此外,还定期对防水工作进行检查,一般至少每月一次,有的一月2次或4次,不少里弄居民委员会采用红旗值日制,由群众轮流每日在早晚检查2次到3次,治保干部则定期抽查或普查。因为棚户火灾的引发很多是因为炉灶、烟囱、余烬起火,在上海解放7年来的火警中,由这三点引起的棚户火灾次数占总次数的63%,因此,积极改善烟囱、炉灶,修换电线,改进油灯置放位置等也是消防工作的重点。上海市公安局在1957年将炉灶烟囱的改善工作列为棚户区重点工作,号召各区普遍发动,并要求普陀、闸北、徐汇、杨浦、提篮5区完成改善危险的烟囱炉灶80%(这几个区棚户间数约占全市棚户的一半)。还加强消防力量,通过订立战斗计划进行业务建设,凡50户以上的棚户区都有战斗计划,事先摸清水源、调动车辆、通讯联络等情况,在此基础上,才能使消防工作迅速并有条不紊地进行。

经过这些改进措施,棚户区的火警成灾率不断下降,从1949年的59%下降到1956年的8%,每年具体比率见表3-27。

**表3-27 1949年—1956年上海市棚户区火警成灾率统计表**

| 年 份 | 成灾率(%) | 年 份 | 成灾率(%) |
| --- | --- | --- | --- |
| 1949 | 59 | 1953 | 13 |
| 1950 | 49 | 1954 | 11 |
| 1951 | 22 | 1955 | 9 |
| 1952 | 15 | 1956 | 8 |

资料来源:《关于上海市棚户地区家庭财产火险业务的调查报告》,上海市档案馆: B6-2-303-5。

1956年,上海棚户区的棚户火警成灾率为8%,较全市7.5%的火警成灾率约高0.5%,而较之全市七年间平均火警成灾率(10%)尚低2%,正如调查报告所说,棚屋多为易燃材料,而成灾率能降到这样低,不能不说是防火和消防工作上的显著成绩。报告认为上海棚户火警次数、损失和成灾率趋势仍将继续降低,主要有以下几点原因:

(1) 从棚户区火灾原因分析:改善炉灶烟囱工作已在普遍开展,估计年内可改善危险户60%以上,明年上半年可接近全面改善,许多区明年将进行电线、油灯的改善工作,并加强对小孩的教育,这样一来,以往发生火警的主要因素所起的作用就很小,火警次数和损失必将减少。

(2) 从消火力量分析:本市消火力量由分区管理改为集中统一调度后,在消火力量上已大为增强。鉴于目前散处在各工厂的消火力量的总和约等于消防处现有消火力量的几倍,将来这一部分力量也要属于高度集中统一调度的范围以内,则消火力量必然要更为加强,有利于迅速扑灭火灾,减少损失。

(3) 从市政建设角度分析:今后在棚户区还要陆续开辟火巷、埋设水管或装置消防龙头。由于工厂企业学校基本建设的扩展,还要陆续拆除一些棚屋;由于人民生活的不断改善,由草棚改为平瓦棚或楼棚的情况将日益增多,这些情况对减少火警及损失都有影响。

(4) 从提高市民防火认识分析:目前消防处已开始采用三级分工制,各消防队则采用一所一警制配合辅导。1957年消防处的工作方向即为经常检查用火,经常宣传,经常辅导改善,积极帮助群众办事,这样就能有力地提高居民的防火警惕性以及防火工作的自信心。①

虽然消防条件在一步步改善,但棚户区中的问题还是不少,报告还指出了部分区的问题和提出了改善需求:

---

①《关于上海市棚户地区家庭财产火险业务的调查报告》,上海市档案馆:B6-2-303-5。

**表3-28 1957年上海棚户区存在问题汇总表**

| | 主要问题 | 改善需求 |
|---|---|---|
| 闸北 | 通阁路209弄、止园路、青云路、长兴路、中华新路、中兴路长安路等地棚户区中心水源不足。 | 将中华新路开通,普善路沪太路之间开一条路,大统路开到中山北路,孔家木桥或中交路由交通路开到沪太路。 |
| 虹口 | 山阴路附近甜爱路缺少水管。 | 杨家宅需添龙头。 |
| 普陀 | 光复里、东新村、中山村等只有一面有水源;王家宅有龙头二只,但因水管是到头管不是循环管,所以不能同时用二个龙头。 | 在中山村开火巷、埋管;王家宅改为循环管。 |
| 江宁 | 太平里、小辛庄中心的水源尚有困难。 | 上述地点最好开火巷、埋管。 |
| 徐汇 | 靠近淮海西路地区棚户,北面靠交通大学,水源比较困难。虹桥路一带大棚户区中心的水源有困难。 | 在建国西路、南北嘉善路开一条防火巷,虹桥路附件大棚户区增辟防火巷。能把南北嘉善路水管接通更好。 |
| 长宁 | 小河南等地区,车子不能开进,苏北里、田基浜、猪毛厂等棚户区中心的水源有困难。 | — |
| 榆林 | 蒋家浜水源尚有一定困难。 | — |
| 提篮 | — | 改善水管:① 飞虹路底接通北路底唐山路;② 飞虹支路接到岳州路;③ 江浦路底接到控江路;④ 昆明路接到控江路;⑤ 延吉西路接到黄兴路。 |
| 蓬莱 | 道路狭仄,有的水龙头虽设而不能用(如吾园街何家弄)。 | — |
| 东昌 | 龙头分布较少,自然水源只涨潮时能用。很多地区大型车子开不进。公用电话少,报警及时有问题。 | — |

资料来源:《关于上海市棚户地区家庭财产火险业务的调查报告》,上海市档案馆:B6-2-303-5。

以上这些问题仅是市政建设方面可以改进的部分,报告还提出了改善炉灶烟囱的材料供应问题,同一地区的消灭与防火分由两个消防队负责的配合问题,以及倒流人口违章搭建棚屋成为新的火警因素等问题,虽然问题不少,但总体来说棚户区的消防情况得到了很大提升。

**3. 有条件地重启棚户火险业务**

针对调查结果，上海市财政局于1957年4月30日请示市人民委员会，提出恢复承保棚户火险业务，但是慎重办理，并不广泛展开，1957年内根据具体情况有区别地选择承保。原则是：不主动争取，有条件的保，无条件的不保，给出了具体意见：

> 1. 1957年开展居民火险仍应选择二等建筑(即砖木瓦建筑)的里弄为主，对这些里弄中如夹有少数棚户，可于开展业务时一并承保。
>
> 2. 对已经改善消防条件的棚户区，如草顶板房不超过半数，或虽超过半数而该区消防水源充足，防火工作已有基础，一旦发生火灾，消防部门足以控制该处火灾不致蔓延者，在群众要求投保时，也可以恢复承保，但不主动争取投保。
>
> 3. 在棚户区居民提出投保火险时，由保险公司根据上述条件，联系区人委会征得同意后慎重办理，如暂时不能承保的，也要妥善解释。①

1957年5月28日人委会回复：关于保险公司恢复棚户区火险业务的意见，同意先行试点，取得经验后，再逐步推广。保险公司选择有条件地重启棚户火险业务，一方面是对上海解放后至1957年间棚户消防改善工作的肯定，另一方面也说明棚户消防工作可以进一步加强。尽管消防工作仅是棚户改善内容的一部分，但呈现的内容已超越问题本身，棚户火险设立开展的情况，反映了棚户区外部环境改造取得的大体效果。此时的棚户区空间改造多从居住的安全性出发，火灾连年下降的比例说明了改造的成效。随着居民经济条件的好转，此后的棚户空间的改造开始关注居住的舒适体验。

## 二、社会重构之下棚户居民新变化

棚户脏乱的居住环境与低技能的职业构成，是过去发展不平衡的主要表现，1949年之后，上海的棚户改造既有居住环境本身的变化，亦包括居住主体自身文化

---

①《上海市财政局关于保险公司拟恢复办理棚户区火险业务请核示的报告及上海市人委的批复》，上海市档案馆：B6-2-303-1。

水平和劳动结构的改变。到20世纪50年代中期,棚户区内实现了文化教育的全面普及,因为知识水平的提升,棚户居民的就业率大大提高,职业结构也发生了较大变化,产业工人成为主要的职业身份。医疗卫生工作的推进,让棚户居民的存活率不断提高,传染病率也大为降低。一系列有关职业、疾病、受教育程度等的分类统计资料,直观展现了棚户社会重构的变化。

### (一) 文化教育的全面普及

解放前,因为受教育程度低,文化水平低下,棚户居民从事的都是职业技能低下的苦力劳动工作,1951年对蓬莱区棚户区的调查,可以看出解放初期棚户居民的受教育程度明显偏低。

表3-29显示了棚户居民在教育问题上的严重性,不识字的居民占总人数的76.2%,受过往男权思维下教育观念的影响,男女在识字水平上体现出明显差异,不识字男性人数占男性总人数的66%,而不识字女性的占比竟高达89%以上,并且女性受教育程度远不及男性,从私塾开始到初中以上文化水平,都是男性受教育比例远高于女性。虽然调查人口中包括了一部分学龄前儿童,但这个比例,也实在惊人,初中以上教育程度的占比十分微小,因为文化水平低下,自然影响到他们的职业构成。

**表3-29　1951年蓬莱区棚户区居民教育程度按性别统计表**

| 教育程度 | 总计 | | 男 | | 女 | |
|---|---|---|---|---|---|---|
| | 人数(人) | 百分比(%) | 人数(人) | 百分比(%) | 人数(人) | 百分比(%) |
| 总计 | 13 801 | 100.0 | 7 812 | 100.0 | 5 989 | 100.0 |
| 不识字 | 10 508 | 76.2 | 5 152 | 66.0 | 5 356 | 89.4 |
| 私塾 | 984 | 7.1 | 917 | 11.7 | 67 | 1.1 |
| 补习 | 282 | 2.0 | 227 | 2.9 | 55 | 0.9 |
| 小学 | 1 736 | 12.6 | 1 275 | 16.3 | 461 | 7.7 |
| 初中以上 | 291 | 2.1 | 241 | 3.1 | 50 | 0.8 |

资料来源:张兴华、万玉麟、郑传锐:《上海市蓬莱区的部分棚户居民生活调查》,载《上海卫生》第一卷第7期,1951年11月。

**表 3－30　1951 年蓬莱区棚户区居民职业分类统计表**

| 类　别 | 人数(人) | 百分比(%) |
|---|---|---|
| 农 | 70 | 0.5 |
| 机器工业 | 453 | 3.3 |
| 手工业 | 606 | 4.4 |
| 建筑业 | 44 | 0.3 |
| 手艺工人 | 703 | 5.1 |
| 苦力工人 | 207 | 1.9 |
| 商业 | 1 363 | 9.9 |
| 交通运输 | 1 950 | 14.1 |
| 机关职员 | 172 | 1.2 |
| 革命军人 | 23 | 0.2 |
| 佣工 | 101 | 0.7 |
| 自由职业者 | 23 | 0.2 |
| 特种营业 | 46 | 0.3 |
| 家庭妇女 | 3 320 | 24.1 |
| 无业 | 2 709 | 19.6 |
| 失业 | 259 | 1.9 |
| 在校学生 | 534 | 3.9 |
| 未就业孩童 | 755 | 5.5 |
| 其他 | 370 | 2.9 |

**续　表**

| 类　　别 | 人数(人) | 百分比(%) |
|---|---|---|
| 未详 | 3 | 0.0 |
| 总计 | 13 801 | 100.0 |

资料来源：张兴华、万玉麟、郑传锐：《上海市蓬莱区的部分棚户居民生活调查》，载《上海卫生》第一卷第7期，1951年11月。

在这13 801名棚户居民的职业统计中，由于未按性别具体分类，因此家庭妇女占的百分比较高，达24.1%，其次老弱无业者也高，这些人在家中都依赖他人抚养。除此之外，交通运输业是棚户居民的主要职业，实际是指三轮车夫、运货车夫等工作，这是棚户区一般男性多从事的职业，属第二位的就是占比在9.9%的商业，其实是属于小本流动商人、小摊贩和青菜贩之类，棚户区居民的职业分类与一般里弄居民的职业构成大不相同，进入工厂拥有相对稳定职业的较少，低技能职业工种与自身劳动技能和文化水平的关系，自不待言。通过组织扫盲和各种业余学习，棚户区内居民的文化水平得到了全面提升。

以药水弄为例，在解放初期，药水弄7岁以上人口中，文盲占66.05%，在成人扫盲教育受到重视之后，至1959年，药水弄内有2 000余名45岁以下的居民经扫盲教育，能看书读报①。这让此前没有学习机会的棚户居民成长为行业发展领域的人才，精神面貌亦发生了很大改变。如药水弄居民王某某，在解放前因为身体发育不良，被人称为"地下种子"和"千年不长的黄杨木"，解放后成为清洁工的他，不但个子长高了，而且通过党的培养和自己的勤学苦练，成了全国自行车运动选手，在历次比赛中名列前茅②。

除了劳动适龄人口的扫盲学习，从源头上抓孩童时期的学习更为重要。药水弄先后扩建西康路第一小学，兴办回民小学，还组织知识青年办民办小学，解决儿童入学问题。由于学校白天分设两部制，晚上另开儿童晚班扩大招生名额，与解放前的学习状况大为不同，药水弄内7岁以上学龄儿童全部实现了入学读书。文化教育普及带来的影响是长时段的，"以药水弄中一地段为例，解放前那里只有69个小

① 上海市普陀区志编纂委员会编：《普陀区志》，上海社会科学院出版社1994年版，第976页。

② 上海社会科学院经济研究所城市经济组：《上海棚户区的变迁》，上海人民出版社1962年版，第70页。

学生，1961年在464个学龄儿童中，除了个别特殊情况外全部上了学。而且有了60个中学生，10个大学生和1个留学生，平均每5个居民中就有1个在学校读书的。又如曾经住在肇嘉浜的一位建筑工人，过去3个孩子都死于瘟疫；后来生的孩子，大的现在读同济大学，小的是少先队员”①。

另一大型棚户区蕃瓜弄，至1959年，摘掉文盲帽子的达72.3%。凡符合入学条件者，基本上到附近中小学读书。1959年，该地区还开办了业余小学，里弄生产组工人全部入学。年纪较大的家庭妇女也走进学校参加学习，“如赵自兰老妈妈(五十四岁)，她自己认识到过去不识字的痛苦，她积极参加学文化到现在能写一般的诗歌、散文，而且还去参加里弄业余群众文艺活动、唱歌等，这位赵妈妈现在还在业余中学读书”②。1963年，蕃瓜弄开始拆除新建后，学习环境进一步提升，内建小学、托儿所各1所。蕃瓜弄小学，占地3 808平方米，建筑面积3 257平方米，1幢4层教育楼，可容学生700多人，教师80多人。1986年6月，该小学成为全国加强艺术教育两所试点小学之一，1989年被评为上海市小学办学先进单位，1990年，命名为市花园单位。经过多年努力，蕃瓜弄的居民文化水平发生了根本变化，1990年，蕃瓜弄总人口6 431人(含0—5岁622人，占9.67%)，其中大学专科535人、中专346人、高中1 438人、初中1 788人、小学1 092人、不识字或少识字610人，分别占总人口8.32%、5.38%、22.36%、27.80%、16.98%、9.49%③。

### (二) 以产业工人为主的职业结构

棚户居民文化水平的提升，不光对恢复经济和发展生产、稳定社会秩序都有着重要作用，也为自我转变奠定了基础。新中国成立之后，虽然新中国仍然是传统的城乡二元结构的社会模式，但重工业发展受到了前所未有的重视，城市产业结构发生重大转变的同时，势必带来人口职业构成的相应变化。因为教育的普及，棚户居民掌握了一定的文化基础和劳动技能，逐渐被整合进工人阶级队伍，成为社会主义工业化建设的重要力量。

棚户区居民的就业问题真正得到改变是在1953年“一五”计划开始之后，由于劳

---

① 上海社会科学院经济研究所城市经济组：《上海棚户区的变迁》，上海人民出版社1962年版，第70页。

②《上海市闸北区人民委员会广肇路办事处关于蕃瓜弄情况的介绍材料》，上海市档案馆：A20-1-29-41。

③ 上海市闸北区志编纂委员会编：《闸北区志》，上海社会科学院出版社1998年版，第1293页。

动力的需求增加,棚户区里的就业人数逐年增多。蕃瓜弄到1956年时,失业工人全部进了工厂、企业工作。弄内居民蔡某某的五个儿子中,过去三个大儿子是做小贩,现在都成为玻璃厂技术工人,其中两个儿子已住新村,最小的两个儿子,一个在华东师范大学,一个在读中学。这位妈妈说:"共产党毛主席领导,使我家庭起了一个大变化,从儿子当技术工人,上大学,住新村,这全靠党毛主席的领导,我一家翻了身。"①

1957年上海对普陀、蓬莱、杨浦、徐汇、卢湾、长宁等区的27个棚屋区进行了详细调查,从表3-31中这些棚屋区的居民职业情况来看,多为产业工人,有7 409户,占比38.34%,其次为搬运工人,2 774户,达14.35%,无业人员占13.8%。显示出棚户区内的居民就业问题的普遍解决,以劳动者为主,证明了一段时期以来,党和政府保证就业工作的成效。

**表3-31 1957年上海各区棚屋居民职业统计表** (单位:人)

| 号次 | 行政区 | 范围 | 机关干部 | 学校教职员 | 工商业主 | 产业工人 | 商店职工 | 搬运工人 | 流动摊贩 | 无业 | 其他 | 总计 |
|---|---|---|---|---|---|---|---|---|---|---|---|---|
| 1 | 闸北区 | 棚屋区一 | 6 | 3 | 83 | 205 | 21 | 71 | 87 | 106 | — | 582 |
| 2 | | 棚屋区二 | 26 | 14 | 85 | 272 | 102 | 341 | 247 | 212 | — | 1 299 |
| 3 | | 棚屋区三 | 35 | 14 | 39 | 409 | 145 | 35 | 240 | 156 | — | 1 073 |
| 4 | | 棚屋区四 | 22 | 8 | 43 | 370 | 60 | 169 | 96 | 66 | — | 862 |
| 5 | 蓬莱区 | 棚屋区一 | 6 | 6 | 29 | 87 | 45 | 329 | 181 | 159 | — | 842 |
| 6 | | 棚屋区二 | 7 | 4 | 33 | 124 | 24 | 117 | 109 | 121 | — | 539 |
| 7 | | 棚屋区三 | 18 | 6 | 78 | 92 | 194 | 153 | 55 | 93 | 1 | 690 |
| 8 | 长宁区 | 棚屋区一 | 12 | 6 | 69 | 518 | 40 | 173 | 124 | 123 | 27 | 1 092 |
| 9 | | 棚屋区二 | 14 | 6 | 33 | 277 | 19 | 152 | 148 | 178 | 70 | 897 |
| 10 | | 棚屋区三 | 5 | 8 | 11 | 391 | 14 | 148 | 81 | 93 | 53 | 764 |

①《上海市闸北区人民委员会广肇路办事处关于蕃瓜弄情况的介绍材料》,上海市档案馆:A20-1-29-41。

续　表

| 号次 | 行政区 | 范　围 | 机关干部 | 学校教职员 | 工商业主 | 产业工人 | 商店职工 | 搬运工人 | 流动摊贩 | 无业 | 其他 | 总计 |
|---|---|---|---|---|---|---|---|---|---|---|---|---|
| 11 | 长宁区 | 棚屋区四 | 5 | 1 | 12 | 148 | 6 | 34 | 19 | 58 | — | 283 |
| 12 | 卢湾区 | 棚屋区一 | 45 | 7 | 45 | 331 | 62 | 107 | 55 | 47 | 269 | 968 |
| 13 | | 棚屋区二 | 21 | 4 | 99 | 432 | 45 | 86 | 102 | 28 | 78 临时 58 | 953 |
| 14 | | 棚屋区三 | — | 37 | 26 | 585 | 44 | 85 | 134 | 51 | 80 | 1 042 |
| 15 | 提篮桥区 | 棚屋区一 | — | 3 | 10 | 246 | 32 | 78 | 173 | 85 | — | 627 |
| 16 | | 棚屋区二 | 5 | 2 | 19 | 476 | — | 9 | 39 | 22 | — | 572 |
| 17 | | 棚屋区三 | 64 | 7 | 47 | 266 | 8 | 111 | 90 | 70 | 70 | 733 |
| 18 | 徐汇区 | 棚屋区一 | 10 | 3 | 3 | 39 | 21 | 78 | 62 | 49 | 37 | 302 |
| 19 | | 棚屋区二 | 6 | 3 | 27 | 200 | 1 | 71 | 47 | 45 | — | 400 |
| 20 | | 棚屋区三 | 13 | 6 | 25 | 312 | 19 | 102 | 47 | 69 | — | 593 |
| 21 | 普陀区 | 棚屋区一 | 5 | 4 | — | 65 | — | 35 | 50 | — | 401 | 560 |
| 22 | | 棚屋区二 | 34 | — | — | 329 | — | 90 | 49 | — | — | 502 |
| 23 | | 棚屋区三 | 25 | 3 | 40 | 208 | 13 | 34 | 61 | 41 | 23 | 448 |
| 24 | 东昌区 | 棚屋区一 | 4 | 2 | — | 26 | 10 | 69 | 21 | 2 | 24 | 158 |
| 25 | | 棚屋区二 | 1 | 4 | 12 | 223 | 28 | — | 60 | 22 | 16 | 366 |
| 26 | | 棚屋区三 | 42 | — | 8 | 201 | 28 | 50 | 58 | 45 | 31 | 463 |
| 27 | 榆林区 | 棚屋区一 | 116 | — | 109 | 577 | — | 87 | 96 | 732 | — | 1 717 |
| 共计 | | | 547 | 161 | 985 | 7 409 | 981 | 2 774 | 2 531 | 2 673 | 1 266 | 19 327 |
| 百分比(%) | | | 2.83 | 0.83 | 5.1 | 38.34 | 5.07 | 14.35 | 13.1 | 13.8 | 6.58 | 100 |

资料来源：《上海市规划建筑管理局对市民翻建棚屋的请示报告》，上海市档案馆：A54-2-175-18。

此后,上海就业问题进一步得到解决,职工比例进一步上升。虽然在调整时期,经济形势有所变化,但棚户居民的就业情况并没有受到大的影响,无论是被调整到哪一领域或哪一地区,留在该棚户区中的居民就业率一直保持在较高水平。到1963年蕃瓜弄进行拆迁改建时,对第一批566户居民进行统计,就业比达93%,仅7%的居民无固定职业。这566户居民的职业构成中职工比例达到了88%,具体如下。

**表3-32　1963年蕃瓜弄棚户区第一批动迁住户566户居民职业构成情况表**

| 职　　业 | 户数(户) | 比例(%) |
| --- | --- | --- |
| 职工 | 494 | 88 |
| 里弄工作 | 6 | 1 |
| 摊贩 | 24 | 4 |
| 无固定职业 | 42 | 7 |
| 合计 | 566 | 100 |

资料来源:《上海市闸北区人民委员会关于蕃瓜弄棚户改建第二批动迁工作的请示报告》,上海市档案馆:B11-2-36-1。

党和政府的就业工作在棚户区取得了不错效果,这与此前提到的一直以来政府组织的提升民众文化水平措施不无关系,文化水平的提高有助于劳动者掌握一定技能实现职业转型,棚户居民"进厂就业"的梦想终于照进现实,成为社会主义劳动者的重要组成部分。

### (三) 死亡率的降低和传染病的消退

伴随卫生医疗条件改善,人口的存活率越来越高。以药水弄为例,1950年药水弄居民的死亡率为17.8‰,到1958年,普陀区(该弄所在区)居民的死亡率降至5.79‰,可以推论该弄的死亡率也必然降低了不少①。新生儿的死亡率更是显著降低,"许多退休在家的老年女工都说,过去她们自己生了七八个孩子,大都只能留下

① 上海社会科学院经济研究所城市经济组:《上海棚户区的变迁》,上海人民出版社1962年版,第69页。

一两个，而现在她们的媳妇或女儿都是生一个，养大一个"①。这些因素让棚户居民在上海安定地生活居住下来。这里需要说明的是，虽然解放后上海出现过几次生育高峰，且棚户区的居住条件和卫生条件不断改善，但此后棚户区的家庭人口人数并没有出现爆发式增长。1963 年蕃瓜弄动迁改建时，第二批动迁 590 户居民共 2 730 人，平均每户 4.6 人②，较 1951 年蓬莱区陈家桥一带棚户区每户家庭平均人口增加了 1 人左右。非常重要的一点是，随着城市现代观念的演进，以城市小家庭模式为主的家庭形态取代了乡村传统聚族而居的大家庭模式，城市社会进步亦影响着棚户区的人口结构。

卫生和防疫工作的推进，还让影响上海居民的死亡原因发生了重大改变。解放前，上海居民的死亡原因无系统完整的统计资料，根据 1933—1936 年间，公共租界华人死亡分 18 大类 59 种死因来统计，扣除占死亡总人数三分之一以上的无法推定其死因的露尸者后，死因顺位为：传染病死亡占首位，各年死亡比分别为 26.8%、30.7%、27.3%和 27.5%，其次是衰老死亡，再次依次为呼吸系统病死亡、横死暴卒死亡、循环系统病死亡，上述前五位死因死亡比为 76%左右；1951 年，市区居民死因顺位：首位是传染病(包含寄生虫病)，死亡比为 50.4%，其次为循环系统病、损伤及中毒、呼吸系统病等；1960 年开始，循环系统病成为首位，传染病首次降为第二位，肿瘤从 1951 年的第七位上升为第三位，再次为呼吸系统病和消化系统病；1962 年起，肿瘤上升到第二位，传染病降为第三位；1975 年后，前五位死因顺位稳定为循环系统病、肿瘤、呼吸系统病、损伤及中毒、消化系统病③。过去占死亡总人数首位的传染病死亡已排在五名之后。

## 三、政府主导下的棚户改造困境

1949—1957 年，上海的棚户改造由政府主导，出资、建设与管理均由政府大包大揽，这种单一性对棚户改造工作的影响主要涉及两方面：一是整体层面上对棚户

① 上海社会科学院经济研究所城市经济组：《上海棚户区的变迁》，上海人民出版社 1962 年版，第 70 页。

② 《上海市闸北区人民委员会关于蕃瓜弄改建第二批动迁工作的请示报告》，上海市档案馆：B11-2-36-1。

③ 《上海卫生志》编纂委员会编：《上海卫生志》，上海社会科学院出版社 1998 年版，第 471 页。

改造需要的资金、原材料等投入较少,只能保证特别危险棚屋的改造工作;二是在有限的资源中,重点向公房建设与维修倾斜,对于大多属于私房性质的棚户来说,想要获得维修资源,不仅获得方式上相对困难,还不能保证材料质量。这影响了棚户改造范围的进一步扩大。

### (一) 资金困难

新中国成立之后,上海上交中央财政数额巨大,“从1949—1990年,上海地方财政收入总计3 911.79亿元,其中上解中央支出3 283.66亿元,占83.94%。从1959年到1978年,上海地方财政收入平均占全国的15.41%,最高时达17.49%(1960年),而上海地方财政支出仅占全国的1.65%。1985年以后,中央对上海财政政策调整为‘核定基数、总额分成’,1988年起实行财政包干体制,上海上交中央财政的比例才逐渐降了下来”①。上海为国家的财政收入作出重要贡献的同时,没有过多的资金进行城市建设工作。

从表3-33中可以看出,1949—1957年之间上海的财政收入十分低下,1958年上海财政收入提高之后,将收入的80%以上上解了中央,在1963—1965年之间,更是高达91.4%。中央财政收入中不少份额来自上海,其中1960年最高时达17.49%②。

**表3-33 1949年6月—1965年上海市地方财政收支和上解中央数额表**

| 年度 | 地方财政收入(亿元) | 地方财政支出(亿元) | 上解中央 | |
|---|---|---|---|---|
| | | | 数额(亿元) | 占收入(%) |
| 1949年6月—1952年 | 5.17 | 4.46 | 0.41 | 7.9 |
| 1953—1957年 | 14.93 | 12.26 | 1.59 | 10.7 |
| 1958—1962年 | 304.28 | 61.68 | 249.72 | 82.1 |
| 1963—1965年 | 172.51 | 19.93 | 157.62 | 91.4 |

资料来源:《上海人民政府志》编纂委员会编:《上海人民政府志》,上海社会科学院出版社2004年版,第462—463页。

① 熊月之:《上海通史·导论》(第1卷),上海人民出版社1999年版,第28页。
② 熊月之:《上海通史·导论》(第1卷),上海人民出版社1999年版,第28页。

棚户改造的历程与上海工业发展方向调整、向重工业努力跃进同步，城市工作优先考虑工业发展的需求。同时，为了保证工业化的快速实现，中国逐步建立起了强大的公有制为主体的计划经济体制，在全国一盘棋的安排之下，上海作为“一五”时期非重点建设城市，获得的资源十分有限。由于重工业发展需要大量资金投入，在有限的资源之内，要兼顾工业发展和棚户改造需求，只能有所侧重，显然，主要投入流入了生产建设领域。

从表3-34中可以看出，基本建设投资的主要方向是生产性投资，住房的新建与改善工作，在投资比例上大大低于生产性投资，虽然表中有个别年份显示住房投资占比很大，1952年达19.82%，1953年更飙升至27.59%，但这并不是常态，这两年住宅投资的迅速提高与工人新村始建相关，当时的住房工作是为配合工业建设而展开。由于政策倾斜，无法在大力推进工业化的同时保证居民生活质量的提升，住宅建造工作相较于工业建设速度，进展缓慢，这影响了棚户改造的实施，在有限的财政投资之下，棚户改造不得不小范围进行。

**表3-34　1950—1966年基本建设投资完成额按用途分表**

| 年份 | 基本建设投资额(万元) | 在投资额中 | | | | |
|---|---|---|---|---|---|---|
| | | 生产性投资 | | 非生产性投资 | | |
| | | 生产性投资额(万元) | 占基本建设投资额比重(%) | 小计(万元) | 其中：住宅(万元) | 住宅占基本建设投资额比重(%) |
| 1950 | 1 563 | 1 055 | 67.50 | 508 | 50 | 3.20 |
| 1951 | 5 212 | 2 485 | 47.68 | 2 727 | 444 | 8.52 |
| 1952 | 14 059 | 5 639 | 40.11 | 8 420 | 2 786 | 19.82 |
| 1953 | 25 854 | 9 661 | 37.37 | 16 193 | 7 133 | 27.59 |
| 1954 | 23 048 | 10 700 | 46.42 | 12 348 | 3 856 | 16.73 |
| 1955 | 24 333 | 18 672 | 76.74 | 5 661 | 880 | 3.62 |
| 1956 | 26 704 | 19 044 | 71.32 | 7 660 | 1 890 | 7.08 |

**续 表**

| 年 份 | 基本建设投资额(万元) | 在投资额中 | | | | |
| --- | --- | --- | --- | --- | --- | --- |
| | | 生产性投资 | | 非生产性投资 | | |
| | | 生产性投资额(万元) | 占基本建设投资额比重(%) | 小计(万元) | 其中:住宅(万元) | 住宅占基本建设投资额比重(%) |
| 1957 | 37 122 | 25 547 | 68.82 | 11 575 | 4 605 | 12.41 |
| 1958 | 97 362 | 83 864 | 86.14 | 13 498 | 4 479 | 4.60 |
| 1959 | 123 202 | 105 244 | 85.42 | 17 958 | 5 188 | 4.21 |
| 1960 | 122 258 | 98 352 | 80.45 | 23 906 | 4 771 | 3.90 |
| 1961 | 49 102 | 42 352 | 86.25 | 6 750 | 2 208 | 4.50 |
| 1962 | 21 924 | 18 715 | 85.36 | 3 209 | 1 380 | 6.29 |
| 1963 | 33 086 | 25 894 | 78.26 | 7 192 | 2 413 | 7.29 |
| 1964 | 50 226 | 38 805 | 77.26 | 11 421 | 3 583 | 7.13 |
| 1965 | 51 155 | 38 986 | 76.21 | 12 169 | 3 861 | 7.55 |
| 1966 | 46 469 | 36 246 | 78.00 | 10 223 | 2 668 | 5.74 |

资料来源:《上海建设》编辑部编:《上海建设(1949—1985)》,上海科学技术文献出版社 1989 年版,第 974 页。

在上海解放后的一段时间内,除了财政困难,棚户居民自身生活也十分贫困,亦没有资金与能力自我改善。1951 年间,上海市人民政府公用局为了解决棚户区劳动人民的用电问题,实行棚户集体供电办法,1953 年,中国人民银行上海分行为配合上海电业管理局办理棚户集体装置电灯,以改善劳动人民的居住条件,从当年 1 月起开始举办棚户集体装置电灯贷款,"到 1954 年 6 月 25 日止共贷放 427 笔,贷款金额 132 710 万元,贷款期限最长 6 个月,最短 20 天,一般 3 个月;贷款金额最大 4 000 万元,最小 27 万元,平均 311 万元,到 1954 年 6 月 25 日止尚有余额 117 笔,金额 22 069 万元,其中已逾期的有 95 笔,占余额笔数 81.2%,逾期金额 14 710 万元,占余额金额66.5%"①。逾期情况十分严重，"此外像有些依靠政府救济，日常生活已感困难的居民根本没有能力装电灯的也动员装灯，贷款后当然无法收回"②。且不说动员安装过程中未充分考虑居民的承受能力集体安装，从还款情况来看，棚户居民生活贫困度可见一斑。

有限的投资决定了在棚户的维修改善中，需要有计划有步骤地重点进行，1951年时药水弄和平凉路棚户区的调查已经显示了，棚户改造优先在产业工人聚集区进行。

### (二) 施工力量缺乏

工业发展的时代导向，导致上海解放后，工人数量的急剧增加主要在产业部门，建筑业职工人数增长缓慢，这让住宅建设修理的施工任务时而受到影响。

**表3-35　1953—1966年上海建筑业职工人数统计表**

| 年　份 | 年末职工人数(万人) | 增长速度(%) | |
|---|---|---|---|
| | | 以上年为基础 | 以1953年为基础 |
| 1953 | 6.44 | — | — |
| 1954 | 5.32 | -17.4 | -17.4 |
| 1955 | 1.88 | -64.7 | -70.8 |
| 1956 | 2.16 | 14.9 | -66.5 |
| 1957 | 4.78 | 120 | -25.8 |
| 1958 | 4.76 | -0.4 | -25.1 |
| 1959 | 5.76 | 21 | -10.6 |
| 1960 | 5.21 | -9.5 | -19.1 |
| 1961 | 4 | -23.2 | -37.9 |

① 《燃料工业部上海管理局关于报送棚户集体装置电灯贷款专业外勤座谈会综合记录的报告》，上海市档案馆：B41-2-27-11。

② 《燃料工业部上海管理局关于报送棚户集体装置电灯贷款专业外勤座谈会综合记录的报告》，上海市档案馆：B41-2-27-11。

**续　表**

| 年　份 | 年末职工人数(万人) | 增长速度(%) | |
|---|---|---|---|
| | | 以上年为基础 | 以 1953 年为基础 |
| 1962 | 2.75 | −31.3 | −57.3 |
| 1963 | 3.67 | 33.5 | −43 |
| 1964 | 3.94 | 7.4 | −38.8 |
| 1965 | 4.29 | 8.9 | −33.4 |
| 1966 | 4.62 | 7.7 | −28.3 |

资料来源:《上海建筑施工志》编纂委员会编:《上海建筑施工志》,上海社会科学院出版社 1997 年版,第 528 页。

从 1953 年到 1966 年上海建筑业职工人数统计来看,人员数量并不多,最高的年份在 1953 年,为 6.44 万人,最低年份为 1955 年的 1.88 万人,1950—1960 年间,上海的建筑施工队伍既承担工业建设,又承担住宅建设,人员的缺乏,严重影响了房屋的建设修理工作。

1956 年 11 月 27 日,铁道部上海铁路管理局,因延长上海东站股道第二期工程需拆迁棚屋约 162 间,请有关单位拆除棚屋异地新造房屋,并承诺所需拆建费用,均由上海铁路管理局负担。1956 年 12 月 11 日,上海市建设委员会回复道:“由于年季度基建工作,早有计划安排,实在难有余力,代为办理,尚希你局自行组织力量,考虑进行。”①施工力量的缺乏成为影响棚户改建的因素之一。

### (三) 材料供应不足

受制于国家总体经济的情况,20 世纪五六十年代棚户修建所需的材料并不宽裕。在“大跃进”开始之后,棚户改造资源的匮乏现象更加严重。1959 年,榆林区的棚户居民就批评地区干部说维修的稻草毛竹买不到,同时期闸北区棚户居民也抱怨:“政府修大马路我们也拥护,住新工房再等八年十年也不要紧,但是现在草房又破又漏,不能不修。”棚户居民将修缮要求降低到“不要你们钱,不要你们人,主要力

① 《上海市建设委员会城市建设处关于研究华东纺管局降温深井水位降低的通知和复铁路局处长股道工工程拆迁棚户的函等文件材料》,上海市档案馆:A54-2-36。

量靠群众，有点毛竹稻草就行"①。

此后，政府进一步提出"关于棚户改建，必须贯彻勤俭节约原则，同时符合城市规划要求，在施工力量建筑材料不影响国家重点工程的条件下，尽量减少拆迁，并首先解决确属危险的棚屋"②。这一时期的棚户改善工作只有在满足这些基本条件的情况下才被允许，在有限的条件下进行适当改造。在全力保证工业发展的困难时期，棚户区改造工作不得不做出这样的决定。

材料供应不足的情况还体现在不平衡的分配环节之中。从意识形态领域来说，计划经济是社会主义的一个标志，着眼于集中力量办大事的优势，政府采用全面计划化的方式来处理国民经济各项关系。国家建立的计划经济体制，使所有资源不再由市场提供，而是由国家分配，这种模式下的资源分配必然优先保证公有房屋的需要，对大多数属于私房的棚户区来说，在改造资源获得上十分困难。

这种不平衡的资源分配模式贯穿"十七年"时期棚户改造始终。1966 年，市房地产管理局向市人委公用事业办公室报告，请求增拨改建私房棚屋木材的内容反映了这一现象。

**上海市房地产管理局关于改建(私房)棚屋木材缺口很大的报告③**

市人委公用事业办公室：

关于群众自行改建棚屋所需的木材，市木材公司拨给的八百立方米元木，大多为本松杂木，不但材种质量不适用于装修，而且数量也相差很大。这个问题，我局早在今年六月间即向本市木材公司反映，并在七月十六日各公办写了书面汇报。

根据各区实耗木材的资料和我们所了解的情况，改建棚屋一万平方米，需成材三百立方米左右，今年五万平方米任务，共需成材一千五百立方米，折合元木在二千立方米以上。各区为了保证任务及时进行，不得不挤用公房维修

---

①《中共上海市委公用事业办公室关于改善上海市简屋棚户居住条件的报告》，上海市档案馆：A60-1-25-7。

②《关于虹口区进行第二期棚户改造申请征地及改建执照的报告》，上海市档案馆：B257-1-2240。

③《上海市房地产管理局关于改建(私房)棚屋木材缺口很大的报告》，上海市档案馆：B11-2-157-15。

的材料。而在四季度,公房修建任务集中,木材供应也已出现很大缺额。

市木材公司对改建棚屋的木材缺口问题,一再表示须经公办表态,他们始可考虑。为此,特再报请核转市木材公司迅增拨改建(私房)棚屋的木材 1 200 立方米。在这种方面要求安排杉木或东北松。

以上意见可否?请予批示!

1966 年 11 月 18 日

从报告中可以看出,市木材公司木材的拨给首先是保证公房维修用途,对棚屋改建所需的木材,表明需要公用事业办公室表态才能考虑供应,并且以往对棚户改建供应的有限木材中,以不适用于装修的本松杂木为主,拨给的数量仅占需求量的五分之二。房地产管理局在 1966 年 6 月就向木材公司反映,但一直没有得到解决,11 月中旬,房地产管理局不得不再度提出申请。出现这种情况的原因一是原材料全面缺乏,二是棚户在性质上大多属于私房,并不是各单位重点考虑的对象。尽管棚户改造十分迫切,但在公有制为主体的计划经济体制中,私有棚户房屋排除在优先序列之外。

棚户改造工作中的资金匮乏、材料供应不足、施工力量跟不上的现象,可以说是伴随整个棚户改造过程中,在 1965 年南市区对本区棚户改造总结的问题仍是相关内容:

(1) 材料供应不上:

原来我们设计的图是根据当时市场上能供应的短小料作为结构主件的,因此木条、搁栅、屋面板、楼地板等都是木料,只有三根搁栅是水泥钢筋浇捣的,这在当时试建几幢,目行尚能支持。现在群众成批申请建造木料就供应不上,这一问题看来必须向钢筋混凝土预制来代替,继续使用木材不是方向。

(2) 施工力量跟不上:

现在的施工是专业与群众相结合,专业负责技术工种,群众做什务工。现在有的专业工人是招用社会上有工商行政执照的个体户,只点清工,不收管理费。由于目前泥木工各方需要多,这些户可以直接向用户接受任务,因此虽然房地局花了不少力量进行组织工作,但往往是组织确定,对象和人数不能按计划执行，甚至做到中途不来，至今经常能到的只有四个泥工，四个木工，与群众的需要跟不上，群众意见较多。

(3) 经费来源问题：

现在群众建造的经费来源，一般是至今解决300—400元，单位借200—300元。但由于各单位工会基金多少不一和制度不一，有的单位如港务局基金较厚，即使超300元建造过程中有困难也能适当再添。他们认为以前为职工建造工房化了二千元一间，群众还不要住，现在化几百元群众深受欢迎，一样为群众解决居住问题，这是又省又好的一条途径。但有的单位如运输公司最多只肯借200元。他们的看法是公司有这许多工人，如果大家都要借建200元也有困难。看来由群众自建一下子就能拿出600—700元是不可能的，因此对单位借款的标准原则究竟怎样定，请市总工会考虑解决。①

资金、材料、施工力量缺乏问题，是新中国成立后城市工业化发展过程中的普遍问题，对工业的大力扶植必然存在对其建设资源的挤压。以改善为主的棚户改造，是当时社会经济条件下不得已的选择，没有足够条件支撑短时间内全部推倒棚户新建高楼，在工业化的背景之下，正如前文提到周恩来同志在政府工作报告中所说的那样，“人民还是不能不暂时忍受生活上的某些困难和不便”②。

从某种程度上来说，国家工业化的实现正是以牺牲民众的部分利益来快速完成。此后，随着棚户面积的进一步增加和居住条件的持续恶化，不得不对棚户改造来源的单一性做出调整，发动棚户居民参与的“两条腿走路”模式成为新的改造方法。

---

①《上海市城市建设局关于贯彻执行“处理违章搭建棚屋和改造棚户区意见”情况的报告》，上海市档案馆：B257-1-4431-1。

② 中共中央马克思、恩格斯、列宁、斯大林著作编译局编译：《周恩来政府工作报告(华俄对照)》，中华书局出版1955年版，第10页。

# 第四章　两条腿走路：棚户改造的扩大与管理探索(1958—1966)

受人口自然增长和迁移增长的双重影响，上海人口在1957年之后迅速增加，又因棚户搭建管理的松动，加之新建住房有限，棚户面积一改之前稳定的局面，在1958年增至458.8万平方米。由于此前对棚户的空间改造更多关注户外的公共设施，对棚户室内重视不够，导致其年久失修，在20世纪50年代末期，棚户的居住条件进一步恶化。政府早已意识到改善棚户条件的重要性与必要性，但在“大跃进”飞速的经济规划步伐之下，需要投入更多资金和人力进入工业发展领域，在政府无力承担扩大中的棚户改造任务之下，为保证居民的居住安全，棚户改造办法开始了新的探索。1958年之后，“全面发动群众”成为棚户改造新思路，在国家投资之外，充分发挥居民潜力，允许私人力量加入改善自住棚户，这加快了改造的步伐。与成效相伴生，无序的私人改造，带来了一系列问题，政府对棚户改造的管理几经调整，引导民众合理进行棚户改造，尤其是对棚户私房问题的处理，最终落实在允许存在并限制发展的框架之内。此外，城市规划思想进一步发展，1958年开始，棚户区改造不再是简单的修修补补，而是融入城市整体规划通盘考虑。棚户改造从单纯的原地环境改变，发展成为各部门合力推进的系统工程，结合城市建设规划成街成坊进行拆除重建，成为政府主导的棚户改造主要方向。在政府的统筹安排之下，部分棚户区全部被推倒，新建为配套设施完善、生活便利的居住小区，蕃瓜弄就是成街成坊改造的典型案例。经过十多年的改造变迁，棚户作为身份象征的观念被打破，20世纪60年代棚户社会的日常生活与身份认同表明，房屋类型的差异并不影响居民的日常生活与身份认同，国家强力建构的“工人阶级当家做主”的观念，改变了长期以来人们对棚户的负面评价，棚户地带不再是人人厌弃的城市下只角，而是社会主义优越于资本主义的直接体现。与普遍低标准的空间改造相对比，“工人身份”带来的影响对棚户社会面貌的改变更为显著。

## 第一节　“全面发动群众”：棚户改造新思路

上海解放后，经过一段时间的恢复，整体的社会经济状况逐步好转，人口的自然增长率大幅提高。受“大跃进”的影响，上海经济发展对劳动力的需求不断增加。在自然和迁移双重增长的情况下，上海人口总数激增，进一步加剧了住房困难。由于实现了普遍的稳定就业，居民收入增加，已有能力实行居住条件的自我改善。为解决广大群众的居住困难，依靠群众力量进行棚户改造成为新的改造思路，上海在1959年冬季进行了部分试点，最终认为“全面发动群众”是可行的，在这一思路的支持下，20世纪60年代上海的棚户改造范围一再扩大，广大群众的参与，对解决棚户居民的居住困难发挥了重要作用。但私人力量的进入，也让棚户改造呈现出一系列问题。

### 一、棚户面积的扩大与日趋破败

在1957年之前，由于实行了严厉的管控措施，上海的棚户面积没有发生过大幅度的增加，此后由于工业发展需要，职工需求大量增加，在1957年，上海净迁入28.3万人。并由于社会经济的稳步发展，此时人口的自然增长也大幅提高，这一切让上海棚户区的面积在1958年前后出现了大幅增长。年久失修的棚户，居住条件越来越恶劣，为有效解决职工居住困难的问题，依靠群众进行棚户改善的想法被提出。

#### (一) 人口总量与棚户面积激增

上海解放后，社会稳定、经济发展、医疗卫生条件的提高，让生育率迅速提高，死亡率逐步下降。从1950年到1958年，上海人口自然增长182.82万人，年平均增长率32.70‰，比全国人口自然增长率20.89‰高出11.81‰，1954年的人口自然增长率达45.6‰，自然增长29.15万人①，为20世纪50年代自然增长高峰的最高值。

① 谢玲丽主编：《上海人口发展60年》，上海人民出版社2010年版，第7页。

虽然从20世纪50年代开始政府实行严厉的户籍制度,以防止人口发生大规模的迁移流动,但是在第一个五年计划完成之后,上海的生产建设取得较大成绩,出现许多企业扩招的情况,不少职工家属也随迁过来,之前动员去外地的部分人口也倒流回沪,并有一些外地农民流入上海。1957年上海的迁入人口总数达41.7万余人,迁出仅13万余人,净迁入28.3万余人,迁移增长率为42.8‰①,这一势头在1958年仍在延续。

由于人口的大量增加,当既有住宅不能满足居住要求情况之时,居民便想方设法搭建棚户扩展面积。且伴随经济发展,居民的生活水平提高,亦有能力改善居住条件,这让上海棚户区的面积在1958年前后出现了大幅增长。1958年,"部分市郊结合部划入市区,棚户简屋数量增至458.8万平方米"②。

### (二) 大量棚户的日趋破败

在上海解放后不久的棚户改造中,主要是国家出资进行外部环境改善,此后虽有房屋的修缮改造,但由于经济形式所有权的关系,此前政府将主要目光集中在了公房的新建与维修之上,有允许部分困难棚户改建扩大,但总体来说,多属于私房的棚户面貌并没有发生大的改变,政府对棚户的增高放大进行严格限制。1956年之后,上海工业真正走上发展之路,尤其是1958年,中共八大二次会议提出"鼓足干劲、力争上游、多快好省地建设社会主义"的总路线后,全国迅速掀起一股社会主义建设新高潮,工业快速化前所未有。1959年统计显示,"本市简屋棚户共约计460万平方米,住110万人约20万户(占全市人口19%)。这些房屋现在绝大部分都是产业工人和一般劳动人民居住,房屋也大部分是他们自己所有"③。但几年以来,"区有关部门对公管房屋比较注意,而对劳动人民大量集中的简屋棚户区,则关心得甚少。加上近两年建筑材料供应较紧张,住户自己想维修也难买到材料。因之简屋棚户的破漏情况已日趋严重。若干处在经常积水及沿河浜地区的棚户情况则

① 谢玲丽主编:《上海人口发展60年》,上海人民出版社2010年版,第10页。

② 上海通志上海通志编纂委员会编:《上海通志》(第5册),上海社会科学院出版社、上海人民出版社2005年版,第3561页。

③《中共上海市委员会公用事业办公室关于改善棚户居住条件报告》,上海市档案馆:B257-1-861-35。

更为严重”①。

1959年的调查中，历年整修改善较好的棚户区约占棚户总数的三成，多数是草棚席棚或破漏低矮板房的较差棚户区，约占总数的六成左右。还有二三十万平方米更差的棚户区，经常处于严重积水地区或一半架在河浜上②。报告指出，棚户的住户都是劳动人民，每天在外辛勤劳动，归来后需要充分休息，漏雨透风的现象都迫切要求修理③。居民对棚户区房屋和环境的维修改善要求很迫切。如会文路居民说："政府修大马路我们也拥护，住新工房再等八年十年也不要紧。但是现在草房又破又漏，不能不修。"④棚户的日趋破败与工人居住条件的诉求存在明显反差。

### (三) 依靠群众改善棚户思想的提出

1959年，上海市委公用事业办公室根据市委迅速改善简屋棚户居住条件的指示，召集了简屋棚户较多的闸北、普陀、蓬莱、榆林、杨浦、邑庙等区和城建、房地产部门，进行了多次座谈，了解简屋棚户的情况，讨论改善工作的方针做法和若干具体问题。"大家一致认为，适当改善简屋棚户的居住条件是目前简屋棚户区住户十分迫切要求的事情，是我们关心广大劳动人民生活疾苦的一项重要工作。做好这项工作可使广大人民更加拥护党和政府，鼓起更大干劲为促进社会主义的建设事业而奋斗"⑤。

根据1959年《关于上海城市总体规划的初步意见》的规划，卫星城和工业区的住宅建设与中心城区的棚户改造之间，存在时间上的先后顺序关系，但鉴于棚户较差的现实情况，并没有时间等待新房建成，新建与维修需同时进行。中共上海市委、市人民委员会明确提出，住宅建设"必须坚决贯彻两条腿走路的方针"，既要大量新建住宅，又要对旧住宅进行改造，"根据本市的总体规划和城市改建的速度，估

---

①《中共上海市委公用事业办公室关于改善上海市简屋棚户居住条件的报告》，上海市档案馆：A60-1-25-7。

②《中共上海市委公用事业办公室关于改善上海市简屋棚户居住条件的报告》，上海市档案馆：A60-1-25-7。

③《中共上海市委公用事业办公室关于改善棚户居住条件试点工作小结》，上海市档案馆：A60-1-25-23。

④《中共上海市委公用事业办公室关于改善上海市简屋棚户居住条件的报告》，上海市档案馆：A60-1-25-7。

⑤《中共上海市委公用事业办公室关于改善上海市简屋棚户居住条件的报告》，上海市档案馆：A60-1-25-7。

计棚户简屋在短期内还不可能加以拆除,故为积极改善广大人民的居住条件,必须坚决贯彻两条腿走路的方针。今后一方面必须在卫星城镇、近郊工业区和现有市区积极地有计划地建设新工房,加强维修、保养和充分利用现有较好的房屋;另一方面又不能不对现有的棚户简屋进行必要的适当的改善。尤其冬季即将来到,对十分破漏的棚户迅速加以维修改善是完全必要的。目前只想建造新工房等待拆除棚户的思想是脱离群众、脱离实际的"①。

1959 年 11 月 4 日,上海市委公用事业办公室印发了《关于改善本市简屋棚户居住条件的报告》,要求各区因地制宜做出全区简屋棚户三年改善规划和本年度的工作计划,并由区委书记或常委一人分工负责本区改善简屋棚户居住条件的日常工作。此后,多次开会,讨论具体改善方式,并将范围进一步明确。1959 年 11 月 19 日上午九点,上海市委公用事业办公室在市人委大厅 10 号会议室召开了关于改善本市简屋棚户居住条件的会议,房地局、城建局、物资局、土产公司、五金采购供应站等单位具体负责这项工作的部门也参加了会议。在此会议上,普陀区报告了不久前发生的棚户掉河事件。普陀全区简屋棚户共约 48 万平方米,有 13%的棚户条件极其糟糕,倚苏州河最危险的有 600 户,其中的 58 号在 11 月 9 日深夜床铺连楼板一起掉入苏州河,棚户改造刻不容缓。

但彼时因工业发展需要,大量材料与资金划拨到工业建设领域,政府意识到不充分利用居民自身力量参与其中,棚户改造便难以进行,遂决定,"简屋棚户的迁建改建可以采取自费建造,自建公助和国家投资等多种办法进行。自费建造和以自费为主、工厂企业工会福利及国家补助建造的简屋,建成后产权归个人,自管自修。全部由国家投资及工厂企业投资建造的简屋,产权归公家,建成后交房管部门或工厂企业管理维修。一般维修的费用则均可由住户自己负担。对个别少数十分困难者可发动群众互相帮助或由工厂企业及地区里弄组织酌予帮助"②。依据此思想,1959 年冬季,在全市范围内开展了群众性的简屋棚户维修改善工作。

① 《中共上海市委公用事业办公室关于改善上海市简屋棚户居住条件的报告》,上海市档案馆:A60-1-25-7。

② 《中共上海市委公用事业办公室关于改善上海市简屋棚户居住条件的报告》,上海市档案馆:A60-1-25-7。

## 二、公共参与的棚户改造试点：1959年冬季简屋棚户维修改善

在周密的安排之下，1959年冬季的棚户简屋维修改善工作有条不紊地展开了。从方针制订，到经费及劳动力的安排、组织领导和分工，以及材料的供应，都有着细致的布置，并进行了深入的思想动员，在不到三个月的时间内，共完成了141处、13 203幢的棚户简屋维修改善工作。

### （一）"因地制宜，区别对待，适当迁建改建，加强维修改善"的方针

据1959年的调查显示，全市简屋棚户共约546万平方米，占市区居住房屋的15.8%，住139万人，占市区人口的24%。分布遍及市区各个区，而以闸北、南市、普陀、杨浦等区为较多，由于简屋棚户数量庞大，情况复杂，存在的年限不一，并且住户的负担能力各异，根据市委公用事业办公室的指示，1959年的冬季改善采取了"因地制宜，区别对待，适当迁建改建，加强维修改善"的方针①，以维修改善为主。

虽然棚户的维修改善工作，是党和政府关怀劳动人民的一件好事，但这项工作并不是一经提出就被所有群众理解和接受，居民中有着不同想法和顾虑。有不少人认为不用修理，"等待政府拆掉后可搬到新工房去住，认为迟早要拆的反正住不长，要修最好由政府来修；有些人认为让它破破烂烂可以向单位申请配房子"②。而有些经济条件好的，则希望通过修缮乘机扩大一下面积，经济困难的则担心负担不起。为此，工作组和居委会不断地给居民讲政策、讲道理，并从各方面给群众帮助和支援。最终，广大居民被发动了起来，进行了维修改善。

根据不同简屋棚户地区的个体情况，各区从居民最迫切要求解决的问题出发，灵活地开展了工作。如闸北区会文路的成片草棚地区主要采取了加铺稻草、修补竹笆泥墙、改建滚地龙等措施。在杨浦的西万子桥，主要是道路弯曲狭窄，路面泥泞，经常积水，交通不畅，对此进行了重点改善。情况略好一些的普陀区西滩简屋区，都是瓦顶简屋，有六间草屋夹在瓦房中，居民提心吊胆怕发生火灾，每天都有人

---

① 《上海市房地产管理局规划处关于1959年冬季简屋棚户维修改善工作的小结》，上海市档案馆：A54-2-1218-26。

② 《上海市房地产管理局规划处关于1959年冬季简屋棚户维修改善工作的小结》，上海市档案馆：A54-2-1218-26。

进行消防值日,这六间草屋的住户本身及周围居民都要求将草房改为瓦顶,并筹集了经费,通过这次维修变草房为瓦房。由于采取了因地制宜、区别对待的方针,并一般都能符合居民的经济能力,因此工作进展顺利。

### (二) 经费及劳动力安排

此项工作开展之初,市公用办公室以及各区已经明确了经费来源和修缮后的产权归属,因为此次维修的简屋棚户多是自产自住的私房,维修费用原则上由住户自己解决,有困难者由居委证明通过工作单位解决,确实无法解决者再由政府给予补助。由于此时居民的普通就业和经济条件的提高,补助户的比重并不大,在闸北区会文路的试点区域中,补助户仅占1%。为了解决群众一时无现款的困难,有些地区采取了先发料后收款的办法。

杨浦区西方子桥在维修改善中,争取了住户所在工厂企业的支援,向工厂筹款3万余元,作为改善户外设施的经费,用于填高路面、埋设沟管以及建造公共福利用屋等。户外设施改善也有由政府拨款补助的,如在原邑庙区学院路简屋区改善中,户外设施就是由区财政拨款。

关于劳动力安排,由于简屋棚户的维修工作,技术要求不高,尤其像铺盖稻草,有不少居民反比专业工人熟练。因此劳动力一般都是通过发动居民自己动手,组织互助来解决,需要时则由少数专业力量进行支援或辅导。而对于迁建改建施工中,技术要求较高的工作,则由专业工人施工,住户参加一些辅助劳动。

### (三) 材料供应

进行简屋棚户的维修改善,在计划经济体制之下,材料供应成了一个关键问题。改建的材料需求,除了充分利用废旧料外,还需要较多的新料。此次试点,得到了市委的重视和各方面的大力支援,先后共供应了稻草3万余担,毛竹11 000支,木材232立方米以及相当数量的厘竹、笆条、芦席、元钉、铅丝、玻璃等材料,比较充裕地满足了此次改善需要,甚至部分还略有结余。

在材料使用上实行专料专用,采取了统一分配分头供应的办法,保证简屋棚户维修改善工作的进行。材料中木材、毛竹、玻璃、电线、油毛毡直接分配给房地产公司供应,稻草按分配数由区商业部或建筑材料部门储运,其他材料按房地产管理局的分配量由市区材料部门直接供应。在地区基层,“有采取由居委会或办事处打条子给居民直接去商店购买的,也有采取由房地产公司将材料发给居委在里弄供应的”[1]。总之，顺利地保证了改善用料需求。

### （四）改善效果

在此次改造中，从1959年11月开始至春节前止，不到三个月时间内共完成了141处、13 203幢的维修改善，其中草屋10 569幢，瓦屋2 634幢，新建了住房16 940平方米，公共福利用屋1 850平方米，此外重点迁建了造币厂桥旁的水上阁楼143幢，改建了闸北大统路的破烂棚户，并结合改善了部分道路下水道。通过以上工作使一些迫切需要维修改善的房屋基本上解除了危险，达到了不透风、不漏雨、温暖过冬的要求，受益户达20 600余户[2]。改善中，就地改建和拆除迁建的试点，为进一步寻求简屋棚户改建的可能提供了经验。

迁建以光复西路一带的水上阁楼作为试点。这一带共有破烂棚户计143幢，沿苏州河共长500米，共住341户，工人户占80%以上。这些房屋地势低洼，每月平均有十多次浸潮水，马桶、木盆常被冲走。这些房屋的居住条件异常恶劣，同时也影响市容观瞻。

在区建委领导下，建设科房地产公司、地区办事处、派出所等单位成立了工作组，开展了一系列的工作，如摸清住户成分、居住情况、租赁关系、丈量面积、进行思想动员等。为了争取住户所在工厂的支援配合，工作组召开了有关厂的厂长会议，并组织厂长实地参观水上阁楼，对各厂长触动很大，均表示要积极支援，不久便采取了行动。有些厂挤出房屋来安排住户，如当时国棉二厂的厂长就紧缩了自己的住房，腾出一层解决了五户的住房问题，挖掘了房屋潜力。有些厂支援了材料，有些厂支援了经费。商业部门另外安排了商业户以及住户自行设法共解决了236户，计70%。此外，利用拆除房屋的旧料在光新路新建了二层简单砖木楼房，安排了拆迁户75户。在两个月的时间内，把这些历史上遗留下来的水上阁楼全部拆除，布置了绿化，并使原来水上阁楼的住户改善了居住条件。新建的楼房两开间为一个单元，每幢50平方米，有大小八间，能分配一室户4户、二室户2户，每幢设有公用厨房。在设计时考虑了当时的经济条件和住户的生活水平，在用料上比较节约，充分

---

[1]《上海市房地产管理局规划处关于1959年冬季简屋棚户维修改善工作的小结》，上海市档案馆：A54-2-1218-26。

[2]《上海市房地产管理局规划处关于1959年冬季简屋棚户维修改善工作的小结》，上海市档案馆：A54-2-1218-26。

利用了拆除旧料,造价每平方米 28 元。新建住房平面布置较紧凑合理,使用较舒适,为迁入住户所欢迎。

改建则在闸北区大统路成片棚户地区的一小片进行,采取了原基地就地改建的办法。保留质量较好的棚户计 3 500 余平方米,整理房屋的排列,道路系统拆除了 5 400 平方米的破败房屋,新建面积 8 500 平方米,其中包括托儿所、食堂、少年宫等公共福利用屋 600 余平方米。经过改建,用地范围较改建前扩大 4 000 平方米,建筑密度由原来的 40%改变为 42.7%,除全部安排该地区的原居民 304 户外,还利用翻建房屋解决了其他拆迁户 27 户,改建后房屋一般按每人 3 平方米进行分配。

新建房屋为瓦顶砖竹结构平房,每幢连同阁楼 28 平方米,结构比较简单,施工较方便。这种房屋建造标准较低,改建后仍为平房,比较简陋,只是比原草屋提高不多,造价包括阁楼每平方米 15 元。

### (五) 试点结论

一是居民个人力量参与的重要性。通过这次的试点,各区充分意识到居民个人力量参与,对棚户改造工作的重大意义。如闸北区发动群众在两万人次以上,普陀区一万二千余人次,居民中男、女、老、少都积极参加。杨浦西方子桥有些居民原来对群众活动不积极,开会也不大愿意参加,这次维修改善把它当成是自己的事,主动向居委会表示,只要居委会提出需要多少人就来多少人,要他们做什么就做什么。闸北区会文路居民甚至在晚上利用附近单位运输车辆的空隙车运材料,冒雨熬夜工作。杨浦区有些工厂还发动了义务劳动支援西方子桥的维修改善,这些工作大大鼓舞了群众的积极性。大家一致认为,只有采取群众运动的办法,才能让广大破败的简屋棚户,在较短的时间内,达到维修改善要求。

二是必须走群众工作路线。1959 年的冬季维修工作,在各部门的配合下取得了一定成绩和收获。由于维修改善工作从居民最迫切的要求出发,因此,居民群众普遍感到满意。如杨浦区西方子桥棚户区内原来交通不畅,道路多断头弯曲,没有下水道,时常积水成片,泥泞不堪,秽息四溢,居民说:“我们这里失了火救火车开不进,生了病救护车开不进,死了人也抬不出。”经过维修整理、拓宽和新辟了三公里道路,埋设了下水道,消除了积水现象,新建了公共福利用屋,显著改变了面貌。居民们说:“过去做梦也想不到的事现在实现了,党和政府真正好。”

当然,对此次工作的缺点也进行了反思。如“有些同志认为可有可无,有些同志单纯打经济算盘，认为以后还是要拆除的，修了不划算，而不是千方百计地考虑如何使广大劳动人民在还不能彻底改善居住条件以前，适当地改善目前的居住条件。有些同志还不善于依靠地区发动群众。个别区发动群众的声势不大，行动迟缓。因此各区间或区内各组间工作的开展不平衡，完成的工作量有些区低于计划数"。提出有必要在思想上，对简屋棚户维修改善的政治意义进行纠偏提高。并指出对于改造简屋棚户的材料、费用、施工力量、规格标准等方面还需要找寻更大的途径，创造更多的办法，"这对加速而又妥善地改造本市简屋棚户是十分必要的"。坚持群众工作路线才能切实解决具体问题。

三是棚户改造可分步分批进行。这次维修改善只解决了部分问题，全市简屋棚户面广量大，其结构好坏不同，使用情况不同，在城市近期规划中所处的地位也不同，有些很快就要拆除，有些还有一定时间的保留，也还有少数必须拆迁或改建从而适当改善提高，可根据不同情况，采取不同的对待措施，分步分批进行。

总体说来，肯定了1959年冬季公共参与的棚户改造工作，认为棚户改造"这项工作必须坚持党委领导，争取各方支援配合，并采取走群众路线大搞群众运动的办法，才会多快好省地解决改善本市简屋棚户居住这样一个重大问题"①。

## 三、20世纪60年代棚户改造的扩大

通过此前的试点，"全面发动群众"成为棚户改造的新方向，并且由于居民收入水平的提高，大批棚户居民有了一定经济能力对棚户进行修缮，在政府的指导与帮助之下，20世纪60年代，公众参与的棚户改造进一步扩大。

### (一)"国家投资与发动群众相结合"

20世纪60年代初，市人民委员会公用事业办公室根据上海市委书记处会议精神，进一步提出"市区住宅建设，应结合棚户改造"。各区"采取国家投资与发动群众相结合"的办法，"即国家在技术、材料供应和土地安排方面给予帮助，改造资金

---

①《上海市房地产管理局规划处关于1959年冬季简屋棚户维修改善工作的小结》，上海市档案馆：A54-2-1218-26。

由棚户居民负担"①。

在1960年5月的上海市第三届人民代表大会第三次会议上,方美韶、吴若安、沈粹缜等作了"发动群众、积极改建棚户旧屋、加速改善市民居住条件"的发言。在"大跃进"的形势之下,认为"要多快好省地改善居住条件亦必须在党的领导下,发挥群众的积极性创造性,在技术人员具体指导下,采取房管部门,居民群众,技术人员三结合,采取因地制宜的多种办法,一起动手,发挥大家的积极性,住宅改建改造工程是完全可以完成得很好,任何困难是可以克服的"。两条腿走路方针成了解决住宅问题的主要方向,既要大量新建住宅,如曹杨新村、长白新村等,建设闵行一条街、张庙一条街等卫星城,又要对陈旧的住宅进行改造新建,这样才能加速把上海改造成为新型的社会主义城市②。

对此,上海市建设委员会马上在工作中有了倾斜。长宁区人民委员会在1960年8月29号对市房地产管理局报告,本区的棚户居住问题十分严峻,尚有简屋棚户13万余平方米,随着"大跃进"形势的发展,人民生活水平不断地提高,对居住条件的改善具有迫切要求,区人委认为可在天山二村将三层楼公房加层到四层,共10 730平方米,以解决部分居住条件很差的工人的住房问题。上海市建设委员会9月3日在第5651号文中对该函的批示意见表示同意,并且希望今后在全市范围内大力推广,称"其材料经费等,则宁可少建一些新建工房,而多拨些专款给房地局供作加层之用。这样两条腿走路可比单纯多造工房来得快,也能多解决些问题"③。对于新建工房与改建之间的用料对比,有详细的数据说明,以改建32 800平方米房屋测算,需共耗用主要材料数量为钢筋75吨,水泥745吨,木材1 086立方米,平均每平方米建筑面积耗用主要材料钢筋23公斤(新建为13公斤)、水泥为23公斤(新建为77公斤)、木材为0.033立方米(新建为0.08立方米),改建所需材料约为新建所需材料的三分之一,也就是新建1平方米的材料可以改建3平方米的房屋(其中

① 《上海住宅建设志》编纂委员会编:《上海住宅建设志》,上海社会科学院出版社1998年版,第214页。

② 《方美韶、吴若安、沈粹缜等在上海市第三届人民代表大会第三次会议上的发言材料—发动群众、积极改建棚户旧屋、加速改善市民居住条件》,上海市档案馆:B1-1-797-41。

③ 《关于计划在天山二村加层一万平方公尺的函》,载《上海市房屋调配委员会、文化局关于动迁房屋的报告、房地局党委、长宁区委关于房屋加层的报告、小结、城建局、闸北区委关于整顿改建棚户简室的报告、黄浦区委关于改建南京路初步规划和上海市基本建设委员会意见》,上海市档案馆:A54-1-222。

包括加层1平方米及改善或改造2平方米)。

**表4-1　1960年改建和新建每平方米建筑面积耗用主要材料对比表**

| | 钢筋(公斤) | 水泥(公斤) | 木材(立方米) |
| --- | --- | --- | --- |
| 改建 | 23 | 23 | 0.033 |
| 新建 | 13 | 77 | 0.08 |

资料来源：《关于计划在天山二村加层一万平方公尺的函》，载《上海市房屋调配委员会、文化局关于动迁房屋的报告、房地局党委、长宁区委关于房屋加层的报告、小结、城建局、闸北区委关于整顿改建棚户简室的报告、黄浦区委关于改建南京路初步规划和上海市基本建设委员会意见》，上海市档案馆：A54-1-222。

直观的经济数据显示出改建比原地拆光新建要便宜得多。提篮第35号街坊改建工程中，加一层改善其余两层和加一层改造其余两层的两种方式综合平均每平方米单价35.6元，而原地拆建单价需58元，改建比拆建节约38.6%。如以加层部分单价单独比较，每平方米单价52.2元仍比原地拆建节约10%，二层翻建四层每平方米51.8元与原地拆建比较也节省10.7%①。明显的用料差异，上海市建设委员会觉得通过加层增加住房面积不失为一个有效的方法，随即批复在1960年年底将在全市加层2万平方米，由房地局安排在5个区进行。尽管1959—1960年间在工业区和卫星城建设了162万平方米的住宅，但相较于市区已发展至499.9万平方米的棚户简屋面积，工房的总体比例并不能完全取代棚户，对于不可能等待新建工房解决棚户居住问题，依靠群众力量改善棚户居住环境更为可行。

1964年在《关于改造本市棚户区意见的报告》中进一步明确了棚户改造中自建公助形式的资金流向。“凡是开辟火巷、筑路、埋管、接水、改善环境卫生等费用，分别由各业务部门负责，棚户的翻建改善，由住户自行负担，但物资部门要解决必要的木材、竹材、砖瓦等货源，各工厂企业单位对所属单位，尽可能在材料、劳动力上予以支持”②。棚户区改造，既不可能完全由住户自己进行，也不可能完全由国家包

① 《关于增拨部分材料加速旧城改建的意见》，载《上海市房屋调配委员会、文化局关于动迁房屋的报告、房地局党委、长宁区委关于房屋加层的报告、小结、城建局、闸北区委关于整顿改建棚户简室的报告、黄浦区委关于改建南京路初步规划和上海市基本建设委员会意见》，上海市档案馆：A54-1-222。

② 《上海市建设建设局关于改造上海市棚户区意见的报告》，上海市档案馆：B11-2-81-1。

下来。因此采取自建公助,既能实事求是地解决问题,同时也能调动住户的积极性。

### (二) 20世纪60年代出现棚户自我翻建扩大的趋势

在政府的帮助之下,棚户居民的自我翻建不断扩大。进入20世纪60年代,经过之前十年的逐步翻建,大多数棚户已从草棚变成简单的棚屋,以斜土路街道为例,该街道共有居民11 517户,其中棚户居民4 534户,棚户占居民总户数的40%。根据对茶一、龙华、兆丰3个里委1 256户棚户的初步调查,几年来经过翻建和修理的约占80%。1963年以前是修理的多,翻建瓦房的少,而且是小修小补的多,大修理的少;此后两年中,则翻建瓦房的多,修理的少,而且有的翻造成楼房。其中龙华里委第18小组原有草棚21户,1963年之后有19户翻建为瓦房,其中4户改造成了楼房。居民说终于"矮草棚变瓦房,平房翻楼房"①。

居住在平凉村59号的朱秀英一家,之前是用10担米的钱买下的平凉路一间破旧小棚屋,面积只有8平方米,家中大小8人实在无法居住,只好又搭了一张小吊铺间,房子常常漏雨,修也修不好,一到夏天闷热得像蒸笼夜晚都不能入睡,为此,一家大小吃尽了苦头。她说过去梦想即使能够住到隔一道墙的平凉村房屋的灶间也心满意足了,想不到通过改建之后,从此抛弃了这些痛苦,迁入了曾经梦想许久的平凉村中,而平凉村却比以前更美更好了,面积有23平方米,比过去宽敞了几倍②。

棚户居民以往的居住情况大多是门口煤炉,门后马桶,阁楼低得不能伸腰,甚至有些人家遇到下雨睡觉要撑伞,天热则无法入睡。如遇大雨,潮水高及棚户的门顶,甚至仅差几十厘米,家具都被浸没,居民只得避水他处。通过改建,棚户居民们搬进楼房,不光房屋整体变化,内部生活设施也十分便利。国棉十七厂的一家工人住户,一家五口原住一个底客堂和二层阁,后来分配进榆林里4号44室前楼一间,面积14平方米,虽然居住面积比过去包括阁楼在内的居住面积少了3.6平方米,但他感到很满意。因为他的妻子长期患肺结核不能上班,新住处有了煤气灶和卫生设备,又因改建后的房屋光线好,空气畅通,改变了过去每天要生煤球炉子,半夜起来倒马桶等繁重家务劳动,得不到较好的休养条件的情况。他们一家表示一定能

---

①《上海市工商行政管理局关于斜土街道个体泥木工翻修棚户的情况材料》,上海市档案馆:B182-1-1288-170。

②《虹口区(提篮)第35号街坊改建试验工程小结》,载《上海市房屋调配委员会、文化局关于动迁房屋的报告、房地局党委、长宁区委关于房屋加层的报告、小结、城建局、闸北区委关于整顿改建棚户简室的报告、黄浦区委关于改建南京路初步规划和上海市基本建设委员会意见》,上海市档案馆:A54-1-222。

把病养好，早日恢复工作，为社会主义建设多出一把力。居民中很多工人和家属谈到：过去我们做梦也没想到能住这种房子，只有共产党才能这样关怀我们。还有一些经常上夜班的工人，像国棉十七、十九厂工人就有数十户特别体会到改建后的好处，不仅获得了宁静的居住条件，能够得到充分休息，而且用上了煤气厨房，只要火一点，十分钟就解决夜餐，他们纷纷表示有说不尽的甜头①。

伴随着翻建条件的成熟，棚户翻建数量的渐次增多。1962 年，徐汇区全区居民申请翻修房屋执照为 65 户，而 1964 年仅斜土街道申请的达 361 户，等同于 1962 年全区申请数的 5 倍半。1965 年 1 月至 8 月间，该街道有 223 户居民向区建设科申请翻修执照，9、10 月的申请达 81 户。对 2 个小组(土一里委第 18 小组和土二里委第 12 小组)42 户棚户的调查，两年之内翻建瓦平房的 6 户，改造楼房的 9 户，已经准备翻建的有 13 户②。这些变化依赖于棚户居民生活水平的提高，并有不少企业提供贷款与补助等措施帮助翻建，建筑材料供应情况也不断好转。这些都让居民有条件对原本破旧的棚户进行翻修。

尽管这些棚户翻建后的房屋标准比同时期新建的一般住宅要低一些，房屋内部设备也简单一些，居民还是激动不已，“原来檐口不到三尺高(三市尺)的破草房，在短短的几天内变成了这样的‘小洋房’，只有在共产党、毛主席领导下才能做得出来，草房翻成瓦房体现了我们劳动人民的翻身”③。此后，棚户改造步伐进一步加快。

1965 年，南市、杨浦、普陀三个区利用市场所能供应的材料，6 个月内在部分地区组织居民自行翻建房屋达 1 200 平方米。其中南市区在复兴东路里咸瓜街西村里委会，居民依靠自己的力量，将 80 多座零乱低矮的草棚翻建成了 14 幢两层楼房，并计划继续翻建 18 幢。这种方式不仅工作协作方便，造价也较低，一幢 27 平方米的楼房，只需 650 元，每平方米 20 元左右，已翻造的居民，平均每人建筑面积从 2 平

---

① 《虹口区(提篮)第 35 号街坊改建试验工程小结》，载《上海市房屋调配委员会、文化局关于动迁房屋的报告、房地局党委、长宁区委关于房屋加层的报告、小结、城建局、闸北区委关于整顿改建棚户简室的报告、黄浦区委关于改建南京路初步规划和上海市基本建设委员会意见》，上海市档案馆：A54－1－222。

② 《上海市工商行政管理局关于斜土街道个体泥工翻修棚户的情况材料》，上海市档案馆：B182－1－1288－170。

③ 《上海市城市建设局关于贯彻执行“处理违章搭建棚屋和改造棚户区意见”情况的报告》，载《南市区西村居委会棚户改建的经验——西村居委会花园弄组织群众改建工作的小结》，上海市档案馆：B257－1－4431－1。

方米提高到5平方米,居民们改善了居住条件十分高兴,这也改变了建筑管理中政府与个人被动、紧张的情况①。尽管在公有制主体下,个人力量的加入有扩大私房现象的存在,但棚户改造的主要性质和本质内涵是改善劳动人民的生活状况,居民个人力量的加入不失为棚户改造的一条有效途径。

1966年2月,上海市人委发出“组织群众自行改建棚屋”的通知②,这份通知发出之后,至当年10月底,各区已建和正建中两层楼房566幢,三层楼房76幢,建筑面积共24 210平方米③。

**表4-2　1966年2月—10月群众改建棚屋统计表**

| 区　　域 | 两层数量(幢) | 三层数量(幢) | 面积(平方米) |
|---|---|---|---|
| 闸北 | 169 | 21 | 7 380 |
| 杨浦 | 55 | — | 1 610 |
| 普陀 | 159 | 12 | 6 070 |
| 长宁 | 15 | 8 | 1 030 |
| 虹口 | 32 | 8 | 1 414 |
| 南市 | 19 | 21 | 1 770 |
| 黄浦 | 9 | — | 307 |
| 徐汇 | 58 | 6 | 2 979 |
| 卢湾 | 32 | — | 1 120 |
| 静安 | 18 | — | 530 |

资料来源:《上海市城市建设局关于组织群众改建棚屋工作情况汇报》,上海市档案馆:B257-1-4872-1。

① 《上海市城市建设局关于贯彻执行“处理违章搭建棚屋和改造棚户区意见”情况的报告》,上海市档案馆:B257-1-4431-1。

② 《上海市人民委员会关于批转上海市人民委员会公用事业办公室关于组织群众自行改建棚屋的报告的通知》,上海市档案馆:B11-2-106-38。

③ 《上海市城市建设局关于组织群众改建棚屋工作情况汇报》,上海市档案馆:B257-1-4872-1。

从上海解放后到20世纪60年代中期，十多年的棚户改造虽然是在政府统一监管下进行的，但总体来说，还是局部零星的改造多，修修补补的多，受制于整个经济环境与城市发展方向，棚户改造没有实力统筹统一进行，均是分步分块分批改善。棚户改造的最终目标是解决居民的实际住房困难，扩大居住面积和改善居住水平，随着社会政治、经济的发展，统一规划下的整体改造是大势所趋，进入20世纪90年代后，棚户改造融入城市旧区改造，上海城市面貌才发生大的改变。

## 四、缺乏规划与指导的私人改造的隐患

群众力量的加入，无疑大大推进了棚户改善的速度，群众积极性被调动起来，但速度之快超过了预估。缺乏统一规划的零星修缮导致房屋布局混乱、高低凹凸、零乱交错，城市面貌大受影响，这一系列问题让管理部门不得不对棚户改造的监管进行调整。

### (一) 形式杂乱

由于允许居住困难居民零星自建或改建棚户，而不是在统一规划之下进行，导致翻建后的房屋规格不一，形式杂乱。一般居民只关注了私人领域的改善，甚至抢占室外公共空间。改建后的房屋普遍室内住房较宽，室外环境较差，不少搭在河浜边、弄堂口、人行道上，高压输电线下和地下管道上，严重妨碍了交通、消防，并不合乎城市建设规划要求。并且棚户区内原建筑已相当拥挤，搭建后影响邻居通道、采光、通风的现象时有发生，南市、杨浦等区居民都曾因此发生争吵、打架。经过无序翻建后的棚户又成了“失了火救火车开不进，生了病急病救护车开不进，死了人也抬不出”的麻烦地带。甚至有部分居民气愤地称自己棚户区的路是“阎王路”“绝后代路”①。

### (二) 施工草率

1959年11月，上海市委公用事业办公室报告提出，由于工业生产的进行，专业的建筑劳动力无暇顾及棚户改造，改善简屋棚户居住条件应该主要依靠组织群众自己出力自己动手，实在是迁建改建任务较重时间又较紧迫的地区，再由各区抽调

---

①《中共上海市委公用事业办公室关于简屋棚户维修改善情况简报》，上海市档案馆：A60-1-25-18。

区的修建、房管部门部分修理力量及工厂企业的劳动力进行支援。在材料供应方面,改善简屋棚户应尽可能利用原有房屋旧料,并充分发挥住户及所属工厂企业的旧废料①。这些做法导致棚户得不到及时修缮,并且由于材料品质问题导致修缮质量并不过关。

虽然在简屋棚户改造中有使用一些新的材料,但总体上还是旧废料为多,有些用料简陋的棚屋,刚搭好就已成为危险房屋。闸北区大统路地区曾在1960年9月的翻建工程中发生山墙倒塌事故②。不合格的材料和不规范的施工,让公共参与的棚户改造问题丛生。

1961年,闸北区房屋拆迁工作在检查情况汇报材料中谈到了这些问题:"棚户改建的工程材料均系计划外自筹的,有的是组织地区生产的,有的是外地采购来的,规格品种不一,未经严格检验,不论好坏,有什么就用什么,施工力量主要依靠地区群众,缺乏施工经验,现场又无严格的技术管理,不按操作规程施工的情况普遍发生,例如煤渣砖墙有的塞头也没砌,在承重关键部分也是到处存在将大小不同、标号不同甚至不合规格的煤硅砖随便拼凑使用的情况,这就不可能保持承受均衡的负荷。检查中发现有的煤渣砖仅8—9级,询问这种不合规格的煤渣砖到底用了多少,用在什么地方,竟无人能够回答,此外楼板、搁栅等材料加工和现场操作也均有不同程度的工程质量问题。经组织建工局和民用院等单位检查,一致认为整个房屋结构的整体性和刚度不够,存在严重工程质量事故,不经加固补救,不能住人。"③以改善劳动人民居住条件为初衷的棚户改造在具体执行过程中严重变了样,说到底这些问题产生的根源还是因为资源匮乏。

### (三)对集体劳动的挑战

由于居民翻修棚户的日益增多,房屋修建服务部门技术力量薄弱,催生个体泥木工增多的情况。1965年,经徐汇区建设科发给执照翻建的167户,由区服务站承

---

①《中共上海市委公用事业办公室关于改善上海市简屋棚户居住条件的报告》,上海市档案馆:A60-1-25-7。

②《闸北区房屋拆迁工作检查情况的汇报材料》,载《上海市房屋调配委员会、文化局关于动迁房屋的报告、房地局党委、长宁区委关于房屋加层的报告、小结、城建局、闸北区委关于整顿改建棚户简室的报告、黄浦区委关于改建南京路初步规划和上海市基本建设委员会意见》,上海市档案馆:A54-1-222。

③《上海市房屋调配委员会、文化局关于动迁房屋的报告、房地局党委、长宁区委关于房屋加层的报告、小结、城建局、闸北区委关于整顿改建棚户简室的报告、黄浦区委关于改建南京路初步规划和上海市基本建设委员会意见》,上海市档案馆:A54-1-222。

建的7户仅占4%，其余160户大部由个体户进行施工。上海市工商管理局认为，这是“滋长资本主义自发势力”的行为，严重损害了集体经济的利益[①]。对于棚户改建，本应根据执照上的规定进行建设，不能有超越执照放宽升高的行为，服务站在施工上一律按执照规定办事，但个体泥木工往往根据居民要求进行扩建，在材料使用和施工上并不按规定办理，导致不少个体泥木工施工的房屋出现翻建后不久房屋倾斜、墙壁裂开与屋面漏雨，甚至墙壁裂缝脱落的情况，为此居民也怨声载道。

棚户改造居住环境的需求与私自改造中的混乱，让管理部门意识到必须对棚户改造进行引导。上海市人民委员会公用事业办公室在总结棚户区改建和建筑管理经验的基础上，认为群众改造棚屋的需要和材料、构件的供应及施工力量之间有较大的矛盾，如不注意适当调节控制，很好地把需要与可能结合起来，它将会冲击国家计划，直接影响重点建设和经常维修的需要。其次，棚屋的改建涉及棚户区的改造及其他城市建设的统筹安排，如果不事先做好改造的全面规划，到处发动群众或是放任群众自行改建，将在某些方面重蹈旧棚户区的覆辙，给今后城市建设和改造工作带来不利。为此，组织群众自行改建棚屋必须有领导、有规划、有计划、有步骤地进行，既要积极，又要稳妥。同时肯定了，依靠群众自力更生改建棚屋适当解决居住问题，是“作为国家新建住宅，改造棚户区的一个辅助部分，完全是可能的，也是必要的。这样做不仅有利于生产和生活；有利于改善消防、人防和城市建设条件；也有利于群众团结互助，提高社会主义觉悟，成为引导群众参加革命，参加城市建设和管理的一个重要方面”[②]。但也强调，棚户居民自行翻建棚屋，城建部门严格加强管理，不得让其无规划地随便搭建。

1966年2月，上海市人委回复公用事业办公室，认同其建议，并明确指出，“组织群众改建棚屋，既要依靠群众自力更生，又要坚持自愿原则，以群众自己出钱改建为主，国家帮助为辅。组织群众改建棚屋所需要的材料，除了动员群众充分利用旧料以外，有关部门应当予以安排解决。同时，改建棚屋涉及整个棚户改造和城市

① 《上海市工商行政管理局关于斜土街道个体泥工翻修棚户的情况材料》，上海市档案馆：B182-1-1288-170。

② 《上海市人民委员会关于1966年组织群众自行改建棚屋的报告》，上海市档案馆：B257-1-4431-36。

建设规划的问题,城市建设、规划建筑等部门要全面安排,统筹规划"①。但不久,"文革"开始,公共参与的上海棚户改造停摆。

## 第二节　城市规划发展与棚户成街成坊改造

从1958年开始,除了对既有棚户的原地改善,根据全新的城市规划和建设要求,还有不少棚户开始了成片拆除改造,"让广大劳动人民生活过得更美好、更舒畅"成为全新的城市规划发展要求②,因此,市区棚户成街成坊拆除,建设成为功能完整的居住社区。棚户改造从单线的局部改善,发展为各部门合力推进的系统工程。根据城市规划的安排,1958—1962年间主要是积极开拓建设近郊工业区和卫星城的住宅新村,为市区旧房棚户改建准备条件,这也与工业发展和卫星城人口转移相匹配。此后,市区棚户拆除改造开始大面积进行。从1963年到1966年,全市棚户改造达47.9万平方米③,蕃瓜弄棚户区被改造为市区内第一个5层楼房群的工人新村,蕃瓜弄的拆除新建为改造旧区、顺利安排动迁户摸索出了一些有益的经验。

### 一、城市规划思想发展之下的棚户拆除改建

城市规划是国家管理城市的必要手段,"是城市建设发展的蓝图,是为了实现一定时期内城市的经济和社会发展目标而制定的确定城市性质、规模和发展方向和合理城市土地利用政策的规划,它的主要任务是协调城市空间布局,综合部署城市的各项建设"④。城市规划在城市建设中具有超前作用和指导作用,1949年以

---

①《上海市人民委员会关于批转上海市人民委员会公用事业办公室关于组织群众自行改建棚屋的报告的通知》,上海市档案馆:B11-2-106-38。

②《上海城市规划志》编纂委员会编:《上海城市规划志》,上海社会科学院出版社1999年版,第98页。

③《上海建设》编辑部编:《上海建设(1949—1985)》,上海科学技术文献出版社1989年版,第102页。

④ 赵永革、王亚男:《百年城市变迁》,中国经济出版社2000年版,第65页。

来，上海总体规划中对于住宅建设和棚户改造的内容，根据历史阶段的特点不断调整。

## (一) 解放初期上海城市规划的发展

近代以来，由于上海租界的存在，四国三方的格局，上海未能践行整体的城市规划，华洋分治致使住宅建设长期缺乏统一规划，布局凌乱，发展也不平衡。“在市区内环境较好的西南地区，主要有房屋质量较好、建筑标准较高的公寓、独立式花园住宅及新式里弄住宅；在市区中心的商业地带，一般为旧式里弄住宅；在市区边缘以及工厂、仓库、车站、码头附近，大多为简屋、棚户。很多住宅与工厂交错混杂，居住环境恶劣，缺少各类服务设施。所有这些，是旧上海住宅在建造过程中没有进行统一规划所造成的后果。”①上海解放后，政府花了很大努力来管理和建设城市，为了更科学有序地达到这一目的，根据每个时期不同的具体情况编制了一系列城市规划方案。

1949 年 12 月，苏联专家小组来上海指导城市建设规划工作，专家组成员巴莱尼柯夫在 1950 年 3 月提出了《关于上海市改建及发展前途问题》的意见书，意见书认为上海是一个畸形发展的消费城市，要根据社会主义原则，把消费城市改变为生产城市。他对人口、城市布局等提出了一系列指导意见，仍以已有市中心区为将来市区的中心，在住宅布局上，“主张五角场建设第一住宅区，该处有空余的土地、发达的道路和交通网、可供行政及文化设施的建设；沿市区西南边缘沪杭铁路方向设立第二住宅区；离市中心区最近的浦东区可发展第三住宅区；市中心区作为第四住宅区，在编区内进行大规模的卫生工程，包括房屋内增设厕所、装接下水道、整顿清理河浜、在空地上修建绿地、在马路二旁种植行道树等”②。这些设想因历史原因未能全面实施，但推进了上海城市规划工作的开展。

1951 年 4 月，中共上海市委、市人民政府提出城市建设为生产服务、为劳动人民服务、首先为工人阶级服务的方针。据此市政建设委员会于 1951 年 10 月编制了《上海市发展方向图(草案)》，在住宅用地方面，“为保证市民居住卫生，改善生活环

---

① 《上海住宅(1949—1990)》编辑部编：《上海住宅(1949—1990)》，上海科学普及出版社 1993 年版，第 17 页。

② 《上海城市规划志》编纂委员会编：《上海城市规划志》，上海社会科学院出版社 1999 年版，第 90 页。

境,仍安排原市区人口向四周扩散”[①],规划了以新建的曹杨新村和小洋桥为基础,逐渐向西向北发展的新住宅区等工人新村建设,首批工人新村包括二万户建设按此规划进行。

1953 年 9 月,苏联城市规划专家穆欣来沪,指导编制了《上海市总图规划示意图》,提出“上海工厂分散,为使居民尽量靠近工作地点,认为四面都可发展,在约需 360 平方公里的居住地内,应划分成 20—30 个居住区”[②]。解放初期上海的城市规划强调了新建住宅的安排,这些成为当时上海城市建设的依据。

### (二) 1956 年的《上海市 1956—1967 年近期规划草案》

上海城市建设真正迎来发展契机是在 1956 年毛泽东发表《论十大关系》之后,毛泽东提出好好利用和发展沿海工业的老底子以支持内地工业,中共上海市委及时提出了上海工业“充分利用,合理发展”的方针。在新的形势下,上海市规划建筑管理局于同年 9 月编制了《上海市 1956—1967 年近期规划草案》,提出了除原有沪东、沪南和沪西三个工业区内的大部分工厂可以就地建设、改造外,并提出了建立近郊工业备用地和开辟卫星城的规划构想。

关于住宅建设,规划草案提出,“12 年内规划建设住宅 1 000 万平方米,平均每人 4 平方米,可以使 100 多万人的居住情况得到改善,某些人口密度在每公顷 3 000 人以上的街坊,逐步减至 1 000 人左右。住宅建设基地分别利用市区空地和在周围新辟居住区”[③]。这个规划对城市建设,特别是对兴建卫星城提前做了准备。

### (三) 1958 年的《上海市 1958 年城市建设初步规划总图》

1958 年,“大跃进”运动开始,为了适应新的形势发展需要,当年 4 月,市规划局编制出《上海市 1958 年城市建设初步规划总图》。

在住宅建设方面,正式提出改建旧区简棚屋区,以改善劳动人民居住条件。“规划分析在建成区内居住街坊用地共 46.05 平方公里,其中棚户占地

---

① 《上海城市规划志》编纂委员会编:《上海城市规划志》,上海社会科学院出版社 1999 年版,第 91 页。

② 《上海城市规划志》编纂委员会编:《上海城市规划志》,上海社会科学院出版社 1999 年版,第 94 页。

③ 《上海城市规划志》编纂委员会编:《上海城市规划志》,上海社会科学院出版社 1999 年版,第 96 页。

6.05 平方公里，一层建筑占地 15.07 平方公里，二层建筑占地 19.16 平方公里，三层建筑占地 5.49 平方公里，四层以上建筑占地 0.28 平方公里。棚户和一层建筑共占地面积 21.12 平方公里，占居住街坊用地的 45.87%，而四层以上建筑占地面积仅占 0.61%(不包括公共建筑)。规划采用四层以上的住宅，每公顷建造 1.5 万平方米，则棚户及一层建筑改建后可建住宅 3 150 万平方米，有一定潜力"①。这个规划确定了以后棚户区拆除改造建设多层住宅的新方向。

### (四) 1959 年的《关于上海城市总体规划的初步意见》

1958 年，国务院将江苏 10 县划归上海，为上海的发展提供了重要条件。这对扩大工业建设规模和卫星城建设意义重大。上海市委明确指出："上海城市规划与建设的基本任务是：结合旧市区工业的改组与调整，逐步在外围建设卫星城镇，安排必要的新建与迁建工业用地，逐步减少旧市区人口至 300 万左右，彻底消灭棚户，改建旧住宅与建设新住宅，开辟干道广场，大量增加绿化与公共建筑，让广大劳动人民生活过得更美好、更舒畅。"②

据此，上海在 1959 年 10 月完成了《关于上海城市总体规划的初步意见》，"提出逐步改造旧市区，严格控制近郊工业区，有计划地发展卫星城镇的城市建设方针"③。

1959 年的意见认为，市区现有的 2 700 多万平方米正式住宅和 460 万平方米棚户简屋，60%左右是抗日战争前建成的，大都已经陈旧，建筑密度很高，为分阶段改变城市面貌，提出市区外围新建与旧区改建同时并举，"近期以外围地区新建为主，为旧区大规模改建创造条件"④。这个意见还规划了具体的棚户简屋消除时间。

---

① 《上海城市规划志》编纂委员会编：《上海城市规划志》，上海社会科学院出版社 1999 年版，第 97—98 页。

② 《上海城市规划志》编纂委员会编：《上海城市规划志》，上海社会科学院出版社 1999 年版，第 98 页。

③ 《上海城市规划志》编纂委员会编：《上海城市规划志》，上海社会科学院出版社 1999 年版，第 98 页。

④ 《上海城市规划志》编纂委员会编：《上海城市规划志》，上海社会科学院出版社 1999 年版，第 101 页。

**表 4-3 1959 年消灭棚户简屋的时间规划表**

| 阶 段 | 时 间 | 目 标 | 主要内容 |
| --- | --- | --- | --- |
| 第一阶段 | 8—10 年 | 消灭棚户、简屋,城市重点地区面貌改观 | 拆除全部棚户 460 万平方米,和其他六级房屋 90 万平方米,以及五级以上房屋 150 万平方米 |
| 第二阶段 | 15—20 年 | 改造陈旧(旧式里弄)房屋,使城市面貌根本改观 | 全部五级房屋 750 万平方米,四级以上房屋 150 万平方米 |

资料来源:《上海城市规划志》编纂委员会编:《上海城市规划志》,上海社会科学院出版社 1999 年版,第 101 页。

根据 1959 年的规划,两个阶段共需拆除全部棚户、简屋、旧式里弄,约占居住房屋 2 700 万平方米(不连棚户)的 40%。规划意见还强调,"由于用地缺乏,市区内建造住宅最低四层,还需要修建相当数量八层以上的高层住宅,以腾出更多土地进行绿化、修建公共建筑"①。改变市中心面貌和建成功能完善的居住小区,成为此后上海市区棚户区改造的规划要点。

**表 4-4 1949—1966 年上海总体规划文件中有关住宅建设与棚户改建内容表**

| 年份 | 总体规划文件名 | 住宅建设与棚户改建规划要点 |
| --- | --- | --- |
| 1950 | 《关于上海市改建及发展前途问题》的意见书 | 主张市中心区为将来市区的中心,规划 4 个住宅区 |
| 1951 | 《上海市发展方向图(草案)》 | 规划曹杨新村、二万户等工人新村住宅建设 |
| 1953 | 《上海市总图规划示意图》 | 提出工人应分散居住,以靠近工厂为原则,可划分为 20—30 个居住区 |
| 1956 | 《上海市 1956—1967 年近期规划草案》 | 住宅建设应利用市区空地和在周围新辟居住区,提出卫星城构想 |

① 《上海城市规划志》编纂委员会编:《上海城市规划志》,上海社会科学院出版社 1999 年版,第 101 页。

续　表

| 年份 | 总体规划文件名 | 住宅建设与棚户改建规划要点 |
| --- | --- | --- |
| 1958 | 《上海市1958年城市建设初步规划总图》 | 正式提出改建旧区简棚屋区，结合旧市区工业改组与调整进行，减少市区人口，逐步在外围建设卫星城镇 |
| 1959 | 《关于上海城市总体规划的初步意见》 | 明确8—10年时间彻底消除棚户，市区外围新建与旧区改建同时并举，近期以外围地区新建为主 |

资料来源：根据《上海城市规划志》编纂委员会编：《上海城市规划志》，上海社会科学院出版社1999年版，第89—101页整理。

上海城市规划的六个文件，根据内容偏重，可分为两个阶段，1950年、1951年、1953年和1956年的四个总体规划都强调了新建住宅的方向，1958年的《上海市1958年城市建设初步规划总图》，首次明确提出改建旧区简棚屋区，1959年的规划进一步明确了棚户消除的时间与旧区改建步骤。规划的调整显示了政府对上海城市建设和规划的逐步重视，以及从未改变过的改善民众居住条件的决心，上海市政府陆续编制的城市总体规划为住宅建设和棚户改造提供了方向和改建依据。

### (五) 统一规划之下成街成坊拆除改建的发展

按照上海城市规划的发展要求，强调合理使用土地，需要有计划地改变城市面貌，1959年开始除了对现有简屋棚户适当进行改善外，一律不准再新建草房或席棚①。为拓宽干道，改善市容，大批主干道两侧的棚户开始拆除，1959年11月，市人民委员会决定，将中山北路、中山西路、中山南路加以连接，拓宽成为中山环路。第一期工程中，虹口、闸北、普陀、长宁、徐汇等区共拆除棚户、简屋84 500平方米，易地新建住宅10万平方米，用于安置拆迁居民。至1963年底，市区结合各项建设共拆除棚户、简屋74万余平方米，有16万人住入新居②。上海城市面貌在统一规划建设之下得到了较大改善。

但受三年困难时期及后来“文化大革命”的影响，上海的棚户改造步伐并未按

① 《中共上海市委公用事业办公室关于改善上海市简屋棚户居住条件的报告》，上海市档案馆：A60-1-25-7。

② 《上海住宅建设志》编纂委员会编：《上海住宅建设志》，上海社会科学院出版社1998年版，第219页。

1959年的城市规划完成全部改造任务,只有部分住户比较集中和公用设施简陋的棚户地段完成了成片改建。

1960年,原南市区人民政府在瞿真人路(今瞿溪路)南市区段拆除了全部棚户,新建成混合结构、功能齐全的五层楼住宅3 500平方米。从这一时期往后,上海的旧房改造,特别是棚户、简屋和危房的改造,"都是成街成坊通盘改造,不零打碎敲;拆除重建,保持居住功能;搞好市政公用设施和公共服务设施的配套建设,创造良好居住条件,形成优美环境"①。但这段时间内因财力不足,棚户、简屋全部拆除改造的基地不多,规模不大,直到1963年蕃瓜弄棚户区改造后,才出现显著变化。

蕃瓜弄是上海市区内第一个由棚户区改造成的5层楼房群工人新村,由于蕃瓜弄改造的成功试点,接着各区普遍"采取国家投资与发动群众相结合"的办法,仅1966年,"全年翻建新屋968幢,建筑面积41 840平方米"②。

棚户改造的内容,在不同历史时期呈现出不同的侧重点。在上海解放后棚户改造之初,首先对棚户外面的公共领域进行了改造,彼时棚户改造的重点实为棚户的户外环境,铺设下水道,设置垃圾站、给水站,平整道路等属于户外公共领域部分,由政府出资建设。此后,由于人口增加等因素,居民更迫切希望改善室内属于自己私人领域的棚户空间,政府在棚户搭建管理中时有所松弛,随着城市管理与建设的发展,整理市容和保证住宅区的功能完善成为棚户改造前设计考虑的要点。棚户改造不再是单纯的空间改善,而是纳入城市整体发展规划中实施改造。

上海在1950—1966年间,共拆除旧住宅116.5万平方米③,棚户区的改造从解放初期对室外环境的简单关注,发展为拆除重建成功能相对完整的居住社区。

## 二、卫星城建设与市区棚户拆除

上海卫星城建设为丰富改善上海的工业布局发挥了重大作用,同时也是市区棚户改造的重要支撑。

---

① 《上海住宅(1949—1990)》编辑部编:《上海住宅(1949—1990)》,上海科学普及出版社1993年版,第6页。

② 《上海住宅建设志》编纂委员会编:《上海住宅建设志》,上海社会科学院出版社1998年版,第214页。

③ 《上海工运志》编纂委员会编:《上海工运志》,上海社会科学院出版社1997年版,第557页。

在1949年到1952年的国民经济恢复时期，上海的工业布局几乎没有大的变化。在城市发展上，由于不可能有大规模的投资，主要是有针对性的一些局部和零星投资，在解决城市中最迫切的住宅问题时，只能采用整理改善棚户区外部环境和在旧区边沿扩大一些用地的办法，新建住宅主要是1951年开建的曹杨新村和1952年新建的二万户工房。从1953年到1957年的第一个五年计划期间，上海的工业布局和城市发展，开始转入一个新的阶段，在全国范围内明确了沿海与内地的关系之后，1956年上海市委提出"充分利用、合理发展"的方针，在工业布局上，出现了彭浦、桃浦、北新泾、漕河泾等近郊工业区，为适应工业布局，在住宅建设上，一方面是填空补实，一方面是由内而外，发展近郊区。上海在各个阶段的工业布局和城市发展方式，是根据当时客观经济发展情况作出的决定。

1958年，中共八大二次会议提出"鼓足干劲、力争上游、多快好省地建设社会主义"的总路线后，全国迅速掀起一股社会主义建设新高潮。在全国大跃进的浪潮中，上海的工业基建项目大大增多，1958年柯庆施在市人民委员会全体会议上提出："上海今后的建设与改造的方针与任务，要使上海在生产、文化、科学、艺术等方面建成为世界上最先进的城市之一，要使广大人民的生活越来越美好舒畅。……上海今后的工业建设，应该向高级的、大型的、精密的方向发展，文化教育、科学艺术也都要向先进方向发展，使上海成为美丽的花园城市。"①但是怎样布局，怎样改建，才能将上海建成社会主义最先进的城市呢？近郊工业区已不能全部满足大量新建、迁建工业的要求，工业布局急需改变，并且上海的旧城区存在着很多问题，旧城区内居住、工厂、仓库、机关、文物古迹互相混杂的情况相当普遍。特别是工厂，散而多，小而挤，加上旧城区人口密度高，用地紧张，居住绿化标准低，交通负担过重，原有城市迫切需要改建。

如何统筹安排，既考虑工业分布问题，又结合上海城市未来发展方向，卫星城建设提上日程。其实在1956年上海就开始了卫星城镇的规划选点工作，但是当时上海市政府并没有把建立卫星城镇作为上海城市发展方向来仔细研究，对于这个方向的深刻意义，直到大跃进时才逐渐有所认识。针对这些问题，卫星城建设有着明确目的，"在于分散市区工业和人口，为工业向高、大、精、尖方向发展，改建旧市

---

①《中共上海市城市建设局委员会关于上海工业布局和城市发展方面的若干体会》，上海市档案馆：A54-2-638-14。

区,建设现代化的新上海,以满足劳动人民日益增长的物质和文化生活的需要,并且为城乡差别的最后消灭创造有利的条件”①。于是开始了“逐步改造旧市区、严格控制近郊工业区、有计划地发展卫星城镇”的城市建设方针。

从1958年夏天起,闵行和吴泾卫星城开始了有计划的建设,至1959年底,上海明确建设的卫星城达六个,按照规划,六个卫星城有着各自的工业建设和发展方向。

卫星城选址和工业布局是上海市委、市政府在对各方面条件进行科学、全面衡量之后的统筹安排,表4-5所示不同卫星城有着各自不同的工业建设重心,分工明确的工业布局其实指向于同一个目标:上海工业尤其是重工业的建设及发展。

**表4-5 1959年底上海市卫星城工业布局及人口规划表**

| 名称 | | 性质 | 与市区距离(公里) | 规划总人口(万) |
|---|---|---|---|---|
| 卫星城 | 闵行 | 机电工业 | 31 | 20 |
| | 吴泾 | 煤综合利用的化工 | 22 | 8 |
| | 嘉定 | 科学研究,精密仪器 | 34 | 12 |
| | 安亭 | 机械工业 | 33 | 10 |
| | 松江 | 综合 | 39 | 20 |
| | 浏河 | 化工 | 39 | 10 |

资料来源:《建筑工程部上海规划工作组关于上海城市总体规划的初步意见》,上海市档案馆:A54-2-718-34。

卫星城除了是工业发展的需要,也承担疏散中心城区人口的功能,随着国民经济的不断发展,人民的物质、文化生活水平不断提高,广大居民迫切要求改善居住条件和生活环境,而旧市区除了工业、仓库、铁路用地外,只有75平方公里的生活居住用地,每人平均生活用地只有13.7平方米②,还存在大量棚户和阁楼,和一般现

① 《中共上海市城市建设局委员会关于上海工业布局和城市发展方面的若干体会》,上海市档案馆:A54-2-638-14。

② 《关于上海工业布局和城市发展方向的若干体会》,上海市档案馆:A54-2-638-14。

代大城市规划用地指标相差甚远。如果继续保持当时上海市区 580 万人口，则不可能降低建筑密度和人口密度，也不可能增加绿地和公共建筑，居住环境将难以根本改善，旧城市面貌也就无法彻底改观。因此要逐步改造旧市区就必须减少市区人口，并结合工业的调整迁建进行。建设卫星城镇，既为工业生产的健全发展考虑，又为旧区棚户改建和城市人民居住条件、生活环境的逐步改善创造必要的条件。

根据城市建设统一规划，首先是在外围建设新房，为中心城区改造提供房源空间，实行“内外结合”，于是，配合工业区和卫星城建设，由国家投资，统一规划、统一设计、统一施工，在中心城区外围建房。

1958 年至 1960 年三年间，上海共建造了 225 万平方米(不包括学校学生宿舍与县属住宅面积)左右的住宅，在各近郊工业区共建造了 40.2 万平方米，在各卫星城建造了 28 万平方米。从三年建造量的比例来看，市区十个区约占 69.7%，近郊区 17.8%，卫星城 12.5%，即外围约占 1/3 弱[①]。因为在 1960 年时，嘉定等卫星城建设刚开始进行，住宅建造所占比例并不高，所以卫星城住宅面积从相对数上来看，并不占优势，但短短三年，卫星城的住宅数量达到如此规模，说明自确定建立卫星城，卫星城的住宅建设便被视作重点，建造速度较快。

20 世纪 60 年代前期，卫星城包括工业区住宅建筑面积继续扩大。1964 年，全市建成住宅建筑面积 300 472 平方米，其中市区 155 208 平方米，闵行、吴泾、松江、嘉定、安亭、吴淞、蕰藻浜、彭浦、周家渡等 9 个卫星城、新工业区和郊县 145 264 平方米[②]。从建筑面积来看，之前外围仅占 1/3 弱，而 1964 年结果显示外围已接近于市区，充分说明市委市政府对卫星城、工业区住宅建设的重视。至 1966 年底，上海 8 年之中共新建住宅 427 万平方米[③]。

虽然没有直接数据显示在棚户拆除之后，居民中直接迁往卫星城镇的人数，但卫星城无论从规划还是建设速度都体现了上海市政府对城市发展方向的掌控，在努力控制市区建设规模的同时，大力发展卫星城镇，将市区工业企业和职工迁往卫星城工作与生活。卫星城的建设，为旧区改造，逐步拆除棚户准备了条件。

---

① 《上海市城市建设局关于住宅资料工作的调查和建议》，上海市档案馆：B257-1-2752-67。

② 《上海住宅建设志》编纂委员会编：《上海住宅建设志》，上海社会科学院出版社 1998 年版，第 30 页。

③ 《上海住宅建设志》编纂委员会编：《上海住宅建设志》，上海社会科学院出版社 1998 年版，第 142 页。

## 三、成街成坊改造的典型案例——蕃瓜弄棚户区

蕃瓜弄棚户区是上海居住密度最大的棚户区,其糟糕的居住环境在新中国成立初期虽进行了简单改善,但仍旧十分简陋。1963年,蕃瓜弄开始拆除重建,动迁工作组缜密的准备安排工作,为蕃瓜弄的成功改建打下了良好基础。1965年,蕃瓜弄新建成市内第一个5层楼房群的工人新村,作为成街成坊改造的典型案例,蕃瓜弄成为社会主义对外展示的窗口。

### (一) 蕃瓜弄棚户区的旧貌

上海解放前,蕃瓜弄有总弄4条、支弄25条,"草棚搭建杂乱无序,房连舍比,通道狭窄,曲折似网,78条臭水沟星布全弄,无厕所、无垃圾箱,粪便垃圾,俯首即视,白蛆爬,蚊蝇飞,臭气冲天。没有下水道,大雨时,雨水、污水合流满地成小溪,干净无日期,地无一处平。弄内没有路灯,晚间一片漆黑,室内点油灯照明"①。蕃瓜弄除了居住环境十分恶劣,居民也常受流氓恶霸压迫,住在这里的居民,有所谓"有二不能抬头"之称,"进门要低头"(因房屋矮小),"出门要低头"(因受流氓恶霸的压迫)②。

上海解放后,蕃瓜弄像其他棚户区一样,由政府投资进行了基础改造,在1954年,设给水站7处,装集体火表12只,造厕所2座,设垃圾箱6只,后又引自来水进屋,缓解居民吃水难等③。此外,还填设臭水浜,铺设下水道,安装路灯,植树绿化等,这些举措使得弄内环境卫生和居住条件得到了初步改善。虽然蕃瓜弄在上海解放后,在居住环境上有了一定改善,但总体上居住条件还是比较差,"房屋结构也较简单,房子很小而又拥挤,自来水不是每家有的"④。1961年,苏联国民教育工作者代表团参观蕃瓜弄发出这样的疑问:"是否专门留给外国人看的",格什涅金说:"这些居民还不搬去,是否专门留着给外国人看,使外国人了解你们解放前的生活

① 上海市闸北区志编纂委员会编:《闸北区志》,上海社会科学院出版社1998年版,第1290页。
② 《上海市闸北区人民委员会广肇路办事处关于蕃瓜弄情况的介绍材料》,上海市档案馆:A20-1-29-41。
③ 上海市闸北区志编纂委员会编:《闸北区志》,上海社会科学院出版社1998年版,第1290页。
④ 《上海市闸北区人民委员会广肇路办事处关于蕃瓜弄情况的介绍材料》,上海市档案馆:A20-1-29-41。

情况?”①

1961 年,副市长曹荻秋、李干成前来视察后,市人委决定改建蕃瓜弄为住宅新村,1963 年 6 月,闸北区人委成立蕃瓜弄动迁工作组。

### (二) 缜密的改建准备工作

作为兼具政治意义和经济意义的重大事件,蕃瓜弄在改造正式开始前做了大量的调查工作。1963 年时,蕃瓜弄全弄有居民 1 965 户,住在新草屋中的有 1 238 户,占 63.00%;木简房 474 户,占 24.10%;竹简房 178 户,占 9.10%;竹木房 59 户,占 2.99%;瓦屋楼房 16 户,占 0.81%。总居住面积为 2.6 万平方米,人口共 8 771 人,人均面积 2.96 平方米②。蕃瓜弄的房屋普遍建筑质量较差,布局混乱。

对蕃瓜弄的改建,当时曾考虑过三种方案,“第一,辟为绿地;第二,调地改作仓库堆场;第三,改建为居住街坊。从蕃瓜弄所处的地位来看,辟作绿地是较理想的,但拆迁的住户难以安置,近期也不能实现。调作仓库堆场,一则目前找不到合适的土地,二则调地过程中也需要拆迁周转房屋,因而也较难实现。改建为居住街坊的方案,虽然在拆迁,安置平衡,铁路、汽车噪音干扰及小区规模与设施配套等问题上也有一些困难,但经过反复分析研究,认为主要矛盾都可解决,能使该地区得到合理的改造”③。因此,最终采取了改建为居住街坊的方案。

如何设计改建后的房屋,必须考虑到蕃瓜弄每户家庭的具体情况。在蕃瓜弄 1 965 户居民中,4—6 人组成的家庭户最多,占 60%,7—8 人户占 10%,1—3 人户占 30%,平均每户 4.4 人④。居民大部分是运输工人、纱厂女工及其家属,“基本人口占 25.7%,在校学生占 18.6%。一般家庭生活较简朴、家具较少”⑤。针对蕃瓜弄居民家庭人口结构特点及居民经济情况,参考当时一般工人住宅的标准,对蕃瓜弄进行了如下设计,如表 4 - 6 所示。

---

①《上海市教育局接待办公室关于接待苏联国民教育工作者代表团简报(第一号)—(参观蕃瓜弄和曹杨新村及工业展览会的情况汇报)》,上海市档案馆:B105 - 7 - 1145 - 11。

② 许汉辉、黄富厢、洪碧荣:《上海市闸北区蕃瓜弄改建规划设计介绍》,载《建筑学报》1964 年第 2 期。

③ 许汉辉、黄富厢、洪碧荣:《上海市闸北区蕃瓜弄改建规划设计介绍》,载《建筑学报》1964 年第 2 期。

④ 上海市闸北区志编纂委员会编:《闸北区志》,上海社会科学院出版社 1998 年版,第 1291 页。

⑤ 许汉辉、黄富厢、洪碧荣:《上海市闸北区蕃瓜弄改建规划设计介绍》,载《建筑学报》1964 年第 2 期。

**表 4-6　蕃瓜弄改建规划设计表**

<table>
<tr><th colspan="2">户　型</th><th>每户居住面积<br>(平方米)</th><th>房间组织</th><th>分配对象</th><th>户室比(%)</th></tr>
<tr><td rowspan="2">1 室户</td><td>小</td><td>12</td><td>一中间</td><td>1—3 口户</td><td rowspan="2">43</td></tr>
<tr><td>大</td><td>15</td><td>一大间</td><td>4—5 口不分室户</td></tr>
<tr><td colspan="2" rowspan="2">1.5 室户</td><td rowspan="2">15—20</td><td>一大间一套间</td><td>3—5 口分室户</td><td rowspan="2">45</td></tr>
<tr><td>一中间一小间</td><td>6 口户</td></tr>
<tr><td colspan="2" rowspan="2">2 室户</td><td rowspan="2">20—25</td><td>一大间一小间</td><td rowspan="2">7 口及 7 口以上户</td><td rowspan="2">12</td></tr>
<tr><td>二中间</td></tr>
</table>

资料来源：许汉辉、黄富厢、洪碧荣：《上海市闸北区蕃瓜弄改建规划设计介绍》，载《建筑学报》1964 年第 2 期。

缜密的准备工作安排，为蕃瓜弄的成功改建打下了良好基础。

### （三）成片拆除新建

蕃瓜弄动迁改造工程于 1963 年 10 月正式开工，由于涉及户数较多，因此分批进行。第一批动迁住户 566 户，由于配合施工需要实际动迁 590 户 2 730 人，第二批动迁 600 户 3 009 人，余下的住户在第三批动迁①。为做好动迁工作，蕃瓜弄改建领导小组按照“先骨干后群众，先职工后家属，由少到多由小到大逐步推开”的原则，召开了改建工作意义大会，讨论如何协助政府做好改建工作即动员安置拆迁等工作。“经过反复讨论一致认为国家经济还有困难，住房还比较紧张，分配房屋标准也只能适当改善，略高于原住面积，至于经济困难户和两调户建设，政府尽力调整解决，总之要求顾全大局，个人服从国家，眼前服从长远，克服局部困难”②。由于蕃瓜弄居民多是普通劳动人民，对改善居住环境愿望迫切，因此，工作进展比较顺利。

1965 年 12 月蕃瓜弄改建房屋竣工，经过 3 年改造，拆除了棚户、简屋 2.69 万

① 《上海市闸北区人民委员会关于蕃瓜弄棚户改建第二批动迁工作的请示报告》，上海市档案馆：B11-2-36-1。

② 《上海市闸北区人民委员会关于蕃瓜弄棚户改建第二批动迁工作的请示报告》，载《闸北区蕃瓜弄 163 户居民动迁情况汇报》，上海市档案馆：B11-2-36-1。

平方米，共建成混合结构五层楼房 31 幢，建筑面积 6.9 万平方米①，建筑密度由原来的 64%降低到 35.4%，楼房间距 15—17.5 米②。“人均建筑面积由 3.06 平方米提高到 7.7 平方米；低矮的草棚‘滚地龙’变成煤气、供电、上下水设施齐全的 5 层楼新工房”③。蕃瓜弄成为第一个全部由棚户成组改造为多层住宅区的典型，是市内第一个 5 层楼房群工人新村。

民国时期，租界正是因为其便利的生活设施、先进的市政建设成为近代上海摩登的象征。上海解放后，政府在一切步入正轨，各项事业稳定发展之后，也着手考虑棚户改造之后的配套问题，商店、学校、菜场、医院等都是棚户成街成坊改造时需要建设的部分。

新建的蕃瓜弄遵循了配套设施完善的居住小区建设要求，除利用大统路西侧街坊的菜场、油粮店、点心店外，还在沿大统路天目西路转角的住宅底层，增设了新华书店、银行、食品店、理发店等。改建后的蕃瓜弄内配建小学、幼儿园各 1 所，旅馆、澡堂各 1 家，综合商店、理发店、书店各 1 家，排水泵房 2 座，还设有居民委员会、合作医疗站、房屋管养段等，在总弄北侧设置了烟杂店两处④，基本能满足街坊居民日常生活的需要。

蕃瓜弄的拆除新建，为改造旧区、顺利安排动迁户摸索出了一些有益的经验。一是前期调查十分必要，根据居民的普遍特点及需求设计改建方案。二是依靠里弄广泛动员，统一居民思想。三是动迁安置可分批进行，让干部职工率先带头，对群众保证先安置后拆迁。

作为成功样板，1965 年在市文物保管委员会的指导下，“蕃瓜弄今昔展览会”开始筹备，并于 1966 年 6 月在闸北区工人俱乐部举行了预展。蕃瓜弄的改造，不仅改变了原棚户居民的恶劣居住环境，还成为社会主义对外展示窗口。在蕃瓜弄北部保留的破旧棚户 18 间，作为历史实物一直供人们参观比较。根据统计，1972—1982

---

① 《上海城市规划志》编纂委员会编：《上海城市规划志》，上海社会科学院出版社 1999 年版，第 567 页。

② 上海市闸北区志编纂委员会编：《闸北区志》，上海社会科学院出版社 1998 年版，第 1291 页。

③ 《上海住宅（1949—1990）》编辑部编：《上海住宅（1949—1990）》，上海科学普及出版社 1993 年版，第 20 页。

④ 《上海城市规划志》编纂委员会编：《上海城市规划志》，上海社会科学院出版社 1999 年版，第 567 页。

年间,有近百个国家的 1 248 批、14 257 人次外宾来蕃瓜弄参观。日本有多批代表团参观,有些参观者还向在侵华战争中遭受伤害的居民表示道歉及请罪,一批批日本青年代表团代表父辈赔罪,记者们回国撰写文章谴责日本军国主义的罪行。荷兰、法国等国家电影代表团还拍摄了纪录片回国放映①。

## 第三节　棚户搭建管理与私房控制

1949—1966 年间,实行棚户控制一直是政府管理棚户工作的重要内容,既要满足改善居住条件的需求,又不能影响公有制为主的经济形式和妨碍城市建设统筹安排,棚户搭建管理政策几经调整。在 20 世纪 60 年代中期最终落实在允许改建加强管理的框架之内,同时,为保证公有经济的主体地位,对棚户出租现象严厉禁止,棚屋搭建管理逐步清晰规范化。但部分管理部门自身的工作乱象,妨碍了棚户改造的深入推进,甚至对政府和群众之间的关系造成不良影响。值得注意的是,尽管所有制形式一直是工作中的关注焦点,但上海市委和政府并未僭越法律剥夺广大私房棚户居民的房屋所有权,对基层部门不恰当的工作内容进行了积极纠正。必须承认的是,虽然对私房产权予以承认并实行保护,但政府并不鼓励私有房屋的大量存在,棚户居民的私房产权在限制发展中得到保留。

### 一、渐次清晰的棚户搭建管理政策

早在民国时期,上海各界就对棚户的搭建进行严格管理,租界依据《土地章程》严禁私搭棚户,华界对棚户发放棚户门牌,没有专属门牌的均属违章搭建。上海解放后,这一规定得到延续。棚户搭建亦要取得执照,并禁止越照搭建。因搭建棚户导致乱象丛生,监管部门对棚户搭建政策几经调整,在 20 世纪 60 年代中期最终落实在允许改建加强管理的框架之内,并严厉禁止棚户出租,棚屋搭建逐步合理规范化。

---

① 《上海城市规划志》编纂委员会编:《上海城市规划志》,上海社会科学院出版社 1999 年版,第 567、570 页。

### (一) 允许棚户凭证翻修

随着城市人口的增多,加之上海解放后一段时间,外来人口的涌入,上海的棚户扩建不断发生。且随着经济状况的好转,不少棚户居民对原有破烂棚户有了翻修的需求与能力,出现了许多在原居住地进行翻修的现象,这一趋势日渐扩大。

虹口区在 1957 年曾就 7 个棚屋区进行调查,居民均强烈要求翻造,以增加房屋高度和建筑面积。这 7 个棚屋区共有大小 563 间房屋,建筑面积共 8 426.3 平方米,住了 591 户,2 403 人,每人平均建筑面积是 3.57 平方米,其中最多的每人平均 9 平方米,最挤的仅 1.06 平方米,房屋的高度方面,檐口在 6 尺以下达 80%[①],居住情况十分紧张。为了统一管理,防止棚户随意搭建,并结合未来城市规划与建设,上海市规划建筑管理局对市民翻建棚屋的请示进行了详细调查。调查认为当前棚屋区的人口密度非常之高,每公顷的居住人数平均达 1 502 人,最高甚至达每公顷 3 820 人,就算维持每公顷 1 502 人的居住密度,至少要建造 4 层楼以上的房屋。至于在人口密度更高的地区进行改建,建造的层数就要求更高,在当时的经济条件下,要全面地把棚屋改建成 4 层以上的房屋显然有很大困难。这不仅包括经费和建筑材料资源的困难,还涉及棚户住户之间的身份问题,一般改建需要工厂企业出资进行,而棚屋区的居民并非全是产业工人或同一工厂工人,因此翻建经费的负担,就成了问题。如果进行规模较大的全面改建,还必须先解决相当数量的周转房屋,棚屋区居民还不一定能负担新住宅的房租等费用,因此,总的说来,在二、三个五年计划内,要全面改建棚屋区,是有很大的困难的。要解决居住问题,那就必须对现有棚屋在原地进行翻造修缮[②]。棚屋区,都是在接近市区的地方,离工厂企业近,如进行翻建,可以利用原有道路、下水道、供电线路等设施和附近的公共福利设施,棚户翻建有一定可行条件。

因此,适当利用有条件的棚屋进行改造,来缓和住房紧张的情况,对居民、对国家都较有利。但是在混乱的棚屋区,让居民投资翻建,如果不考虑一些情况也会造成损失。比如改造的棚屋区在近期内是否有拆迁规划,辟建火巷时是否有障碍等,

① 《上海市规划建筑管理局关于对上海市民翻建棚屋问题的请示报告》,上海市档案馆: A54-2-175-18。

② 《上海市规划建筑管理局关于对上海市民翻建棚屋问题的请示报告》,上海市档案馆: A54-2-175-18。

都是需要考虑的因素。当然,如果该棚屋区近期内没有进一步的打算,而又不准居民翻造,那必然会造成政府与居民间的矛盾。综合考量后,为了既能改善部分棚屋住户恶劣的居住条件,又不致严重妨碍城市规划,并贯彻勤俭的方针,1957 年政府制订了对棚屋区处理的详细原则:

一、各区人民委员会应加强对棚屋区的管理,根据各棚屋区不同的具体条件,控制棚屋的新建、改建、翻修和拆除。

二、根据棚屋区大小、成份和规划、要求等条件,棚屋区分为三类:

第一类——棚屋在 300 间以上,砖木平房在 40%以上,近期内没有使用计划的棚屋区。

第二类——棚屋在 300 间以下,草棚在 60%以上,近期内没有使用计划的棚屋区,但也不宜翻建永久性或质量较高的建筑。

第三类——在近期内有使用计划,占主要干道(如嘉浜路)、靠近大工厂周围、河浜路线上的棚屋区。

三、各类棚屋区的处理原则:

第一类应作出改善打算,除应凿出火巷间距外,可动员住户组织翻修

第二类暂维原状准予简修

第三类加强控制,逐步整理拆除

四、各类棚屋区的空棚屋(包括原住户迁居工房、回乡、工厂合并后迁出等),尽可能按下列办法处理

甲、第一、二类由房地局或基建单位拨款购买作为拆迁房屋,或由居住条件恶劣的住户价购使用

乙、第三类的控制拆除

五、棚屋拆除后的空地由房地局统一经营,不得再予建筑。①

以上细则,对棚户翻建的范围进行了详细划定,居民进行翻建首先需要申请,获得许可才能进行翻建。1957 年 9 月 23 日市人委发布了《上海市人民委员会关于

① 《上海市规划建筑管理局关于对上海市民翻建棚屋问题的请示报告》,上海市档案馆:A54 - 2 - 175 - 18。

禁止违章搭建棚屋的公告》,“规定在本市一律禁止无照搭建棚屋。如果发现上述情况,各区人民委员会和公安局应该严格制止,必要时,应予代拆”①。

### (二) 乱象之下的整治：严禁在市区搭建棚屋

自我改善型的棚户搭建似乎迎来了宽松的管理规定,但不久,这种改建超越了控制。1958 年上海棚户区迅速扩张,达 458.8 万平方米,1961 年增加到 499.9 万平方米,达到十七年来的最高峰。仅 1962 年下半年,闸北区共和新路中山北路搭建的棚屋达 390 间,南市区仅在瞿真人路新建住宅街坊内,搭建棚屋即达 60 余间,黄浦区浦东地区张杨路新村还发生 80 多户居民争相用毛竹圈地搭建棚屋,其他如杨浦、虹口、徐汇、吴淞等区搭建棚屋的数量也相当庞大。

除了自身居住拥挤需搭建棚屋的情况之外,为了出租、出售牟利的搭建也大量出现。从 1962 年 1—9 月虹口区搭建棚屋中的 184 件情况来看,搭建人的居住条件是非常困难的(平均每人面积不到二平方米)有 32 户,占 17.4%,居住有一定困难的(每人平均面积二至三平方米)69 户,占 37.5%,属于不十分困难或者不困难的(三平方米以上)75 户,占 40.8%,属于出租、出售牟利的 8 户,占 4.3%。城市建设局认为对这种情况若不及时加强管理,不坚决制止,还会有继续蔓延扩大的趋势。因为用于搭建棚屋的用料十分简单,造价低廉,所以搭建迅速,往往花一二百元,在一两天内即可搭成一间,发展速度很快。管理部门认为,乱搭的棚屋,不仅影响短期内的各项建设,增加建设安排的困难,还使已初步改善了的棚屋地区的居住环境又转趋恶化,有些棚屋搭在道路上、人行道上、河道两旁或者下水道上,对于交通、排水、消防、安全等产生了很大影响。至于相互争地和搭屋出售出租,搞投机牟利的行为,更是直接妨碍了社会秩序和治安。

鉴于此,1963 年市人委批转了《城市建设局关于制止搭建棚屋的请示报告》并发布了《关于在市区禁止搭建棚屋的布告》,明确规定对新建棚屋,根据不同情况分别处理：确因居住困难,搭建在非严格控制区内的棚屋,对周围环境影响不大,群众意见也不多的,在搭建人认识错误后,可以准其补办请照手续;凡是搭建在不允许搭建地区内的棚屋,虽然暂时没有严重危害,也应动员拆除。如果拆除后居住安排确有困难的,只要搭建人保证在国家建设需用土地时能够立即拆除的,可以暂予保

---

① 《上海市人民委员会办公厅关于发给“禁止违章搭建棚屋”的公告》,上海市档案馆：A54-2-175-78。

留;凡是搭建在严格控制区内的棚屋,应该限期拆除。如经屡次教育,仍然一再拖延或拒不拆除的,经过区人民委员会批准后予以代拆;对于确属为出售出租投机牟利而搭建的棚屋,一律限期拆除。如有意拖延、抗拒的。经过区人民委员会批准后予以代拆,情节严重的应送交人民法院惩处。并明确规定:"今后在市区内一律禁止搭建棚屋。对于翻建、扩建原有棚屋,也应该严格审查,酌情处理。凡是同意其翻建、扩建的,应当发给执照,凡未领得执照的,一律不准动工。"①这时的棚户管理主要是为了防止影响城市规划和出租出售牟利的行为出现。

### (三)"变消极限制为积极引导":棚户搭建政策的新变化

此后,虽然还有新的零星棚屋搭建情况出现,但大量的、成批的搭建情况,已不再发生。在杨浦、南市等区,仍发现有零星无照搭建棚屋,但较公告前少得多,而且一般都是将原有棚屋扩建,完全新建的较少。如杨浦区自公告后至 8 月底发现搭建棚屋的约共 180 件,并曾在江浦路办事处第九里委会调查,在 1 150 户中,公告后陆续发现搭建棚屋的共 20 户,吴淞区周家桥地区 500 户中,发现新搭的 17 户,南市区每月查获的违章搭建棚屋,共约 30—40 件,主要集中在车站中路及浦东西高泥墩一带。其他各区,虽无准确统计,但一般数字也不多②。

由于 1963 年制止搭建棚屋以后,出现了向各区申请执照案件、人民群众检举揭发搭建案件的情况相应增多,在公告发布的当年,杨浦区 4 月份申请零星修建的案件为一月份的 7 倍,尽管这对加强建筑管理有利,但是也大大增加了区建设科的工作量。8 月底时,杨浦区的请照案件达 1 909 件(1962 年全年总数为 1 228 件),其中居民翻修棚屋约占 57.8%(其他为工厂零星扩建、凉棚、修理等)。根据对当年 4 月份已核发的居民翻修棚屋进行调查,其中越照案件约占 22%。同一时期,南市区的请照案件达 1 305 件,其中居民约占 54.4%,越照案件约占 6%,其他如闸北区有 2 068 件,普陀区 1 174 件,比 1962 年均有成倍增长③。棚户居民改善居住条件的愿望十分强烈,但碍于管理工作,审批进展缓慢,由于请照数量激增,事前查勘与事后复勘等都需要大量人力,否则很难控制越照等情况,如杨浦区建设科因干部不够,

---

①《上海市人民委员会关于批转上海市城市建设局关于制止搭建棚屋的请示报告的通知》,上海市档案馆:B11-2-54-1。

②《上海市城市建设局关于在市区继续制止搭建棚屋的报告》,上海市档案馆:B11-2-54-6。

③《上海市城市建设局关于在市区继续制止搭建棚屋的报告》,上海市档案馆:B11-2-54-6。

积压执照达380件①。并且在棚屋搭建以后，动员拆除往往需要经过多次甚至多达十几次耐心的教育，从当时各区建设科的人力来看，难以胜任如此庞杂的工作。居民的需求与监管力量的不匹配，导致棚屋扩建情况不可能得到完全禁止。

1964年城市建设局在《关于改造本市棚户区意见的报告》中承认，"棚户区的居住情况，是十分拥挤的，平均每人不到4平方米，而据重点里弄调查，虹口在每人3平方米以下的占71%，卢湾占58.5%，而且很多棚屋低矮、闷暗，居住面积平均不足每人1—2平方米、两对夫妻、三代同室的也还不少。因此，不少棚户要求翻高、扩大，改善居住条件"②。报告还称，棚户区的改造，实质上是解决本市人民生活居住问题的一个重要方面，为了加强对棚户的修建管理，在贯彻市人委指示严格制止棚户的蔓延发展等方面，做了不少工作，但是从实践工作中，也体会到不结合棚户区的改造，棚户区的修建管理就往往不能发挥预期的效果。棚户区存在的不少问题，不是单纯依靠经常的建筑管理工作所能解决，而需要从方针上、经费上、材料上等各方面采取积极措施。城市建设局认为"在不影响棚户区改造规划条件下，可以允许棚户适当翻建扩大升高，并有条件地适当拉齐改善"③。管理棚户搭建的初衷是为了让城市建设有序进行，但一味限制并不能有效地管理改造棚户，居民搭建多是出于对自身居住条件改善的强烈需求，如不仔细处理其中关系，必然引发更大混乱。

棚户久久得不到改善的糟糕环境严重影响到了工人的生产效率。南市区西村居委会的棚户居民反映到"我们一年搬三家，冬天把三块铺棒向上一搁住阁楼，春秋屋低草霉不能睡只好下地搭搁铺，夏天房内闷热无风搬出外面睡露天，因此我的生产冬天最好，秋天马马虎虎，夏天睡在外面人多声大，白天就打瞌睡，如果能搭个直得起身的阁楼，上面开个窗一年四季能睡足，那有多好啊！"三代同室的住户更渴望能分开住，子女已成年的居民诉苦说："孩子年长，男女仍睡一床不方便，想分开又无法搁个床。"④住房成为困扰工人的重要生活问题。由于私房的存在和总体经济发展规划的关系，棚户区的改造，既不可能完全由住户自己进行，也不可能完全

---

①《上海市城市建设局关于在市区继续制止搭建棚屋的报告》，上海市档案馆：B11-2-54-6。

②《上海市城市建设局关于改造上海市棚户区意见的报告》，上海市档案馆：B11-2-81-1。

③《上海市建设建设局关于改造上海市棚户区意见的报告》，上海市档案馆：B11-2-81-1。

④《上海市城市建设局关于贯彻执行"处理违章搭建棚屋和改造棚户区意见"情况的报告》，载《南市区西村居委会棚户改建的经验——西村居委会花园弄组织群众改建工作的小结》，上海市档案馆：B257-1-4431-1。

由国家包揽下来,只有组织好居民引导其改造,才能实事求是地解决问题。后来提出,"以群众自建改善居住条件,变消极限制为积极引导"。

1965年,上海市人委转发了公用事业办公室的《关于处理违章搭建棚屋和改造棚户区意见的请示报告》,让各相关单位认真贯彻执行,对搭建改造棚户明确了三点要求:

一、积极改善棚户区居民的居住条件,从根本上制止搭建棚屋。

二、贯彻群众路线的工作方法,组织群众协助管理翻建、扩建棚屋。

三、关于棚屋翻建、扩建的两个具体政策问题的意见。一是利用棚屋翻建、扩建出租或者出卖牟利的问题。我们意见,今后棚户区内一律不准再新建草棚(包括竹篱笆、油毡屋顶等机构过于简陋的房屋),为求组织起来,建造正规耐火材料的低标准房屋,进行易地翻建或就地改建:翻建(或者改建)房屋一律限于自住,不得出租、出卖。今后居民确实因为调动工作(调到外地或者本市其他区)需要出卖自住房屋,应当统一由房地产管理部门按价统一收购、统一出售,杜绝自由买卖、投机倒把,其中草棚则予拆除。二是对1963年市人委发布禁止搭建棚屋布告以后违章搭建的处理问题。鉴于这是关系到群众切身利益的问题,我们认为应该根据实事求是的精神,慎重处理。其中,凡是确实影响交通、消防安全或者严重影响市容观瞻的,原则上必须拆除。但是事前必须征得群众同意,在说服教育的基础上,由原搭建者自行拆除。个别必面拆除的违章搭建经说服教育无效坚持不拆的,在获得当地居民大多数的同意以后,可以由公安部门执行强制拆除,拆除以后的物料归还原主。凡是利用翻建、扩建棚屋进行出卖投机牟利的违章建筑,如果不影响交通、消防安全和市容观瞻的以及现有住户确实难以另行妥善安置的可予保留,但是对其非法所得部分应予适当罚款。对于一般违章搭建的居户,也应当进行一次深入的教育。各区人委应当把建设科、房地局、有关街道办事处、公安局派出所等有关部门组织起来,加强领导,密切协作,共同把事情办好。①

根据报告意见,1965年,上海确定了对棚户、简屋改造"必须改变过去单纯消极

① 《上海市人民委员会公用事业办公室转发城市建设局关于关于处理违章搭建棚屋和改造棚户区意见的报告的通知》,上海市档案馆:B257-1-4431-16。

的加以限制的办法，代之以积极的加以引导、组织的办法”[①]。是年12月，进一步提出“根据改建规划的要求，尽可能地组织群众成排、成片、成批地改建棚屋”“重要街道，重要地段，则予严格控制”。

此后，各区都陆续成立了棚户改建领导小组，在市房地产管理局、市规划建筑设计院、市总工会等单位支持帮助下，1966年上半年有39个棚户区的居民拆除棚屋，在原宅基地翻建楼房191幢，计6 000平方米。下半年又在虹口区新港地区、徐汇区平民村、原卢湾区斜土路628弄、杨浦区景星路302弄、长宁区孙家宅、静安区梅家桥、普陀区南王家宅、南市区西村花园弄及聚奎街、闸北区南通新村等棚户区实施成片翻造，新建楼房642幢，建筑面积达24 210平方米。1967年，又拆除棚户翻建成砖木结构的二、三层楼房135幢，建筑面积11 630平方米[②]。

棚户的无序搭建影响了城市建设的总体规划，政府必须对其加以限制，但大部分居民是为了改善自身居住条件，违章并非有意为之，关于棚户搭建改建的政策几经调整，最终落实在允许改建加强管理的框架之内。并且对于牟利性质的违章搭建棚屋不再强行拆除，给予罚款即可，这都说明政府在有限的精力之内对棚户选择进行了利用改造，亦有利于处理政府与群众之间的关系。

## 二、监管部门的管理乱象

在允许群众参与棚户改造之后，对棚户改造的管理工作成为重要内容，管理者的认识水平和工作态度对棚户改造产生了重要影响。部分基础职能部门的不谨慎行为在这一时期时常发生，主要表现为对棚户改造的重要性不予重视，不考虑实际情况盲目扩大棚户改造范围，以及工作流程不规范引起相关配合部门被动等。这些现象既妨碍了棚户改造的深入推进，也对政府和群众之间的关系造成不良影响。

### (一) 对改造工作的盲目限制或超标准推进

尽管上海棚户改造的需求十分强烈，但在20世纪50年代中期，在上海紧缩方

---

① 《上海市城市建设局关于贯彻执行“处理违章搭建棚屋和改造棚户区意见”情况的报告》，上海市档案馆：B257－1－4431－1。

② 《上海住宅建设志》编撰委员会编：《上海住宅建设志》，上海社会科学院出版社1998年版，第217页。

针的影响下,一般认为聚集大量外来流民的棚户是违章建筑,地区干部(指办事处、派出所、居委会干部)对棚户的处理态度是只能缩小或拆除,不能升高放大,作为棚户改造管理的具体执行者,他们对棚户搭建的认识和顾虑,在一定程度上阻碍了棚户区居住条件的改善。如一位村调解主任,在1954年间将房子放大一尺,此举被认为是违章建造,放大的部分不得不被拆掉,一般居民更不用说,但凡居民向居委会申请改善,一律不准。其次是办事处、派出所干部担心因改善居住条件而刺激人口倒流,影响粮食户口工作的管理,建设科干部怕棚户扩大,影响市政规划和建筑管理,各方面都主观希望棚户多一户不如少一户来得好①。由于无法准确区分搭建处理的界限,居民的改造需求受到影响。

部分基层领导对棚户改建工作的意义并不以为然。1960年9月在大统路第二批22间翻建工程时曾发生过山墙倒塌事故,但是区建设局的领导长期对此漠不关心,熟视无睹②,对于基层领导来说,棚户改造工作远没有工房建设工作重要,不论实际选拔,还是社会宣传,全体民众都沉浸在以住工人新村为荣的激励中,棚户改造总是排在典型工作之后。

同时,出现了另外一种完全相反的思想。虽然在1958年"大跃进"运动开始之后,对劳动人民生活条件的改善被提到重要位置,但由于优先保证工业发展需求,此时的棚户改造主要是整顿和翻建条件特别恶劣的棚屋,实行节约用地、充分利用原有基地,自力更生就地取材的原则,并在保证质量的前提下,降低造价。根据当时的建造水平,尽量使每平方米不超过25元,达到简单易行、花钱少、收效快的目的。但闸北区大统路四层楼工程和中兴路改建工程,完全背离了上述原则。"首先,拆除改建的房屋,多数虽属棚户和简屋但也还有一些砖木结构的尚可继续使用的房屋被一并拆除了,其次是房屋建筑层数从两层发展到三层、四层,造价高达50—60元/平方米,超过区委规定的一倍甚至一倍以上。材料方面,旧料利用率不到5%,主要材料(煤渣砖和木地板)大部分向外地采购,有的还再进行加工,同时也使用了较多的钢筋水泥。房屋使用性质从居住房屋发展为商店、食堂、会堂、少年

① 《上海市徐汇区人民委员会办公室关于改善棚户区劳动人民居住条件的意见报告》,上海市档案馆:A54-2-175-12。

② 《闸北区房屋拆迁工作检查情况的汇报材料》,载《上海市房屋调配委员会、文化局关于动迁房屋的报告、房地局党委、长宁区委关于房屋加层的报告、小结、城建局、闸北区委关于整顿改建棚户简室的报告、黄浦区委关于改建南京路初步规划和上海市基本建设委员会意见》,上海市档案馆:A54-1-222。

之家等公共建筑，动迁居民从一次几十户发展到数百户，这样实际上已经是在国家住宅建设计划之外，成批成片地拆除旧有棚屋，花费较大投资（1960 年全区改建棚户已经用去了 150 万元）和 90%以上新的建筑材料，进行较大规模的住宅和公共建筑的新的基建工程了"①。中央、上海市委一再强调要坚决缩短基本建设战线之后，在工程动工之前，未对资金、材料以及技术力量等进行充分细致的研究安排，在没有确切落实的情况下就展开了，导致中途停工待料，拖延了工期。

同年 12 月中旬，新民路街道党委为解决大统路四层楼工程缺料窝工问题时，竟又经区建设局副局长同意，拆除了大统路沿街 26 间瓦房（当时居民 26 户亦未妥善安置）。根据棚户改造范围的划分，瓦房在棚户中属于尚能继续居住的房屋，这些做法既不符合充分利用原有基础逐步改造棚户的方针，更是造成了资源浪费，背离了节约的方针。

对棚户改造的盲目推进还表现在对居民最迫切要求的把握不够准确。《建筑学报》1958 年的一篇文章提到，"近年来在住宅建设工作上，存在的主要问题就是标准问题。标准过高，求全过早，用地过大是规划设计思想脱离实际的突出表现，事实上设备条件高的住宅，并不一定为广大的工人同志们所欢迎，特别是对于上海目前一般采用的三层标准住宅，工人并不太感到满意，尤其是一户一室，因为他们急迫需要的是有适当面积的居室，是居住面积，而不是有冲水便桶的卫生间，不是辅助面积，更不是穿堂门厅等不起作用的面积。他们喜欢居室面积比较宽舒（一般有二个居室），设备可以简单的低层住宅，他们认为这种低层住宅既适用又经济"②。无论是对棚户改造的盲目限制还是推进，都显示出在改造管理上没有统一的标准可供规范执行。

### （二）不规范的工作流程

各区在改造工作过程中，多次发生棚户改建工程未经批准就大规模全面动工的情况。上海市城市建设局报告显示，1960 年时，虹口区所有改建房屋，均未与该局联系，亦未办理请照手续。南市区部分地段拟改建棚屋时，虽然向城市建设局进

---

① 《闸北区房屋拆迁工作检查情况的汇报材料》，载《上海市房屋调配委员会、文化局关于动迁房屋的报告、房地局党委、长宁区委关于房屋加层的报告、小结、城建局、闸北区委关于整顿改建棚户简室的报告、黄浦区委关于改建南京路初步规划和上海市基本建设委员会意见》，上海市档案馆：A54－1－222。

② 汪骅：《低层住宅经济适用性的分析——附上海 1958 年自建公助设计实例》，载《建筑学报》1958 年第 3 期。

行了请照及征求意见,但还未正式批准就已逐步动迁住户,开始动工①。尽管城市建设局此后召开各区建设科长会议重申计划的重要性,但这种现象还是继续发生。

闸北区1960年11月5日向市委提出关于棚户改建工作的请示报告,直到1961年改建工作完成都未获批准,而当时负责分管区建设工作的区委常委兼副区长,实则早在1960年10月16日就召开建设局和各街道党委生活书记会议,正式下达了改建6万平方米的任务,决定以中兴路改建工程为重点,由区建设局负责集中力量积极进行,其余由各街道党委负责。大统路和中兴路等较大规模的改建工程也都是在1960年10月中旬—11月上旬的一段时间决定动工②。这种未报先动或边报边动不仅违反了规定的请示报告制度,也违反了市委关于基本建设工程项目和征地拆迁审批程序的指示规定。

各区改造棚户的意图理应被积极支持,但由于棚户改造工作牵涉面极广,同时亦需考虑到材料劳动力问题,如不加以规范有计划地进行,则会影响全面的城市规划和建筑管理。

### (三) 不够重视群众利益

如果说程序规范问题并没有实质性的危害,对改建中的安置、改建后的分配执行和对私房的处理等问题则严重影响了广大棚户居民的利益,部分具体执行部门在工作过程中出现了违背上海市政府统一划定原则的情况。

对于棚户改建动迁工作,如碰到需要拆除棚户以及棚户区本身改善需要拆迁时,市委一再指示必须遵照"先安置,后拆迁"的原则,将所有住户妥善安置。1960年闸北某处的棚户改造没有认真贯彻这一原则,而是动员拆迁户四处投亲靠友"自行过渡"(待新房建成后再搬回来),且动迁时并无周密计划。由于动迁居民502户,数量大,时间紧,群众纷纷表示人心惶惶。"有的职工旷了工去找房子忙搬家,工厂保卫部门则到处询问职工的下落,有的找不到房子就用毛竹芦席在马路旁搭棚。拆迁户汤银甫一家大小五口实在没有办法,只好住进猪棚。最后还有200多户是通

---

① 《上海市城市建设局关于召开建设、规划科长讨论棚户改建工作的函》,上海市档案馆:B257-1-1779-33。

② 《闸北区房屋拆迁工作检查情况的汇报材料》,载《上海市房屋调配委员会、文化局关于动迁房屋的报告、房地局党委、长宁区委关于房屋加层的报告、小结、城建局、闸北区委关于整顿改建棚户简室的报告、黄浦区委关于改建南京路初步规划和上海市基本建设委员会意见》,上海市档案馆:A54-1-222。

过里弄介绍临时借到房子的，永兴路的少年之家，仅四十平方米左右，有12户男女老少达70人在那里‘集体过渡’”。直到1961年检查时，还有102户居住条件极为困难，其中一户仅一张铺位，“早拆晚铺和分班吃饭的有70户，日常透风漏雨的有33户”①。在原来房屋就十分紧张的情况下，大量动迁还带来了私房租金的剧增，拆迁户张森华租了中兴路1382号一间十平方米的房子，花了75元(每月房租20元，水电费5元，需先付3个月)，有的连搭一个铺位，月租也要5元②。这种没有周转房屋而大量动迁，要拆迁户投亲靠友“自行过渡”的办法，严重影响了居民的正常生活。

对于成街成坊的棚户改造，居民最关心的就是建好之后的分配问题，房屋分配涉及居民众多的切身利益。1960年虹口区(提篮)第35号街坊改建后，在对875户的分配工作中，由于工作人员事先没有充分了解居民居住情况，分配时亦未正确贯彻原则标准，造成了部分住户分配得过紧或过宽，甚至还有错配13户、漏配3户的现象，引起居民强烈不满。另一方面还由于工作混乱，以致部分居民擅自占用空屋达40户，尽管发现后及时纠正，但还是造成了不良影响，使改建工作损失很大③。

对于棚户私房的处理工作，也有未按国家规定发给补偿费的情况。上海市委曾于1959年4月批转房地局党委关于拆迁私房的补偿办法，对于基本建设中房屋拆迁需按照国家基本建设征用土地办法的规定，必须合理补偿，让各区都参照执行。同年11月，上海市委公用事业办公室对维修资金和产权归属也作了明确规定，如需迁建改建，可以采取自费建造、自建公助和国家投资等多种办法进行，自费建造和以自费为主、工厂企业工会福利及国家补助建造的简屋，建成后产权归个人，自管自修。全部由国家投资及工厂企业投资建造的简屋，产权归公家，建成后交房管部门或工厂企业管理维修。一般维修的费用则均由住户自己负担④。但闸北区

① 《闸北区房屋拆迁工作检查情况的汇报材料》，载《上海市房屋调配委员会、文化局关于动迁房屋的报告、房地局党委、长宁区委关于房屋加层的报告、小结、城建局、闸北区委关于整顿改建棚户简室的报告、黄浦区委关于改建南京路初步规划和上海市基本建设委员会意见》，上海市档案馆：A54-1-222。

② 《闸北区房屋拆迁工作检查情况的汇报材料》，载《上海市房屋调配委员会、文化局关于动迁房屋的报告、房地局党委、长宁区委关于房屋加层的报告、小结、城建局、闸北区委关于整顿改建棚户简室的报告、黄浦区委关于改建南京路初步规划和上海市基本建设委员会意见》，上海市档案馆：A54-1-222。

③ 《虹桥路棚户整理规划说》，载《上海市房屋调配委员会、文化局关于动迁房屋的报告、房地局党委、长宁区委关于房屋加层的报告、小结、城建局、闸北区委关于整顿改建棚户简室的报告、黄浦区委关于改建南京路初步规划和上海市基本建设委员会意见》，上海市档案馆：A54-1-222。

④ 《中共上海市委公用事业办公室关于改善上海市简屋棚户居住条件的报告》，上海市档案馆：A60-1-25-7。

在棚户改建中对私房一律改私为公,并向居民宣布,补偿费不发,以抵付租金。把国家建设征地拆迁和对私改造混在一起,政策界限不清,造成工作中政治上的被动,当时就有群众反映“我住的房子是我自己辛辛苦苦做工用节余下来的钱盖的,政府为什么也要改造”。同时由于拆迁之先未按规定进行房屋测估工作,没有和居民商定发给补偿的款数,使政府和居民之间产生了不少纠缠事项,发生了许多拒付房租的事例①。这些工作管理与执行上的问题在整个棚户改造期间时有发生。

### (四) 缺乏统一的职责管理标准

此外,还有管理部门存在对自身职责不清,互相矛盾甚至推诿的现象。例如,尽管市公安局一再强调制止违章搭建,但实则各派出所对违建并不管理。由于房地局只解决公房困难户的住房问题,私房困难户只好要求各区建设科为其解决住房问题,导致建设科压力很大。对调往外地工作的棚户居民,本允许棚户转让收购,由房地产管理部门按价统一收购、统一出售,但各区房地局并没有专人处理这一工作,且未统一制订明确的收购标准②。棚户违章搭建的大量存在,一个重要原因就是各单位、各部门在违章建筑管理工作上职责分工不明,碰到问题互相推诿,没能及时有效制止违章搭建发展。有违章建筑阻塞了交通,公安部门发现后并没有去劝阻;搭建在下水道上或电缆线下,城建和电管部门不但不去阻拦,还责问建管部门,认为建管部门影响了他们的业务;甚至当因违章建筑而发生纠纷或治安问题时,有些民警竟说:“不关我们的事,去找建设科。”也有人打电话到建设科来,以责问口气说:“你们处理不及时,措施不力,如再不马上来,以后有情况我也不向你们反映了。”③棚户改造管理工作涉及部门众多,没有明确的职责划分,难以形成统一的管理标准,影响了工作推进。

这些问题仅反映棚户管理工作中的部分现象,还存在很多其他问题,这些情况一方面说明棚户改造工作的复杂,不仅有资金、材料和劳动力的计划安排问题,也关系到城市改建和私房处理等重大方针政策问题,不论从工程计划,征地拆迁,还是从有关政策方针、问题处理方面来看,都说明行政管理部门需进一步规制自身工作。

---

① 《闸北区房屋拆迁工作检查情况的汇报材料》,载《中共上海市委公用事业办公室关于改善上海市简屋棚户居住条件的报告》,上海市档案馆:A60-1-25-7。

② 《上海市人民委员会公用事业办公室转发城市建设局关于关于处理违章搭建棚屋和改造棚户区意见的报告的通知》,上海市档案馆:B257-1-4431-16。

③ 《上海市普陀区人民委员会建设科关于安全里里委会违章建筑的调查报告》,上海市档案馆:B11-2-81-15。

## 三、对私房棚户数量的控制

在公有制为主体的计划经济体制下，棚户私房一直存在，政府并不阻碍自住型私房棚户的改善行为，但允许扩建让一些有能力的户主趁机扩大了私房棚户面积用于出租，这背离了允许棚户搭建修缮的初衷。为阻断早已明令禁止的个人出租行为，个别基层单位试图将改造的棚户转私为公，上海市政府迅速纠正了基层部门不恰当的工作内容，保护了私房棚户居民的房屋所有权。虽然棚户的私房性质得以保留，但发展受到限制。

### (一) 允许存在和限制交易的私房棚户

1949 年 8 月，《人民日报》新华社信箱栏目发布了《关于城市房产房租的性质和政策》，指出："中国共产党和人民政府对于城市私人所有的房屋、地产和房租的政策，采取如下的原则：一、承认一般私人所有的房产的所有权，并保护这种产权所有人的正当合法经营，禁止任何机关、团体或个人任意占用私人房屋。二、允许私人房屋出租，租约由主客双方自由协议来订立。三、主客双方都应当遵守所自由议定的租约。四、人民政府有权保护城市的房屋，并督促房主进行必要的修建，不能听任有用的房屋拆毁、倒塌。"①根据这份政策原则，不属于解放初城市房屋接管类型的棚户，其私房性质得到承认和保留。

在 1956 年时，全市的私房棚户为 186 万平方米②，不含简屋，闸北的棚户简屋为 74.6 万平方米③，同一时期，在黄浦区 24 块 100 户以上的大型棚户区中，张家浜街道占了 60%，此类棚户均属于私房。

随着社会主义改造高潮的到来，1956 年，上海对出租面积在 1 000 平方米以上的房产通过公私合营的方式实行了社会主义改造，显然，每户面积并不大的私房棚户不属于改造之列。1958 年修改了改造起点标准，对每户出租在 150 平方米以上的房屋实行以国家经租为主的社会主义改造，这使得全市房地产所有制情况发生

---

① 《人民日报新华社信箱关于城市房产、房租的性质和政策》，载《房产通讯》杂志社：《国家房地产政策文件选编》(1948 年—1981 年)，内部资料，1982 年版，第 6 页。

② 《上海市轻工业局关于制订私房租赁管理暂行办法过程及主要内容的说明》，上海市档案馆：B163-2-649-21。

③ 上海市闸北区志编纂委员会编：《闸北区志》，上海社会科学院出版社 1998 年版，第 284 页。

了根本变化,市房地产管理部门直接经营管理的居住房屋达到 1 950 万平方米,占全市居住房屋的 59%[①]。照旧,几乎没有 150 平方米以上的棚户家庭存在,在社会主义公有制为主体的经济体制之下,一直未被改造的私房棚户成了特别存在。

尽管自解放以来,上海公有住宅的面积一直在变大,尤其是以代表社会主义房屋类型的工人新村的大量新建,但并非所有的棚户居民都急于搬离棚户区域,对棚屋区的住宅,他们认为有一定优点:"① 居住时间长,邻居熟悉;② 离厂近,节省交通费;③ 一般能独门独户,不致与邻户合灶合厕;④ 大部自有房屋,不需付房租。"[②]对棚户居民而言,尽管棚户条件简陋,可相较于居住在阁楼或是灶披间来说,棚屋区的居住条件,也不一定糟糕。另外,值得注意的是,于近代上海成长起来的都市民众对私产的把持较其他城市来得更强烈些,法律意识也较其他地方更加浓厚。在上海的法制与经济社会中成长起来的棚户居民,其观念自然受到影响,民国时期,就有多起对棚户拆除的合法抗争。解放之后,上海的棚户居民并没有随大势放弃私产的所有权,而是一有机会就扩大属于私房的面积,在上海整个棚户简屋区中,私房比例极高。

虽然棚户私房的产权和买卖交易权得到承认保留,但实际并不鼓励普遍发生。在 1949 年发布的《关于城市房产房租的性质和政策》中,就指出,城市里私人对房屋的占有,是资本主义性质的,私有房屋的租赁,是一种借贷资本的特殊形态,它不能构成任何生产方式,而以不同地位存在于阶级社会中[③]。为了改变住宅缺乏的状况和抑制投机倒把,内务部强调:"在城市私有房屋管理上,要从产权登记,掌握房屋情况,控制买卖交易,加强现有房屋的养护等方面来为劳动人民服务。"[④]

1951 年 10 月,上海市军管会及政府分别公布了"各机关单位统一承租承购私产房屋的办法",鼓励公有单位承购私房,政府希望用扩大公有住宅的方式,改变住宅缺乏的状况并增加公有资产的份额。同时进行的棚户修缮扩建,同样出于改善民众居住状况的考虑,从不鼓励代表资本主义的出租买卖牟利行为普遍发生。

---

① 上海市建筑工程局等编:《上海经济区工业概貌·上海建筑·建材卷》,学林出版社 1986 年版,第 16 页。

②《上海市规划建筑管理局关于对上海市民翻建棚屋问题的请示报告》,上海市档案馆:A54-2-175-18。

③《人民日报新华社信箱关于城市房产、房租的性质和政策》,载《房产通讯》杂志社:《国家房地产政策文件选编》(1948 年—1981 年),内部资料,1982 年版,第 5 页。

④《内务部王一夫副部长关于城市房地产工作上的几点意见》,载《房产通讯》杂志社:《国家房地产政策文件选编》(1948 年—1981 年),内部资料,1982 年版,第 15 页。

1957年，上海市人员委员会发出指示，要求各部门加强对搭建简屋棚屋的管理，市人委转发的《关于限制搭建简屋棚屋的对内掌握原则》中，提出对"擅建简屋、棚屋借机贩卖牟利的，可代为拆除，其情节严重恶劣的可送法院处理"①。所以，在20世纪五六十年代，政府对棚户区的改造管理包含两方面的含义，一方面是属于改善居住条件的民生工作，另一方面是关系到两种制度的政治工作。

### (二) 私房棚户出租买卖现象频出

虽然政府希望将更多的房屋纳入公房管理体系，但对居民自住型私房棚户的改建行为仍旧提供便利条件，允许改建扩大。针对20世纪60年代之后大量私房棚户改建的需求，为了方便居民购买材料改建棚户，上海市供销合作社、上海市房地产管理局变更了材料供应方式。以毛竹为例，此前由于私房搭建材料供应紧张问题，维修需用毛竹，一直是由居民向各区房管所申请，经各房管所核实后开出购买证明单，然后居民持单向土产公司各营业所购买。为了减少环节，简化手续，进一步为居民服务，上海市供销合作社、上海市房地产管理局决定，"自本年(1965年)12月1日起，凡是私房维修需用毛竹由居民向土产公司各营业所直接申请，由各营业所核实供应。各房管所不再办理此项工作。由于这一供应办法的变更，必须积极做好准备，防止居民购买脱节。各区建筑材料公司、各房管所需在十一月底以前将过去供应情况分别介绍给有关土产公司营业所，各营业所也主动与各有关建筑材料公司、房管所联系，相互配合共同做好这项工作"②。私房棚户居民自住型的改建需求没有受到限制。

允许棚户搭建和改造，实质是政府解决人民生活居住问题的重要方面。但对棚户居民而言，棚户修缮却存在两种截然不同的意图，既有解决居住困难的真实需求，亦有私房房主趁机强搭出租牟利的现象。

1963年这一年中，上海市各区申请零星建筑执照的达2万件，其中60%以上属棚户修理翻建扩大③，从居住要求安全条件等看来，对此应该支持考虑，但当中不乏材料不足，影响通道或邻居等情况，更有严重的棚户买卖出租现象，1964年的报告显示棚户区中有四分之一是用于出租的④，关系十分复杂，政府处理起来十分被动。

---

①《上海市人员委员会关于限制搭建简屋棚屋的指示》，上海市档案馆：A54-2-175-68。

②《上海市供销合作社、上海市房地产管理局关于私房维修需用毛竹变更供应办法的通知》，上海市档案馆：B102-2-114-17。

③《上海市建设建设局关于改造上海市棚户区意见的报告》，上海市档案馆：B11-2-81-1。

④《上海市建设建设局关于改造上海市棚户区意见的报告》，上海市档案馆：B11-2-81-1。

1963年,上海市人民委员会不得不再次重申:"对于确属为出售出租投机牟利而搭建的棚屋,一律限期拆除。如有意拖延、抗拒的。经过区人民委员会批准后予以代拆,情节严重的应送交人民法院惩处。"①虽然在棚户改造时,对搭建政策几经调整,但不变的是政府一直严厉禁止棚户出租行为。

除此之外,私房买卖现象,在简屋棚户区中也特别多。从1958年初开始,为配合对私人出租房屋的社会主义改造工作,防止私人分散产权,上海市房地局对砖木结构以上的房屋买卖,曾停止办理移转过户。但对一般结构简陋的房屋,仍准予买卖。自1958年下半年至1961年6月底止,全市批准的私房买卖移转案件约1 500余起,其中简屋棚户874处,共24 189平方米,占所有允许交易的58%。除此之外,还存在许多私下交易的棚户买卖,往往在成交以后,既不向房管部门办理移转手续,也不交税。上海市房地局对杨浦区眉州路一处棚户进行调查,共有居民515户,房屋528间,解放以来,房屋买卖就发生344间次,均未向房管部门办理移转手续②。这显然不利于政府对住房情况的掌握和日常管理。

1964年,普陀区安全里里委会调查显示,仍有不少居民违章搭建出租出售。在1 400多户居民中,违章搭建的有199户,占总户数的14%,搭建总面积达563平方米,其中以安徽弄违章搭建情况较为严重,该弄共有居民428户,违章搭建77户,占总户数的18%③。违章搭建的时间、用途、性质大致如下。

**表4-7　普陀区安全里里委会违章搭建时间表**　　(单位:户)

| 时间 | 1956年前 | 1957 | 1958 | 1959 | 1960 | 1961 | 1962 | 1963 | 1964上半年 |
|---|---|---|---|---|---|---|---|---|---|
| 户数 | 11 | 14 | 2 | 无 | 5 | 23 | 83 | 42 | 19 |
| 合计 | 199 | | | | | | | | |

资料来源:《上海市普陀区人民委员会建设科关于安全里里委会违章建筑的调查报告》,上海市档案馆:B11-2-81-15。

① 《上海市人民委员会关于批转上海市城市建设局关于制止搭建棚屋的请示报告的通知》,上海市档案馆:B11-2-54-1。

② 《上海市房地产管理局关于制订上海市私有房屋买卖管理暂行办法的报告》,上海市档案馆:B11-2-2-3。

③ 《上海市普陀区人民委员会建设科关于安全里里委会违章建筑的调查报告》,上海市档案馆:B11-2-81-15。

**表 4-8　1964 年普陀区安全里里委会和安徽弄出租出卖统计表**

<table>
<tr><th>地　　点</th><th>违章搭建总户数(户)</th><th>性　质</th><th>户数(户)</th><th>占百分点(%)</th></tr>
<tr><td rowspan="2">安全里里委会</td><td rowspan="2">199</td><td>普遍居民出租出卖</td><td>35</td><td rowspan="2">21.6</td></tr>
<tr><td>小组长以上干部</td><td>8</td></tr>
<tr><td rowspan="2">安徽弄</td><td rowspan="2">77</td><td>普遍居民出租出卖</td><td>9</td><td rowspan="2">16.9</td></tr>
<tr><td>小组长以上干部搭建</td><td>4</td></tr>
</table>

资料来源：《上海市普陀区人民委员会建设科关于安全里里委会违章建筑的调查报告》，上海市档案馆：B11-2-81-15。

普陀区安全里里委会的违章搭建在 1956 年之前较少，主要集中在 1962 年及以后两年。因为随着生产的发展，人民群众的生活水平相应有所提高，有能力改善住房条件，而原有房屋不够居住，不少居民迫切要求改善居住条件，通过扩建或改建原有住房，以增加居住面积。安徽弄之所以违章搭建多，是因为该弄原居住面积一般较小，平均每人在 3 平方米以下的就占总人口数的 40.3%。这是搭建违章建筑的一个重要原因①。

虽然不少居民这么做是为了改善居住条件，但钻空出租出卖就违反了政府一再禁止的交易规定。如中山北路 1862 弄小业主鞠兴臣，家里已经有 5 个房客，月租收入三四十元，但他不以此满足，还想翻高阁楼，并说他是为了帮助政府克服困难才搭建，他通过钻合法手续的空子，申请改建扩建，出租牟利。居住在中山北路 2286 弄 26 号的信和纱厂工人王汝信，他先以 700 元出卖半间矮楼房，又以 200 元在泰山宅 110 号买进一间草房，再来申请改建，企图出卖牟利②。

这些人尚进行了改建申请，还存在少数职工并未取得搭建许可，擅自搭建违章建筑出租出卖。如中山北路 2446 弄 1 号王某，是卢湾区一所专科学校的教师，从 1957 年到 1964 年，陆续搭建出卖违章建筑有 5 次之多，单是在自己门前沿中山北路搭的一个滚地龙就卖了 90 元。居民一般先准备好材料和劳动力，趁政府机关例

① 《上海市普陀区人民委员会建设科关于安全里里委会违章建筑的调查报告》，上海市档案馆：B11-2-81-15。

② 《上海市普陀区人民委员会建设科关于安全里里委会违章建筑的调查报告》，上海市档案馆：B11-2-81-15。

假休息日,一夜突击完成,造成既成事实,并采取逐步形成策略,"热天竖两根柱子,搭个凉棚;天气渐凉,弄点芦席四面一围;冷天加上顶盖,就成为一间房子"①。工作人员对这些情况防不胜防。

在处理违章搭建中还遭遇了暴力冲突事件,如光新路的张某某在中山北路平民村后强行搭建,劝阻不听,辱骂里弄干部,撕破民警裤子,并率领全家到派出所吵闹②。这些事情的发生完全背离了允许棚户搭建修缮的初衷。对棚户中"少数人实际上居住并不十分困难,甚而有出租出卖情况,钻空子,强占强搭,甚至引凶殴打干部"现象,政府面对这一问题也着实头疼,认为这是一项既复杂又细致的工作③。

出租私房棚户,让私房房主掌握了除劳动工资以外的报酬所得,在严重的阶级对立观点之下,这属于资本主义范畴,出租出卖行为被认为是"两条道路斗争问题,必须从严处理"④。一直以来,政府并不妨碍自住私房的改善,但对出租行为,明令禁止。1965 年 8 月 27 日各区建设科长召开会议,对于上海市人民委员会公用事业办公室的《关于处理违章搭建棚屋和改造棚户区意见的请示报告》,进行讨论,虽然大家一致认为对棚户翻建后的出租买卖行为应予禁止,但采取什么管理方式,仍无法得出有效结论,有待在今后实践中解决。

### (三) 对私房棚户产权的保护与交易管制

虽然政府不鼓励棚户出租,但对个别地区试图剥夺私房产权的行为,及时进行了纠正。

为了阻断出租现象再生,闸北区曾向市建委提议:"我区目前私棚户简屋还占有相当数量,通过全面整顿和翻建不论自住或出租,一律改私为公,作为国家产业。对自有自住的产业,如原主在房屋改造后即迁出,可按拆迁规定价格折旧作价收购;如本人要求继续居住,可按折旧价款抵付一定时期的租金。原属出租的房屋均

---

① 《上海市普陀区人民委员会建设科关于安全里里委会违章建筑的调查报告》,上海市档案馆:B11-2-81-15。

② 《上海市普陀区人民委员会建设科关于安全里里委会违章建筑的调查报告》,上海市档案馆:B11-2-81-15。

③ 《上海市城市建设局关于制止无照搭建棚屋工作的情况汇报》,上海市档案馆:B11-2-81-26。

④ 《上海市普陀区人民委员会建设科关于安全里里委会违章建筑的调查报告》,上海市档案馆:B11-2-81-15。

按拆料价格对折付给业主，作为转移产权的补偿。”①尽管法律上允许私有制存在，但在实际工作中，区政府却试图改私为公，上海市建委马上回复纠正了这一错误思想，回复意见如下：

1. 不得以要求支援为名，向附近工厂、企业劝募或摊派资金、材料。各厂如确实有多余不用的材料，可以在国家规定许可的范围内，通过必要的手续作价调拨。

2. 发动里弄居民群众参加劳动时，必须坚持自愿原则，不得有任何变相的强迫命令，并应按劳动的数量和质量给以一定的报酬。

3. 拆除私人所有的棚户，必须给予补偿。1959 年 4 月市委所批房地局的有关补偿标准的规定，现在看来有些偏低。除请房地局迅速研究修订外，目前执行中应视现实情况适当提高，以实事求是不使群众吃亏为原则。其价款可按业主自愿，或者付给现款，或者在住进新房后抵充租金。

4. 凡业主坚持不愿放弃产权者，可以寻找类似房屋进行交换(如条件有出入时，可经协商相互在经济上找补)，产权仍归其所有。

5. 翻建房屋的租金标准，应略低于普陀旧式里弄。请房地局会同区委研究决定。②

从上海市委基本建设委员会的回复意见可以看出，上海市委没有剥夺棚户居民对房屋的产权，而是强调“凡业主坚持不愿放弃产权者，可以寻找类似房屋进行交换(如条件有出入时，可经协商相互在经济上找补)，产权仍归其所有”，这类明确的回复说明了上海市委对棚户私房产权保护的决心。

1965 年，市委公用事业办公室私房对私房买卖规定做出调整，针对居民确实因

① 《关于棚户简屋整顿和翻建工作的请示报告》，载《上海市房屋调配委员会、文化局关于动迁房屋的报告、房地局党委、长宁区委关于房屋加层的报告、小结、城建局、闸北区委关于整顿改建棚户简室的报告、黄浦区委关于改建南京路初步规划和上海市基本建设委员会意见》，上海市档案馆：A54-1-222。

② 《关于闸北区委“关于棚户简屋整顿和翻建工作的请示报告”的意见》，载《上海市房屋调配委员会、文化局关于动迁房屋的报告、房地局党委、长宁区委关于房屋加层的报告、小结、城建局、闸北区委关于整顿改建棚户简室的报告、黄浦区委关于改建南京路初步规划和上海市基本建设委员会意见》，上海市档案馆：A54-1-222。

为调动工作(调到外地或者本市其他地区),需要出卖自住房屋的,允许买卖,但只能“由房地产管理部门按价统一收购、统一出售,杜绝自由买卖、投机倒把”①。一直以来,上海市委和市政府都将棚户改造作为改善居民居住条件的重要工作,对出租出售行为的限制旨在消除资本主义的牟利行为,并不借此获得私房棚户户主的房屋所有权,上海市委和市政府对私人财产的保护没有改变。

1966年,上海市房地产管理局发出《关于棚户简屋区居民因工作调动、户口外迁等原因空出的私有房屋统一由房管部门收购的具体规定》的通知,进一步明确了相关规定。

**关于棚户简屋区居民因工作调动、户口外迁等原因空出的私有房屋统一由房管部门收购的具体规定②**

一、凡本市棚简房屋房主由于工作调动户口外迁等原因,需要出售空出的私有自住房屋,统一由房管部分作价收购,房主不得自由买卖、典押、出租牟利或空关浪费。其中草棚可以动员房主自行拆除或由房管部门收购后予以拆除。

二、在1963年市人委发布禁止搭建棚屋布告以后的违章搭建,目前确实影响交通、消防安全或严重影响市容观瞻的,原则上由搭建人自行拆除,房管部门不予收购。

三、对收购上述私房的价格,可以按照1963年6月市人委第三十三次市长办公会议批准的上海市房屋估价暂行标准办理。

四、房屋基地与出售房屋产权同属一人的,其基地则应随出售房屋一同移转,不另计价,如系房地二主,其房屋基地,可以在房屋收购以后,按征用土地办法予以征用。

五、出售的私房,必须产权清楚,办好移转过户手续,并且没有任何产权纠纷。如果房主委托代理人出售房屋,则该受委托人须在本市有常住户口,并具

① 《上海市人民委员会公用事业办公室转发城市建设局关于关于处理违章搭建棚屋和改造棚户区意见的报告的通知》,上海市档案馆:B257-1-4431-16。

② 《上海市手工业管理局关于转发上海市房地产管理局“关于棚户简屋区居民因工作调动、户口外迁等原因空出的私有房屋统一由房管部门收购的具体规定”的通知》,上海市档案馆:B233-2-136-73。

备一定的委托手续。严格禁止黄牛掮客从中牟利。

六、房管部门收购的私有棚简房屋可以根据居民的迫切需要经过整修后统一出售也可以出租。出售价格，一般可以按照买价加上房屋修理费用以及百分之五的房屋买卖管理费(包括产权登记和发证费用)。

房屋买受人必须是本市常住户口，并且确属本身居住上需要的。

上海市房地产管理局

1966年4月14日

量大面广的棚户区在短期内不可能彻底拔除的情况下，居民通过翻建修缮改善居住条件是十分必要的，但在发展过程中，棚户搭建出租出售行为的发生，让原本改善的目的变了样。在计划经济时期，所有制形式是工作参考的重要依据，虽然政府一直希望扩大公有住房的规模体系，但中共上海市委和市政府并没有在消除市场行为的过程中，剥夺广大棚户居民的房屋所有权，棚户居民的私房产权得到了保留。

## 第四节　20世纪60年代的棚户生活与身份认同

日常生活是琐碎的，也是丰富的。从20世纪60年代棚户的日常生活体验中，可以窥见十多年社会变迁中，棚户社会改造的大致结果。20世纪60年代棚户社会的日常生活与身份认同表明，棚户作为身份象征的观念被打破，在20世纪60年代的上海社会中，房屋类型的差异并不影响居民的日常生活与身份认同，国家强力建构的“工人阶级当家做主”观念，改变了长期以来人们对棚户的负面评价。与普遍低标准的空间改造相对比，“工人身份”带来的影响对棚户社会面貌的改变更为显著。

### 一、20世纪60年代的棚户生活

在20世纪60年代，普遍就业的实行和工人身份的获得，让棚户居民的收入与支出与其他住宅类型的居民相比并没有显露出任何区别。劳动保险的保障和日常民主生活的参与,令棚户居民呈现出积极的乐业状态。日常生活体验透露出空间与社会同步再造下的棚户改造效果。

### (一) 家庭收入与支出

上海解放之前,住房类型的差异将贫富差距表现得淋漓尽致,缩小贫富差距是新中国成立后党和政府努力工作的目标。在20世纪60年代,棚户区内居民的收入与其他群体之间并无大的差异。

**表4-9　1960年上海交通邮电工人收入水平表**

| 部门分类 | 户数(户) | 人数(人) | 每月总收入(元) | 每人每月平均收入(元) |
|---|---|---|---|---|
| 港务局四区2组 | 23 | 117 | 2 428 | 22.9 |
| 港务局四区36组 | 24 | 121 | 2 349 | 20.15 |
| 铁路局电务工程队通信六分队 | 9 | 49 | 883.21 | 18.12 |
| 上运五场保修车间一个团小组 | 5 | 25 | 634 | 25.36 |
| 合计 | 61 | 312 | 6 294.21 | 20.17 |

资料来源:《从几个典型的算账材料看交通邮电工人生活水平的状况》,上海市档案馆:A58-2-93-199。

1960年,交通邮电系统对所属部门职工的家庭收入进行了调查。每个部门之间略有差异,总体而言,61户家庭,每人每月平均为20.17元,最高的可达25.26元,最低的是18.12元,这与1960年之后在部分棚户区的调查结果相似。

1960年的一些调查材料说明,许多棚户区中每人每月平均收入在20元左右,而且有的棚户区里每人每月平均收入在20元以上的家庭已几近一半。对1961年上半年药水弄2 492户居民(11 511人)所作的调查表明,这些家庭每月的总收入为221 303元,即每人每月平均收入为19.20元①,具体收入情况如表4-10所示。

① 上海社会科学院经济研究所城市经济组:《上海棚户区的变迁》,上海人民出版社1962年版,第65页。

**表 4-10　1961 年药水弄居民收入情况统计表**

| 类　　别 | 户数(户) | 占总户数的比重(%) |
| --- | --- | --- |
| 每人每月收入在 10 元以下 | 214 | 8.58 |
| 每人每月收入在 11—15 元 | 542 | 21.75 |
| 每人每月收入在 16—20 元 | 593 | 23.77 |
| 每人每月收入在 21—30 元 | 649 | 26.04 |
| 每人每月收入在 31—40 元 | 285 | 11.44 |
| 每人每月收入在 41—50 元 | 104 | 4.21 |
| 每人每月收入在 50 元以上 | 105 | 4.21 |

资料来源：上海社会科学院经济研究所城市经济组：《上海棚户区的变迁》，上海人民出版社 1962 年版，第 65 页。

由表 4-10 可知，1961 年时，药水弄棚户居民的收入以 21—30 元之间为多，甚至出现了 40 元、50 元以上的高收入家庭。尽管仍居住于需要改造的棚户区中，但收入并没有低于平均水平，与前文所示的交通邮电系统工人在平均收入上差异甚微。

棚户居民收入的增加是比较普遍的情况。蕃瓜弄作为上海的知名贫困棚户区，解放前，由于棚户区居民多为半就业贫民，收入较低，没有钱负担房租，不得不以棚为家，更有甚者，食不果腹衣不蔽体。通过本书前文可知，解放后经过党和政府的帮助，该地居民的就业人数大大增加，产业工人比重提高，家庭收入显著增长。根据对此地 202 户居民的调查，1949 年时每人每月平均收入只有 7.89 元，至 1959 年已提高了一倍，达 15.30 元。在闸北辖区内的北平民村棚户区中，根据对不同类型的 9 户人家调查显示，1949 年时每人每月平均收入只有 10.13 元，至 1960 年时提高到 20.36 元，也增加了一倍①。

生活水平是由收入决定的，消费状况为其表现形式，棚户家庭的收入与支出能

① 上海社会科学院经济研究所城市经济组：《上海棚户区的变迁》，上海人民出版社 1962 年版，第 66 页。

最直观地反映人们生活水平的状况。就业稳定,收入提高,带来的直接影响就是人们消费水平的提高,以药水弄第一居民委员会第12居民小组为例,该小组1949年共42户,每人每月平均收入12.13元,1960年时住户变成44户,每人每月平均收入提高到20.17元①,收入的增长直接体现在了他们的日常生活消费中。

**表4-11 药水弄居民日常消费对照表**

| 项目 | | | 上海解放前 | 1960年 |
| --- | --- | --- | --- | --- |
| 吃(户) | 主食 | 六谷粉、菜皮等 | 24 | — |
| | | 稀饭 | 11 | — |
| | | 干饭和稀饭 | 7 | 44 |
| | 副食 | 素菜 | 39 | 1 |
| | | 有荤有素 | 3 | 43 |
| | | 有糕点糖果 | 1 | 44 |
| | | 订牛奶 | — | 5 |
| 穿 | 棉衣(件) | | 117 | 392 |
| | 毛线衣(件) | | 5 | 117 |
| | 呢衣裤(件) | | 1 | 70 |
| | 胶鞋(双) | | 55 | 209 |
| | 皮鞋(双) | | 3 | 49 |
| 用 | 棉被(条) | | 58 | 136 |
| | 床(张) | | 27 | 58 |
| | 桌(只) | | 15 | 49 |
| | 椅、凳(只) | | 24 | 136 |

① 上海社会科学院经济研究所城市经济组:《上海棚户区的变迁》,上海人民出版社1962年版,第66页。

**续　表**

| 项目 | | 上海解放前 | 1960年 |
| --- | --- | --- | --- |
| 用 | 橱(只) | 2 | 14 |
| | 箱(只) | 18 | 68 |
| | 自行车(辆) | — | 3 |
| | 缝纫机(架) | — | 1 |
| | 钟(只) | 4 | 27 |
| | 表(只) | — | 13 |
| | 收音机(只) | — | 5 |
| 有存款(户) | | — | 35 |

资料来源：上海社会科学院经济研究所城市经济组：《上海棚户区的变迁》，上海人民出版社1962年版，第68页。

药水弄居民的吃穿用度较解放前有了明显提升，饮食从勉强果腹的菜皮稀饭变成了干饭和稀饭，衣鞋的增加让居民不再饱受寒冷的折磨，家具也一应得到添置，甚至出现了自行车、缝纫机、收音机等体现时代美好生活的物件，这不无反映出居民生活水平的提高。从就业、收入、消费水平来看，此时的棚户区生活水平确实较之前进入一个新阶段。20世纪90年代的抽样调查显示，药水弄的居民与其他同属普陀区的非棚户区住户相比，在家用电器和家具拥有情况方面已然没有太大差异。

从表4-12可以看出，在手表、收录机、电风扇这些小件物品方面，药水弄家庭的平均每户拥有数要略高于普陀区其他家庭拥有数，在大件物品中，如电视机、洗衣机、电冰箱、自行车等，药水弄的平均拥有量要低于普陀区其他地方，但总的来说，各方面的对比差异并不明显。这份抽样调查还显示，在1990年时，全区人均月生活费为147.38元，药水弄人均月生活费为143.56元，仅相差3.82元，悬殊不大，药水弄的赡养比平均为1∶1.3，略低于全区1∶1.5的赡养比①。棚户区居民的日

① 上海市普陀区志编纂委员会编：《普陀区志》，上海社会科学院出版社1994年版，第976页。

常生活消费与其他地区民众的消费对比并不明显,主要表现为居住空间的差异。

**表 4-12 1990 年普陀区和药水弄居民家用电器、家具等拥有量抽样调查对照表**

| 物品名称 | 普陀区 102(户) | | 药水弄 50(户) | |
|---|---|---|---|---|
| | 实有数 | 平均每户拥有数 | 实有数 | 平均每户拥有数 |
| 手表(只) | 344 | 3.37 | 177 | 3.54 |
| 收录机(台) | 87 | 0.85 | 43 | 0.86 |
| 黑白电视机(台) | 74 | 0.73 | 18 | 0.36 |
| 彩色电视机(台) | 86 | 0.84 | 41 | 0.82 |
| 录像机(台) | 33 | 0.32 | 16 | 0.32 |
| 电风扇(台) | 186 | 1.82 | 99 | 1.98 |
| 洗衣机(台) | 83 | 0.81 | 39 | 0.78 |
| 电冰箱(台) | 95 | 0.93 | 45 | 0.90 |
| 自行车(辆) | 126 | 1.24 | 49 | 0.98 |
| 配套家具(套) | 72 | 0.71 | 35 | 0.70 |

资料来源:上海市普陀区志编纂委员会编:《普陀区志》,上海社会科学院出版社 1994 年版,第 975 页。

然而,此后经济体制的变革,打破了计划经济时期对居住空间较少关注的状态。持续几十年的平均主义"大锅饭"制度,让社会不堪重负,20 世纪 70 年代末期之后,中国逐步开始了改革探索之路。随着商品经济和市场经济的到来,土地和房屋重新作为商品进行交易,计划经济时期属于工人福利范畴的房屋管理和分配政策被取代。由于工人长期低标准的收入与积累,进入市场经济之后,大批下岗的棚户工人无力完成自我改善,棚户区又以城市"下只角"的方式回归大众视野。

### (二) 日常政治生活的参与

虽然从外部普遍的物质条件上看,20 世纪五六十年代的棚户区改造并未发生大的改变，但论及社会身份，棚户居民解放前后的境遇大不一样。在棚户居民的体验中，社会地位上升的显现，通过与其他群体在形象和地位上的对比反映出来。以知识分子为例，经过多次改造与运动，知识分子的形象成为"臭老九"，政治地位迅速下滑，而工人群体则成为宣传上的统治阶级。这种对调的转变，让此前处于社会底层的棚户居民获得极大的心理满足。此外，通过对日常政治生活的参与，工人实实在在地感受翻身感增强，以下几个案例大概能勾勒一二。

一是表达政治声音。1951 年，上海抗美援朝运动扩大，全上海先后已有一百多万人参加了反对美国重新武装日本的示威游行，"其中尤以三月四日 66 万工人的示威大游行和'三八'节 30 万妇女的示威大游行规模巨大；许多从不过问政治的摊贩、棚户居民、神父、修道女和八九十岁的老年人，也都涌进了游行的行列"①。棚户居民与普遍民众一起勇敢广泛地表达了自己的政治心声。

二是实行普选投票。1953 年 3 月 1 日，中央人民政府公布《中华人民共和国全国人民代表大会及地方各级人民代表大会选举法》，同年，上海为顺利推进普选工作，进行了基层选举试点。根据中共上海市委的指示，市选举委员会从工业区的普陀、商业区的黄浦、居民区的徐汇、棚户区的闸北各选择一个选区，连同郊区的高桥镇和高南乡，作为普选的试点②。宣传员深入工厂车间、里弄和棚户区进行宣传动员，普选试点工作，使广大群众普遍接受了一次系统的民主教育，提高了主人翁的责任感，上海解放前与民主政治无缘的棚户居民在上海解放后迎来了选举人民代表的权利，并出现了不少住在棚户区中的人民代表。

从 1954 年闸北区第一届人代会至 1993 年第十一届区人代会，蕃瓜弄居民共有 7 人当选区人民代表，其中女 6 人，男 1 人。4 人任区人民陪审员，其中男 2 人，女 2 人。例如在 20 世纪 60 年代，担任蕃瓜弄中共支部书记、居民委员会主任的王兰花，被选为市和区人民代表，参政议政，后又评为上海市三八红旗手③。

三是参与单位民主生活决策。上海第一钢铁厂的工人王某某，从小在棚户区长大，一直居住到 20 世纪 70 年代。在《身份建构与物质生活——20 世纪 50 年代

① 《上海抗美援朝运动扩大 各阶层举行千万个小型会控诉美蒋罪行 万条里弄纷纷开居民大会订立爱国公约》，载《人民日报》1951 年 3 月 19 日。

② 《上海民政志》编纂委员会编：《上海民政志》，上海社会科学院出版社 2000 年版，第 42 页。

③ 上海市闸北区志编纂委员会编：《闸北区志》：上海社会科学院出版社 1998 年版，第 1292 页。

上海工人的社会文化生活》一书中,曾回忆自己早年的生活。他所工作的上海第一钢铁厂到解放时,一共有职工800余人,由于钢铁厂24小时生产,需要提供工人宿舍。“一直到上海解放前夕,该厂只有两间工人宿舍,就像鸡棚,又低又矮又黑,只能住几十人,进出还要低头。炼钢工人工作一天,灰尘满面,满脸乌黑,但是没有专门的浴室,只能用汽油桶一劈两半,盛水洗澡”①。工人的收入普遍很低,仅能糊口而已,他们所住的房屋,绝大多数都是草房,这仅是比滚地龙略好一些的棚户。

虽然生活辛苦,但上海解放后的工人明显感觉到组织的温暖,并有当家做主的意识。以工会发放补助为例,他回忆道:“困难职工先向本生产小组的工会组长提出,工会组长则在生产小组全体会议上提交大家讨论,并详细说明具体情况。大家同意,并议定一个大概的补助金额后上报工段,工段再讨论议定补助金额后上报车间,车间再最后讨论确定补助金额,由工会主席签发并张榜公布。经过数天,如没有较大的反对意见,再正式发放补助金。整个过程非常民主,每一个人对这种讨论非常认真,人人都非常看重这份权力。人与人之间的关系,自然有近有疏,想帮要有帮的理由,想反对要有反对的证据,而且都是面对面讨论的,谁想一手遮天是办不到的,因此,这项工作虽不可能做到没有一点偏差,但却基本公正。偶尔有人发牢骚认为自己因为同某某领导关系‘搭不够’,而补助得少了,其实相差也不过3元、5元,因为长期补助的标准线是铁定的,没有可灵活的余地。”②通过参与日常工作安排的讨论,棚户居民得到了前所未有的民主体验,强烈的翻身感成为老一辈棚户居民的深厚记忆。

不论是发表政治声音,还是普选的先行试点和单位民生生活的讨论,这些日常政治生活的参与都进一步强化了底层社会的翻身感。

### (三)劳动保险医疗制度的保障

对比上海解放前棚户社会“贫、愚、破、病”的日常生活,新中国成立之后,逐步扩大的劳动保险范围让棚户居民实现了病有所医。

---

① 袁进、丁云亮、王有富:《身份建构与物质生活——20世纪50年代上海工人的社会文化生活》,上海书店出版社2008年版,第4页。

② 袁进、丁云亮、王有富:《身份建构与物质生活——20世纪50年代上海工人的社会文化生活》,上海书店出版社2008年版,第31页。

为改变旧社会“重视机器，不重视人”的剥削制度①，1951 年，《中华人民共和国劳动保险条例》(以下简称《保险条例》出台)，由于国家财力有限并缺乏经验，最初《保险条例》只在 100 人以上的国营、公私合营、私营和合作社营的工厂、矿场及其附属单位，以及铁路、航运、邮电三个产业所属企业单位和附属单位实行。此后，国家财政经济好转，1953 年修正了《保险条例》，这次修正的主要内容，“一是适当扩大实施范围，二是酌量提高待遇标准”②。1956 年实施范围再次扩大到商业、外贸、粮食、供销合作、金融、民航、石油、地质、水产、国营农牧场、造林等产业和部门。至此，全国实行《保险条例》的职工达 1 600 万人，签订集体劳动保险合同的职工有 700 万人，“享受保险待遇和职工人数，相当于当于国营、公私合营、私营企业职工总数的 94%”③。

**表 4-13　1951—1959 年上海享受劳动保险待遇的职工人数表**

| 年　份 | 人数(万人) | 比 1951 年增长比重(%) |
| --- | --- | --- |
| 1951 | 32.2 | — |
| 1952 | 39.2 | 21.7 |
| 1957 | 90.5 | 181.1 |
| 1958 | 108.6 | 237.3 |
| 1959 | 116.9 | 263.0 |

注：本表没有包括实行劳保集体合同和其他劳保待遇的人数。

资料来源：上海市统计局编：《胜利十年：上海市经济和文化建设成就的统计资料》，上海人民出版社 1960 年版，第 124 页。

自《保险条例》实施以来，上海参保的职工数量不断增加，以行业部门为单位参保，从 1951 年的 32.2 万人增长为 1959 年的 116.9 万人，普遍就业的棚户居民被纳

---

① 中国经济论文选编辑委员会编：《1950 年中国经济论文选》(第三辑)，生活·读书·新知三联书店 1951 年版，第 255 页。

② 《当代中国的职工工资福利和社会保险》编辑委员会编：《当代中国的职工工资福利和社会保险》，中国社会科学出版社 1987 年版，第 306 页。

③ 《当代中国的职工工资福利和社会保险》编辑委员会编：《当代中国的职工工资福利和社会保险》，中国社会科学出版社 1987 年版，第 304—307 页。

入其中。

住在闸北新平民村棚户区中的一位工程建设局工人倪某某,从15岁起就拉黄包车,上海解放前日夜拉黄包车,吃的是六谷粉,住的是泥坎,上海解放后马上得到工作,生活逐年改善,在1960年前后生了病,在家休养,他说:"生病医药费是国家出,工资还照发,要不是毛主席,我就早完蛋了,现在还住了上舒适的房子,真是幸福。"①日常生活各方面的保障无不显示出棚户社会在解放后的极大改变,当时在广大职工中广为流传:"社会主义好,生老病死有劳保。"②

《保险条例》规定企业职工各项社会保险待遇的费用,全部由企业负担,职工因疾病发生的治疗费、住院费、普通药费均由企业负担,且企业必须照顾职工供养的直系亲属,直系亲属可获得免费诊治,手术费和普通药费企业得负担一半。在《保险条例》中,由于并没有规定一个企业职工享受供养直系亲属的名额,意味着只要是受到该工人供养的直系亲属,从祖父母到父母到子女和孙子女,均可享受该劳动保险待遇。"这个劳动保险制度对于当时工人生活影响很大,充分显示了社会主义制度的优越性"③。

劳动保险医疗制度对保护职工及亲属的身体健康起到了相当积极的作用,但十多年发展下来,财政开支巨大,并有不少严重浪费的现象发生。1965年卫生部和财政部首先对国家机关工作人员的医疗制度进行了调整,"一是看病要收挂号费,二是营养滋补药品除医院领导批准使用的以外,一律实行自理"④。

紧接着在1966年,劳动部和全国总工会联合发出《关于改进企业职工劳保医疗制度几个问题的通知》,对企业职工的医疗保险进行了整顿。"规定企业职工患病和非因工负伤,在指定医院或企业附设医院医疗时,其所需的挂号费、出诊费,均由职工本人负担;职工患病所需贵重药费改由行政方面负担;职工服用营养滋补药品的费用改由本人自理;职工因工负伤或患职业病住院期间的膳费,改收本人负担三

① 《方美韶、吴若安、沈粹缜等在上海市第三届人民代表大会第三次会议上的发言材料——发动群众、积极改建棚户旧屋、加速改善市民居住条件》,上海市档案馆:B1-1-797-41。

② 《当代中国的职工工资福利和社会保险》编辑委员会编:《当代中国的职工工资福利和社会保险》,中国社会科学出版社1987年版,第303页。

③ 袁进、丁云亮、王有富:《身份建构与物质生活——20世纪50年代上海工人的社会文化生活》,上海书店出版社2008年版,第32页。

④ 《当代中国的职工工资福利和社会保险》编辑委员会编:《当代中国的职工工资福利和社会保险》,中国社会科学出版社1987年版,第317页。

分之一，行政负担三分之二”。对企业职工供养的直系亲属医疗补助，仍保持药费和手术费收半费的规定①。根据当时的实际情况，这种调整十分必要，计划经济之下大包大揽的工作方式让国家财政难以承担如此庞大的支出，各项制度在摸索中逐渐发生改变。

## 二、身份认同的强化

身份代表着个人的出身和社会地位，徐勇为《身份政治》一书所作序言提到，身份具有凝聚性又具有排斥性，“通过身份界定和赋予，将一部分人凝聚在一起，同时将另一部分人排斥在外。中国革命正是由于阶级身份的建立而获得成功，由此改变了整个社会大众的生活的命运”②。确实如此，棚户自19世纪产生，在新中国成立之前，棚户居民作为社会最底层，被排斥在日常政治生活之外。新中国成立之后，他们才开始拥有平等的国民政治身份，“工人阶级”的标识让棚户居民终于扬眉吐气地参与国家公共事务。这种身份认同正是国家通过强力建构而成，通过一系列活动与措施，棚户原本的身份标识被打破，取而代之的是工人身份的强化。对于已普遍加入工人阶级队伍的棚户居民来说，棚户不佳的生活条件并不影响其内心的满足与认同感，相较之前，棚户居民的身份认同和社会参与都达到了前所未有的高度。

### (一) 身份塑造下的自我认同

身份是个人进入社会的标识，封建社会的“士农工商”表明社会阶级进行的严格区分，中国古代一直用身份规制人们的活动。随着社会主义制度的逐步确立，在整个社会分层中，工人阶级成为地位上升最快的阶层。已普遍加入工人队伍的棚户居民，从上海解放前社会底层的贫困人口转变为新社会国家名义上的统治阶级，巨大的转变让棚户居民的自我认同发生了极大改变。

卢汉超的研究曾将进厂就业、获得工人身份描述成早年棚户居民的都市梦想。

---

①《当代中国的职工工资福利和社会保险》编辑委员会编：《当代中国的职工工资福利和社会保险》，中国社会科学出版社1987年版，第317页。

② 李海金：《身份政治：国家整合中的身份建构》，徐勇序，中国社会科学出版社2011年版，序言第3页。

上海解放前的棚户居民自然没有预料到，此后中国社会将发生如此大的改变，工人阶级能成为国家的统治阶级。棚户区梦想的来源仅是因为民国时期工人的生活明显优于棚户区居无定所、食不果腹的生存状态。解放前，工人的经济地位也比较低下，但能维持生活，对棚户居民来说，从无业或半就业状态转化为工人，是比较容易取得的状态。1949 年之后，棚户居民这份简单的梦想，显然已经实现，失业的消除，生活水平的提高，加之入住工人新村的憧憬，棚户居民的生活状况发生了大的改变。

必须承认的是，计划经济时期国家为了加速发展经济，实行的政府高积累、社会低工资的经济政策，使工人群体的收入普遍较低，部分棚户居民的生活水平仅是温饱型，经济地位仍然偏低，但这并不妨碍棚户居民的工人身份成为理论上的政治上层。

对棚户区居民而言，阶级身份的变化远比居住环境的变化来得强烈得多。上海解放前的棚户区如同人间地狱，但在 20 世纪五六十年代，已转换成工人阶级的棚户居民，成为国家理论上的统治阶级，居住在棚户区中的工人，从身份上讲，与住在工人新村中的居民并无差别。因为苦难的过往，大部分的居民更加珍惜这来之不易的改变，对党和政府的感激之情自不必说。

这种感恩和满足直接投射到了棚户居民的日常工作中，劳动积极性与主动性大为提高。“经过一系列的事件，工人开始真正感觉到个人、群体身份的改变，他们在社会上得到了应有的尊重，于是先前遗留下来的不良习气，也渐渐转变过来，他们更主动地投身到以生产为中心的社会主义建设事业中来”①。例如，居住在平凉村 59 号的朱某某一家，通过棚户改建，从之前一家八口拥挤的 8 平方米小窝搬进了 23 平方米的平凉村内，她觉得党和政府恩情实在无以为报，她的丈夫在搬运公司工作，亦因街坊改建，居住问题获得解决，他们工作得更起劲了，她的丈夫后来被评为优秀驾驶员②。

在陈映芳教授组织的元和弄棚户区采访中，可以明显地看出，这些老年棚户居

---

① 袁进、丁云亮、王有富：《身份建构与物质生活——20 世纪 50 年代上海工人的社会文化生活》，上海书店出版社 2008 年版，第 217 页。

② 《虹口区(提篮)第 35 号街坊改建试验工程小结》，载《上海市房屋调配委员会、文化局关于动迁房屋的报告、房地局党委、长宁区委关于房屋加层的报告、小结、城建局、闸北区委关于整顿改建棚户简室的报告、黄浦区委关于改建南京路初步规划和上海市基本建设委员会意见》，上海市档案馆：A54－1－222。

民对上海解放后的生活状态是比较满意的。比如居住在此的一位老人，在上海解放前是学徒，上海解放以后，进入工厂工作，因为没有房子，和妻子住在厂里的宿舍中。后来买了一间草屋，买过不久就对草屋进行了翻建，一直住到接受采访时，已有四十多年时间，虽然他的文化水平并不高，但提及党和政府对社会的改变，他用朴素的语言表示出极大的赞扬："变化么，不是一下子的，一个阶段一个阶段，慢慢来的。新民主革命成功了，今后是社会主义社会，就这么回事。目标么就是共产主义。共产主义么，就要和世界联系起来了。总归一句，党是正确、伟大的，它把三座大山推翻了！是不简单的。现在，开放么，阿拉老百姓就真的站起来了！你要叫我具体说，是说不完的，对哦？工作么，每个人都有工作了，稳定了。房子么，有了。成家了，生活还稳定了。就是这么回事，这已经不得了了！"①从元和弄的采访来看，像这位老人这样想法的老棚户居民不在少数，他们经历过上海解放前后具有明显差异的两个时代，对上海解放后棚户社会的变化普遍表现出极大的认可。

1961年，苏联国民教育工作者代表团参观蕃瓜弄，伊里雅申卡参观后激动地说："这里虽然房子很差，但是街道干净，人都是很高兴的，你们这里到处都是共产主义氛围。"②棚户居民在实际居住体验与心理感受上的差异，对应了梁景和教授所谈的生活质量高低的绝对性与相对性。"生活质量的高低既是绝对的，又是相对的。所谓绝对是指在不同的特定时期内，不同的生产水平，给人提供不同的物质条件，人们会感到不同的物质享受，每一次新增的物质享受都能体现着生活质量的提升。所谓相对是指个体的感受是不同的，心境的不同是影响生活质量的重要指标。个体的身心愉悦，特别是心境的愉悦，不完全与物质生活的高低成正比"③。对20世纪五六十年代经历过新旧社会的棚户居民而言，彼时的生活，已经超越了他们此前期待的方向。

### （二）社会认同

如果说不同社会经济地位的人拥有不同层次类型的住宅，这段时期的社会分层则强调了政治身份的力量，出身才是影响人们地位的主要因素。"在近30年间，

① 陈映芳主编：《棚户区：记忆中的生活史》，上海古籍出版社2006年版，第60—61页。
② 《上海市教育局接待办公室关于接待苏联国民教育工作者代表团简报（第一号）——（参观蕃瓜弄和曹杨新村及工业展览会的情况汇报）》，上海市档案馆：B105-7-1145-11。
③ 梁景和主编：《社会生活探索》，首都师范大学出版社2009年版，第8页。

党和国家高度重视社会成员的阶级出身问题,将阶级出身作为检测民众对新制度政治忠诚度的重要识别标志,并通过此项检验,巩固和强化自己的政权基础"①。棚户区贫苦大众的普遍出身,无不透露出与政府意图的契合。在有意识的宣传之下,棚户从人们厌弃之地变成了劳动人民的暂时居住地,这影响着人们面对棚户区的态度,从对居住环境的关注,转变为社会主义和资本主义两种制度间优劣的论断。

上海社会科学院城市经济组所写的《旧上海的棚户》一文于1962年4月10日在《解放日报》发表,不久,《解放日报》先后收到7封读者来信,他们认为这篇文章揭露了旧上海棚户居民的痛苦,对他们教育很大。上海工农师范大学的一位读者写道:"读了《旧上海的棚户》一文以后,我热泪盈眶,双手捧着报纸,久久舍不得放下。真是字字写得真切,句句语重心长……《旧上海的棚户》所写的只不过是旧上海的一角,而这一角就足以说明了棚户区居民的贫困化是随着帝国主义和国内反动派的压迫和剥削的加深而逐步加深的这一真理。"上海机械学院张科达写道:"读了《旧上海的棚户》一文后,使我清楚地了解到旧上海棚户区居民的痛苦生活的情况,而对万恶的美帝国主义和国民党反动派更加咬牙切齿,恨之入骨,同时,也自豪地感到自己生活在今朝是多么的幸福!……"正因为棚户区显示出来的强大教育意义,上海县交通运输局在动员职工回乡生产时,将《旧上海的棚户》一文作为动员的宣传资料。②

此后,城市经济组进一步编著《上海棚户区的变迁》一书出版,该书出版之后亦得到了各方好评。《人民日报》1963年2月7日以《都市的一角》为题发表了书评,《文汇报》1963年1月10日刊发了陈元定的《温故而知新——〈上海棚户区的变迁〉一书读后感》,《新书情报》第84期(中国人民大学1962年10月18日出版)以及《文汇报》1962年11月13日发表的一篇谈《滚地龙》也是环绕《上海棚户区的变迁》一书写成。此外,上海人民出版社还收到东昌中学王海、吴泾化工厂陈焕章两位读者针对该书的来信③。在上海解放前,报刊中关于棚户区概况的文章不算少数,多描

① 袁进、丁云亮、王有富:《身份建构与物质生活——20世纪50年代上海工人的社会文化生活》,上海书店出版社2008年版,绪论第13页。

②《读者对〈上海棚户区的变迁〉一书及〈旧上海的棚户〉一文的评价——上海社会科学院经济所学术秘书组有关经济问题的参考资料》,上海市档案馆:B181-1-438-5。

③《读者对〈上海棚户区的变迁〉一书及〈旧上海的棚户〉一文的评价——上海社会科学院经济所学术秘书组有关经济问题的参考资料》,上海市档案馆:B181-1-438-5。

述棚户区中艰苦的生活景象，解放后阶级观念的强化，让棚户区变迁成为阶级教育强有力的佐证。1963 年 7 月 17 日星期三晚上七点，在市北中学举行了名为“上海棚户区的变化”的上海市青年宫阶级教育辅导讲座，394 人听了这次讲座，通过这种形式，棚户社会获得了更多同情和关爱，棚户区不再是让人谈之色变的下只角，而是表明社会主义战胜资本主义的直接地带。

棚户区内的人际交往是棚户生活的重要组成部分。在旧居住区的分类中，棚户区属于自然衍生型旧居住区，具有自然、随机的特点，最初的居民通常是自发地、不约而同地选择同一块土地作为自己的生存地①。“在这一类旧居住区居住的居民有共同的生活背景、相关的利益和相同的观念意识，因而有内在的凝聚力。社会生活在此类居住区中也是以平和的方式进行，并多与日常家居生活密切相关。但由于此类旧居住区生活环境条件差，拥挤的居住条件又使人们尽力占领公共空间，这一切都与居住生活的基本需要直接相关，它使居民非自愿地进行日常交往，并产生矛盾和摩擦，表现出人际关系复杂矛盾的一面”②。不论是友好相处还是发生摩擦，可以肯定的是棚户区内的邻里关系十分紧密。棚户本就拥挤的建筑情况，有时经过违章扩建，弄堂仅够两人交身，这种情况一方面导致居民间对空间占有的计较，另一方面又让邻里接触方便，邻居间大多知根知底，你来我往，交往密切，互帮互助。

闸北在进行新平民村棚户区改建时，住在 891 号的朱某某、210 号的寿某某和普善路 128 弄、186 弄及普善二村的很多居民，纷纷主动热情地投入了劳动，虽然该次改建不是直接地改善她们自己的住屋。原住在 380 号的戴某某与原住在 288 号的樊某某，已经搬离了新平民村，仍然经常来新平民村帮助其他人进行改建③。因为开放的格局，棚户区内的亲密互助频率高于其他建筑模式中的居民人际交往。

曾有人提出“棚户文化”，“什么是‘棚户文化’？吃苦耐劳，辛勤劳动，环境适应性大，见缝插针，不空置一寸土地，不浪费一分财物，人际关系上邻里相助，互相照应……”④。有学者指出，“社会网络是一个人同其他人形成的所有正式与非正式的社会联系，也包含了人与人直接的社会关系和通过对物质环境和文化的共享而结

---

① 阳建强、吴明伟编著：《现代城市更新》，东南大学出版社 1999 年版，第 60 页。

② 阳建强、吴明伟编著：《现代城市更新》，东南大学出版社 1999 年版，第 60 页。

③《中共上海市区公用事业办公室关于闸北区棚户改建新平民村试点工作总结》，上海市档案馆：A60-1-25-26。

④ 范祖德：《风雨交大》，上海交通大学出版社 2002 年版，第 191 页。

成的非直接的关系"①。并认为人际交往所形成的社会网络是城市生活中最重要的部分,棚户的环境让棚户居民间的交往远比彼时的公有住房来得方便。

来自浙江宁波的刘姓老人一直住在元和弄棚户区,她对该棚户的社区环境就比较满意,她说:"私房里面串门的多啊,公房里面就少了,大家门一关,谁是谁都不晓得。"②对邻里关系亦十分满意的还有 20 世纪 60 年代初花了 1 380 块,在此购买房子的贾姓老人③。王某某对自己居住在元和弄棚户区也比较满意,认为邻里关系好,大家互相照顾,棚户的环境方便经常交流说话,"对这我还蛮满意呃。许多年住下来了,还想啥啦? 不想啥嘞! 差不多嘞,我蛮满意的"④。虽然"棚户"从建筑居住来看,是经济发展不充分的表现,作为城市中的落后地带,棚户居民间的关怀让他们获得了不少温暖。

社会认同所包含的内容,除了有他人对棚户居民的评价与交往,亦包含棚户居民参与社会公共事务的情况,这表明了棚户区的话语权。《普陀区志》提到,居住在药水弄棚户区中的乔某某,在上海解放后成为居委会干部,并被选为普陀区第一、二、三、四届人大代表。当年的码头工人吴某某,1950 年被工人们推选为市码头工会副主席、市总工会委员,并当选为上海市第二次各界人民代表会议代表⑤。

上海解放后,棚户居民参与政治生活的情况,从未间断。到 1990 年止,药水弄中有 10 人(次)分别被选举为普陀区第一至十届的人大代表,代表人民参政议政和讨论决定全区大事。并有不少居民加入中国共产党,1990 年时,药水弄地区建立了 5 个居委会,5 个中共支部,党员人数达 220 人⑥。与社会变革同步,药水弄内几乎清一色的工人身份在改革开放之后也发生了变化,1990 年,对药水弄第二居民委员会 510 户 995 人就业和职业构成情况再次进行了调查。

从表 4 - 14 统计可以看出,1990 年时药水弄第二居民委员会仍然保持着较高的就业率,且职业构成更为多元,涵盖产业、商业、技术人员和公务员等,与过去相比较,虽然仍然身处棚户区中,但棚户区居民的职业身份随着时间推移发生了改

① 阳建强、吴明伟编著:《现代城市更新》,东南大学出版社 1999 年版,第 39 页。
② 陈映芳主编:《棚户区: 记忆中的生活史》,上海古籍出版社 2006 年版,第 109 页。
③ 陈映芳主编:《棚户区: 记忆中的生活史》,上海古籍出版社 2006 年版,第 117 页。
④ 陈映芳主编:《棚户区: 记忆中的生活史》,上海古籍出版社 2006 年版,第 60 页。
⑤ 上海市普陀区志编纂委员会编:《普陀区志》,上海社会科学院出版社 1994 年版,第 978 页。
⑥ 上海市普陀区志编纂委员会编:《普陀区志》,上海社会科学院出版社 1994 年版,第 978 页。

变，开放的时代给了人们更多机会和选择的可能。

**表 4-14　1990 年药水弄第二居民委员会 510 户 995 人就业和职业构成情况调查表**

| 就业状况 | 人数(人) | 百分比(%) | 职业构成 | 百分比(%) |
|---|---|---|---|---|
| 在业 | 953 | 95.8 | 产业工人及运输业工人 | 74.8 |
| | | | 商业服务业人员 | 10.1 |
| | | | 小商贩 | 7.3 |
| | | | 各类专业技术人员 | 6.5 |
| | | | 国家机关工作人员及企事业单位负责人 | 1.3 |
| 无业 | 42 | 4.2 | — | — |

资料来源：上海市普陀区志编纂委员会编：《普陀区志》，上海社会科学院出版社 1994 年版，第 974 页。

总体而言，20 世纪五六十年代中国社会整体的物质生活水平都是比较低下的，对于棚户居民来说，虽然身处简陋的棚户区中，但生活充满了希望，社会主义的平均主义，让民众普遍居有所屋、学有所教、病有所医、心有所安。加之社会政治地位的提高，"公开公平公正"参与社会公共事务，并拥有公平上升的通道，都给棚户社会带来了强烈的翻身感。一直以来，关于"经济人"与"社会人"的讨论从没有停歇，"泰罗的经济管理法立足于'经济人'这一核心假设基础之上，企业家作为'经济人'追求最大限度的利润，工人作为'经济人'则要得到最大限度的工资收入。只把经济动机作为激励因素的有关人的假设称为'经济人'假设。梅奥却认为，工人是'社会人'，他们不是单纯追求金钱收入的，他们还有社会方面、心理方面的需求，即追求人与人之间的友情、安全感、归属感和受人尊重等，协调、提高组织(包括非正式组织)及其人民在朝着共同目标发展的合作程度，才能达到更高的生产效率和工作效率"①。在 20 世纪五六十年代，棚户居民作为"社会人"所获得的满足，远大于"经济人"取得的收益。

① 袁进、丁云亮、王有富：《身份建构与物质生活——20 世纪 50 年代上海工人的社会文化生活》，上海书店出版社 2008 年版，第 212 页。

# 第五章　空间整顿与社会重构：棚户区改造的特点分析与后续发展

1949—1966年的棚户改造历程，是上海城市功能定位、城市管理政策和经济发展水平在居住环境中的投影。棚户区改造的阶段划分大致对应了上海城市发展规划与定位变化的分期，但在大的时段分期中亦有小的变化起伏，并与普遍认为的重大事件起伏显露出不一致的地方，棚户区改造并未在“跃进”中跃进，而是呈现出与工业发展错峰进行的特点。这也正体现了“先生产、后生活”这一工业发展过程中城市建设安排的普遍原则。棚户社会与棚户空间并重改造是棚户区改造的另一特点，对继续留在上海的棚户居民实施现代化素质的全方位重构，从根本上提供改善自身处境的途径，才能使复杂艰巨的棚户问题在未来得到解决的可能。政府主导与民众广泛参与相结合，无疑是棚户区改造呈现的第三大特点，国家与社会的互动在实践中不断得到调整并提升，共同推动了棚户改造的进程。1966年之后的棚户区改造，经历了动荡时期的停滞，在改革开放之后，迎来了新的发展。经济体制的变革，尤其在20世纪90年代之后，上海土地批租高潮迭起，各类企业和资金的注入等因素，最终彻底拆除棚户房屋。然而，与市区棚户消除相伴生的，是上海郊区棚户出现了扩大趋势。尽管时空与地域发生了改变，但郊区新棚户居民的产生与早年上海棚户的状况有着一定相似之处。近年来，虽然在上海大力“拆违”的举措之下，郊区棚户扩大趋势明显得到了遏制，甚至出现大幅减少，但随着建筑物的不断老化和社会结构的不断调整，上海城市更新的脚步永远不会停止，其治理措施必处于动态发展之中，时人探索的脚步仍将继续。

# 第一节　1949—1966年间上海棚户区改造的特点

处于时代全方位改造的背景之下，1949—1966年的上海棚户区改造，呈现出三大特点：一是改造与工业发展错峰进行，在重工业优先发展的社会浪潮中，棚户改造仍赢得了发展空间；二是对棚户区的两大基本要素，人与空间并重改造，由空间整顿推动社会改造，使城市治理得以全方位进行；三是政府主导与民众广泛参与相结合，国家与社会的良性互动之下，共同加快了棚户改造的进程。

## 一、棚户空间改造力度与工业发展错峰进行

政府作为棚户改造的主导方，其财政实力和政策方向对棚户改造产生了决定性影响。20世纪50年代，中国逐步建立起计划经济体制，全面计划化的安排，一方面使上海的城市功能定位受制于国家统一规划指导，另一方面也使得上海的地方财政并不宽裕。上海的地方财政收入大量上解国家，造成可用于城市建设的自留资金十分有限。尤其是从1958年开始，上海上解中央的财政数额占上海地方财政的比例均在80%以上，而中央财政收入中来自上海的比重达14%左右①。这既说明了上海在全国地位的重要性，也对上海自身的城市建设、人民生活水平改善造成极大影响。正如白吉尔所说："政治地位的滑落，信贷资金的不足，都使上海不可能具备社会主义的大气派，也正是因为这些原因，上海没有能力除旧布新，建造宽敞气派的大马路和冰冷的斯大林式建筑。"②所以，上海解放后的一段时间，棚户区的改造是缓慢的，在有限的财政支出之内，只能侧重于外部环境的改善。

在百废待兴的新中国成立初期，恢复经济、鼓励生产、稳固政权成为党和政府的主要任务。根据当时的政治经济情况，周恩来同志指出，"生产是我们新中国的

① 见本书表3.33：《1949年6月—1965年上海市地方财政收支和上解中央数额表》。
② ［法］白吉尔著、王菊、赵念国译：《上海史：走向现代之路》，上海社会科学院出版社2014年版，第269页。

基本任务。当前生产任务的重心是恢复而不是发展,当然也不排斥可能而且必要的发展",并认为"当前各方面首先是需要恢复,然后再在这个基础上发展"①。鉴于此,并没有足够的财力物力人力进行旧城改造,旧城改造的政策只能是"充分利用,逐步改造"。在此背景下的工人生活水平自然得不到显著提高,"工人的生活水准应该同中国的现有情况相适应。今天的主要问题,是先做到不失业、不饥饿。劳动条件不可能一下变得很好,只能逐步改善。工人阶级应该用自我牺牲的精神来努力生产"②。周恩来同志在1949年12月于参加全国农业会议、钢铁会议、航务人员的讲话,既说明了当时的困难,也指明了接下来城市中待改善民众生活条件工作的方向,体现在旧城改造上,即重点于充分利用。实际上,大多数旧城仅能简单维护,由于资金不足,对旧城利用多、改造少,长期处于高强度使用、勉强维持的状况。

国家工业布局和城市建设方针是城市各项工作展开必须贯彻的指导思想,城市定位对上海的城市建设产生了深远影响,具体在棚户改造方面,囿于财力物力人力的限制,棚户区改造在这一时期以一般性的维持利用为主。

从表5-1中可以看出,住宅建设投资比重最高的年份集中在1952—1954年,正是早期工人新村大力兴建时期,针对原有棚户进行了大量的原地改善工作。到1958年为止,全市有227处较大的棚户区由国家投资进行了改善工程,而且其中绝大部分的188处、占总数的83%工程都是在1950至1953年之间进行的③。

**表5-1 1950—1966年上海住宅建设投资统计表**

| 年 份 | 投资总额(万元) | 住宅投资(万元) | 住宅投资比上年增长(%) | 占投资总额比重(%) |
|---|---|---|---|---|
| 1950 | 1 844 | 50 | — | 2.7 |
| 1951 | 6 139 | 444 | 790 | 7.2 |

① 周恩来:《当前财经形势和新中国经济的几种关系》,载中共中央文献研究室:《周恩来经济文选》,中央文献出版社1993年版,第24页。

② 周恩来:《当前财经形势和新中国经济的几种关系》,载中共中央文献研究室:《周恩来经济文选》,中央文献出版社1993年版,第34页。

③ 上海社会科学院经济研究所城市经济组:《上海棚户区的变迁》,上海人民出版社1962年版,第57页。

续　表

| 年　份 | 投资总额（万元） | 住宅投资（万元） | 住宅投资比上年增长（%） | 占投资总额比重（%） |
|---|---|---|---|---|
| 1952 | 16 558 | 2 786 | 530 | 16.8 |
| 1953 | 30 459 | 7 133 | 160 | 23.4 |
| 1954 | 27 148 | 3 856 | −45.9 | 14.2 |
| 1955 | 28 658 | 880 | −77.2 | 3.1 |
| 1956 | 31 450 | 1 890 | 110 | 6 |
| 1957 | 43 722 | 4 605 | 140 | 10.5 |
| 1958 | 110 888 | 4 479 | −2.7 | 4 |
| 1959 | 149 661 | 5 188 | 15.8 | 3.5 |
| 1960 | 167 552 | 4 771 | −8 | 2.8 |
| 1961 | 67 228 | 2 208 | −53.7 | 3.3 |
| 1962 | 34 296 | 1 380 | −37.5 | 4 |
| 1963 | 47 204 | 2 413 | 74.9 | 5.1 |
| 1964 | 63 597 | 3 583 | 48.5 | 5.6 |
| 1965 | 68 562 | 3 861 | 7.8 | 5.6 |
| 1966 | 63 538 | 2 668 | −30.9 | 4.2 |

资料来源：《上海住宅建设志》编撰委员会编：《上海住宅建设志》，上海社会科学院出版社 1998 年版，第 332 页。

“一五”建设中，为实现原工业老厂改建，并大量支援国家重点建设，住宅投资有所减缓，1955 年是较上年投资下降最多的一年，住宅投资仅占投资总额的 3.1%。“大跃进”运动开始后，为保证工业发展，1958 年的住宅建设又比 1957 年减少 2.7 倍。到 1960 年时，住宅投资仅占投资总额的 2.8%，如果不考虑 1950 年住宅建设刚刚起步，1960 年是住宅投资占投资总额年份最少的一年。从 1963 年开始，市区一些大面积棚户开始成片拆除,进行了成街成坊改造,此前提到的上海人口密度最大的棚户区蕃瓜弄,正是从这一年开始改造的。此后,住宅建设投资相较上年均有提升,直到1966年出现大幅下滑。

在社会主义工业化的发展思路之下,所有政策导向都主要着眼于工业化的实现,新中国城市建设的总方针是为工业、为生产、为劳动人民服务,尤其城市建设必须保证国家的工业建设、为社会主义工业化服务。国家一再强调:"社会主义城市的建设和发展,必然要从属于社会主义工业的建设和发展;社会主义城市的发展速度必然要由社会主义工业发展的速度来决定。"①周恩来同志曾在政府工作报告中指出:"重工业需要的资金比较多,建设时间比较长,赢利比较慢,产品大部分不能直接供给人民的消费,因此在国家集中力量发展重工业的期间,虽然轻工业和农业也将有相应的发展,人民还是不能不暂时忍受生活上的某些困难和不便。但是我们究竟是忍受某些暂时的困难和不便,换取长远的繁荣幸福好呢,还是贪图眼前的小利,结果永远不能摆脱落后和贫困好呢?我们相信,大家一定会认为第一个主意好,第二个主意不好。"②因此,"先生产后生活"成为普遍共识,在社会主义建设时期,人民生活水平改善缓慢,客观上影响了属于生活部分的城市住宅建设。

虽然棚户区的改造在政府有限的投资之下缓慢进行,但与政府财政投资比例不一致的是,1958年之后,上海棚户区的改造出现快速推进,究其原因,正是引入了民众私人的力量。工业城市的建设保证了棚户居民的稳定就业形势,发展到20世纪50年代末期,棚户居民已有经济实力实行自我改建,这引发了棚户改造投资主体的变化。普通民众主导的改造偏重于私人空间的变化,对自身的居住条件进行了一定改善,地方财政支出则主要放在相关配套设施之上。于计划经济体制之内,这种开放的尝试,成为解决有限的地方财政投入的重要方法。

进入20世纪60年代中期,上海发展再次紧随国家战略目标变化做出紧急调整。1965年,毛泽东同志提出"备战、备荒、为人民",全国进入紧张的备战状态,位于沿海的上海,自然是重点准备地区。为了贯彻长期备战、平战结合和勤俭建国的方针,保证棚户区居民在敌人空袭和平日火警时,能够比较迅速地获得疏散、消防

---

① 《贯彻重点建设城市的方针》,载《人民日报》1954年8月11日第1版。

② 中共中央马克思、恩格斯、列宁、斯大林著作编译局编译:《周恩来政府工作报告(华俄对照)》,中华书局1955年版,第10页。

和救护，上海地方财政支出在棚户改造方面的投入转入消防工作领域。1965年，上海市规划建筑设计院各区建设科、区房地局、消防队、区人防等单位对上海的火巷、水源、通道等进行了现场调查研究，认为市区内有92处棚户区迫切需要改善火巷通道，其中闸北区最多为25处，南市、普陀、虹口、卢湾次之，各为10处以上。此后，上海棚户区的总体改造放缓，上海进入临战状态，当年疏散人口20万，全民进行挖防空壕和各类掩体的活动，以致1969年秋冬之际"整个上海到处可见青灰的土堆，到处可见忙碌的人群"①。直到20世纪80年代，棚户改造才再次提上日程。

综看1950—1966年间的住宅建设投资起伏，结合上海工业发展轨迹，可以说上海的棚户改造与工业建设投资成反向发展关系，恰如张杰教授指出的那样："1949—1978年的中国城市住宅规划设计思想发展基本上是围绕为工业发展服务、以苏联模式为蓝本的波动。每当重工业发展受到进一步的强调，住宅投资就被压缩，同时低标准思想走向极端。"②正是与工业发展错峰进行，棚户才获得了改造空间。

## 二、空间整顿与社会重构并重展开

棚户区改造不是在新中国成立后才首次开始，民国时期国民政府已进行了一些尝试，但多表现为表面的棚户环境治理，亦或直接动员棚户人口回乡。从历史角度来看，虽然民国时期上海市政府尝试对棚户区进行改造，但内忧外患的执政环境使得南京国民政府对经济资源的调动能力、社会资源的整合能力等，都远不能与中国共产党领导的新政权相提并论，由于缺少了对棚户改造最关键的元素，棚户居民的社会重构，棚户改造自然不会收到良好效果。

虽然中国共产党带领下的棚户区改造并未因意识形态的差异，完全摒弃民国时期的一些做法，但与之前最大的不同是，中国共产党在棚户空间改造的同时，注重了对棚户居民素质的提高，从卫生和教育两方面着手提高居民的身体素质和文化水平，这有利于棚户居民思想观念、生活习惯和劳动技能发生转变，更契合了时

① 俞克明主编：《现代上海研究论丛》(第5辑)，上海书店出版社2008年版，第358页。

② 张杰、王韬：《1949—1978年城市住宅规划设计思想的发展及反思》，载《建筑学报》1999年第6期。

代发展对上海城市人口的要求。

近代上海城市发展,身无长物的贫苦大众为上海勃兴提供了大量廉价劳动力,新中国成立后,上海工业城市发展的目标要求,需要大量具有现代知识体系和劳动技能的工业人口,这些劳动人口也将会是城市工业发展所需的劳动力来源。现代工业的发展,对劳动者的知识水平提出了更高要求,文化水平的高低决定了他们能否在城市获得长久稳定的工作,因而改变棚户居民的文化水平十分重要。政府通过一系列举措在棚户区内普及了文化教育,提高了棚户居民的文化水平。

此外,教育情况还从某种程度上决定了个人对事物的认知水平。有学者认为这些提高文化水平的措施源于党对工人阶级认可的需求,"由于解放前工人阶级地位的低下,生活贫困,无力参与文化学习,文盲、半文盲现象普遍存在,这直接影响到他们对政府决策的充分理解和能否有效响应党发布的各项路线、方针及提出的生产建设号召。因而开展以识字为中心的学文化运动,便成为政府巨大的社会改造工程中的重要任务。"①这也许是其中一个原因,然而对居民本身而言,物质的考量也十分重要。

随着土地政策与户籍制度的日益清晰,棚户居民的居住时限发生了很大变化,频繁流动大大减少。虽然上海在解放后的一段时间,出现过非户籍人口的大起大落,但基本上是属于有组织的人口迁移,有支援外地建设,有上海工业发展需要进行的劳动力人口补充,当然也有早期因灾荒来上海寻求生活的。但总体上,在城市土地国有和户籍制度的双重保证下,居民间自发的频繁流动大大减少。国家优先保证城市的供给,尽管政府努力尝试消除城乡差别,但实际上一系列政策与制度优先保证了城市的供给,城市与农村之间的差距让这些居民一旦在城市落脚就不愿返回故乡,拥有稳定职业的居民摆脱了解放前乡民特征的迁徙,正式成为上海城市人口的一份子。

因为城市人口与农村人口之间巨大的物资供应差异,让已身处城市的居民并不愿再次回到农村。"这里的居民每人每月定量供应肥皂、草纸、食糖、酱油、食盐各一斤,农民只有酱油半斤,食盐 12 两。居民每户每月火油 7 两半,农民只有 4 两(均老秤);居民有不定期的肉票,煤球供应比农民每户多 30 斤,工业券每人每两个

① 袁进、丁云亮、王有富:《身份建构与物质生活——20 世纪 50 年代上海工人的社会文化生活》,上海书店出版社 2008 年版,第 70 页。

月发一张，因此青年工人认为做农民吃亏”①。由于制度的规定，居民户如果有一人参加农业劳动，全家就算作农业户，因此有动员回乡的青年工人要求与家里分开，单独建立户口。一位名叫王福妹的回乡青年工人说：“我在做工时算居民户，样样都有供应，五月份回乡生产算农业户，六月份就酱油、食盐也不供应，五六月份一人一张工业券也不发。我一个人拖泥带水使全家变农业户，这是不合理的。”②尽管这种情况后来有所调整，允许工人单独建立户口，但也足见城市居民身份的重要。对于棚户居民而言，通过文化学习掌握劳动技能，长久留在城市实现身份转变，进而获得更多的物质供应，则更为迫切。

不论是出于主动还是被动的目的，文化学习都成为了实现棚户居民社会重构的重要内容。它的意义还在于对棚户社会麻木精神面貌的改变，较之于解放前完全闭塞的上升通道，解放后迎来了开放公平的机会。

对原先处于底层社会的棚户居民而言，重构社会阶级，实现身份转变，亦是他们全面现代化的过程，真正融入上海城市社会的过程。美国学者吉尔伯特·罗兹曼认为，“现代化又是一个包括人、社会、经济、政治、文化、价值观念，等诸多领域在内的全方位体向现代类型变迁的过程”③。罗荣渠也指出现代化是一种心理态度，价值观和生活方式的合理化的改变过程④。棚户社会的全面重构，是现代社会城市发展的必然结果。

1949 年之后，党和政府领导下的棚户区改造，从空间与社会共同着手，达到了互为促进的良好效果。棚户空间的改善，激励了棚户居民更积极地工作和生活，并进一步促进了社会稳定有序发展，棚户社会面貌大为改变。棚户社会重构的实行，又让棚户居民有更强大的实力，共同参与棚户空间改造，在民众的参与之下，棚户空间改造进一步拓展。虽然囿于当时社会发展水平与经济条件的限制，棚户空间的改善并没有带来翻天覆地的变化，但实现棚户社会在上海都市的融入，改变棚户居民在城市发展中的社会结构，就为以后长时段的棚户改造乃至消除提供了可能。

---

① 《共青团上海市委青农部关于一个生产大队回乡青年工人的情况调查报告》，上海市档案馆：C21-1-919-14。

② 《共青团上海市委青农部关于一个生产大队回乡青年工人的情况调查报告》，上海市档案馆：C21-1-919-14。

③ ［美］吉尔伯特·罗兹曼主编：《现代化：抗拒与变迁》，江苏人民出版社 1988 年版，第 9 页。

④ 罗荣渠：《现代化新论——世界与中国的现代化进程》，商务印书馆 2004 年版，第 16 页。

## 三、政府主导与民众广泛参与相结合

1949—1966年间的上海棚户区改造，是政府主导与民众广泛参与相结合的结果，国家与社会的良性互动，加快了棚户改造的进程。

计划经济时期，经济收支和社会事务由政府统筹安排，棚户改造需要的资金、材料、劳动力等在政府的各项政策指导下统一进行。虽然政府鼓励私房棚户户主修缮自住型棚户，但并不允许其无序违规进行。棚户改造的监管措施根据情况发展不断调整，政府牢牢把握对棚户改造的主导权，在当时生产力水平低下的情况下，这对保证工业经济发展和城市建设的有序进行十分必要。

在量大面广的棚户改造任务中，政府改善民众居住条件的努力，显得力不从心。因而，在政府的积极调动之下，民众也广泛地参与了棚户改造工作。1958年之后，"全面发动群众"使棚户改造的规模迅速推进，居民翻建申请随之不断增加。

同时，棚户居民对一直以来党和政府为棚户改造所做的努力也十分感动，积极主动出钱出力改造棚户。闸北的新平民村棚户区在改建时，就有不少居民主动参与其中。如501号的仇某某，虽然身体有病，别人劝他不要参加劳动，但他说"我住了几十年的草房，现在在共产党和毛主席的英明领导下，政府关怀我们棚户区居民的生活，把草房改为瓦房，我们自己还能不动手吗？我虽有病，也要为改建出一份力量，住住亲手建造的瓦房"。住在100号的唐某某此前为了拥有属于自己的房子，以160元买了半间草房，直到该房改建时债务还未还清，能够得到改建，她十分高兴："过去我背了一身债，只住半间草房，无钱修理，任它危险屋漏，遇到台风大雨更为担心，现在政府帮我们盖瓦房，我们如不好好劳动，这如何说得过去呢？"又如住在312号的居民顾文柳，已经60多岁，出生以来，从未住过瓦房，第一排房屋盖上瓦时，他凝视屋顶很久并激动地说："毛主席真好，使我们从来没有住过瓦房的穷苦人如今也能住上瓦房了。"①

由于广大居民真实感受到了改建是党和政府对他们的关怀，关系到他们的切身利益，因此绝大多数的居民都兴高采烈参加劳动。每天新平民村工地上都会出

---

①《中共上海市区公用事业办公室关于闸北区棚户改建新平民村试点工作总结》，上海市档案馆：A60-1-25-26。

现三四百位男女老少的居民，热情地从事各项劳动。哪怕是居住在 498 号拥有 72 岁高龄的退休工人姜某某，也自始至终从未缺席地参加了劳动。居住在 401 号的居民夏红芬，虽然白天在工厂内工作，但每天晚上回家，仍利用业余时间参加棚屋改建，并积极发动全家六口，个个动手，投入改建工程。即使有时下雨，他们也不畏艰难冒雨工作，不顾衣服被淋湿。又如 314 号的赵某某，作为五个孩子的妈妈，她在安排好家务后，每天仍出来参与改建任务①。这样的事例不胜枚举，由于居民的热心参与，新平民村的棚户改建工作克服了劳动力不足的困难，最终顺利完成。

居民积极参与扩大了棚户改造的范围，在以政府为主的安排和管理之下，政府与民众一道进行了棚户区改造工作，并取得了不错的效果。

## 第二节 断裂·改造·新生：1966 年之后上海棚户改造的历程

1966 年之后的棚户区改造，经历了动荡时期的停滞，在改革开放之后迎来新的发展。改革开放政策的实行，让中国经济社会发生了深刻变化，逐步建立起的商品经济和市场经济体制，尤其在 20 世纪 90 年代之后，上海土地批租高潮迭起，各类企业和资金的注入，市区棚户改造进入飞速发展快车道。与市区棚户消除相伴生，上海郊区棚户出现了扩大趋势，近年来，在上海大力“拆违”的举措之下，这一趋势明显得到了遏制。建筑物的不断老化和社会结构的不断调整，注定了上海城市更新的脚步不会停止，其治理措施必处于动态发展之中，时人探索的脚步亦不会停歇。

### 一、“文革”时期上海棚户区改造的停滞

十年“文革”的动乱，使上海住宅建设和棚户改造遭到了严重干扰和破坏。“文革”期间，上海住宅建设量锐减，十年中没有编制过大的住宅新村规划，并一改此前工业逐渐向郊区和卫星城转移的计划安排，为数不多的建设集中在市区进行，主要

① 《中共上海市区公用事业办公室关于闸北区棚户改建新平民村试点工作总结》，上海市档案馆：A60-1-25-26。

是在已建新村中“填空补齐”，增建一些住宅。1969 年住宅投资为 193 万元，1970 年住宅竣工仅 21.6 万平方米，情况十分凄惨①。与此同时，改建市区厂房。以“四五”期间为例，新建改建厂房及其他建筑一千万平方米，其中七百万平方米在市区，见缝插针，导致市区建筑密度越来越高，平均达到 45%，有些街道高达 80%以上，这在全国各大城市中是最高的②。为日后上海住房困难种下了祸根。

“文革”开始时，棚户改造资金由居民个人支付，房屋产权也归私人所有，但很快这样被认为“不是方向”，随即将棚户、简屋的改造“作为基建任务，由市统一投资”，在两年内统一改造棚户 25 万平方米。1969 年 9 月 12 日，上海市革委会领导成员会议决定，“目前不宜大批拆除和翻建棚户”，改建速度因此下降。直到 1972 年才提出，棚户简屋“按建住宅标准，列入统一规划成片改造”，但实际进展不快③。

1973 年，上海先后选择在 15 个棚户、简屋和危房集中地段拆除旧房，新建高层住宅。当年 6 月 17 日，市革命委员会批准在天目路康乐路口和华盛路口、长宁区淮海路华山路口等地，拆除棚户、简屋，试建高层住宅 4.7 万平方米。1975 年，按照“旧城抓改造”的要求，规划改造了漕溪北路、武宁路等 9 条干道两侧的旧住宅，以及普陀区潭子湾协记里等 6 个棚户、简屋区④。是年，漕溪北路西侧拆除棚户 403 户，建筑面积 11 285 平方米，拆迁单位 24 家，建筑面积 649 平方米，建造十三层住宅 6 幢和十六层住宅 3 幢，建筑面积 79 106 平方米，定名为徐汇新村⑤。

虽然“四五”期间比“三五”时期，在住宅建设上略有进步，但仍较少，整个“四五”期间共新建改建住宅 229 万平方米，其中危房棚户改建 49.7 万平方米，比“三五”期间 16.3 万平方米增加 33.4 万千平方米，“三五”期间基本未建新工房⑥。

---

① 《上海住宅(1949—1990)》编辑部编：《上海住宅(1949—1990)》，上海科学普及出版社 1993 年版，第 6 页。

② 上海市革命委员会工业交通组关于城市改造和城市建设工作情况的汇报提纲，上海市档案馆：B246-2-1405-8。

③ 《上海住宅建设志》编撰委员会编：《上海住宅建设志》，上海社会科学院出版社 1998 年版，第 217 页。

④ 《上海住宅建设志》编撰委员会编：《上海住宅建设志》，上海社会科学院出版社 1998 年版，第 214 页。

⑤ 《上海住宅建设志》编撰委员会编：《上海住宅建设志》，上海社会科学院出版社 1998 年版，第 219 页。

⑥ 《上海市革命委员会工业交通组关于城市改造和城市建设工作情况的汇报提纲》，上海市档案馆：B246-2-1405-8。

**表 5-2　1967—1976 年住宅投资和竣工建筑面积表**

| 年　份 | 住宅投资额（万元） | 住宅竣工建筑面积（万平方米） | 比上年增长（%） | |
|---|---|---|---|---|
| | | | 住宅投资额比 | 住宅竣工建筑面积比 |
| 1967 | 1 842 | 34.83 | −31.0 | −34.0 |
| 1968 | 1 946 | 45.63 | 5.6 | 31.0 |
| 1969 | 193 | 52.28 | −90.1 | 14.6 |
| 1970 | 1 116 | 21.65 | 4.8 倍 | −58.6 |
| 1971 | 2 121 | 39.68 | 90.1 | 83.3 |
| 1972 | 3 445 | 42.18 | 62.4 | 6.3 |
| 1973 | 4 515 | 67.33 | 31.1 | 59.6 |
| 1974 | 6 986 | 90.64 | 54.7 | 34.6 |
| 1975 | 10 602 | 105.67 | 51.8 | 16.6 |
| 1976 | 12 730 | 88.99 | 20.1 | −15.8 |

资料来源：《上海工运志》编纂委员会编：《上海工运志》，上海社会科学院出版社 1997 年版，第 558 页。

根据上海解放以来的统计数据显示，解放以来至 1974 年底共新建了 1 140 万平方米住宅，对照上文提到的“三五”“四五”时期新建改建比例，“文革”期间的上海仅有少量新建住宅，几乎处于停滞状态。1974 年年底的统计表明，上海有 7 万结婚户和困难户，虽然在 1975 年 1 至 8 月已经解决 2 万户，但加上新增家庭，到 9 月时，上海的结婚户和困难户仍有 7 万户。由于改建极少，上海的棚屋、危房数量进一步增加，1975 年时，全市有 126 万平方米的危险房屋，棚户 515 万平方米，阁楼、天井等搭建 328 万平方米，还有居住在厨房里的约 21 000 户①。上海住房欠账很多，缺口很大。

值得一提的是，“文革”时期，上海开始了试点建造高层住宅。1972 年，首先在

① 《上海市革命委员会工业交通组关于城市改造和城市建设工作情况的汇报提纲》，上海市档案馆：B246-2-1405-8。

北站附近康乐路,建造了 1 幢 12 层高的住宅,接着在华盛路、打浦路也建了高层住宅,这为 20 世纪 80 年代上海掀起建设高层建筑的热潮,改变上海城市面貌创造了有利条件。

## 二、20 世纪八九十年代上海中心城区棚户的逐步消除

1976 年,"文革"结束,1978 年 12 月党的十一届三中全会决定开始实行改革开放政策,上海市区棚户区从此踏入改造消除的快车道。在 20 世纪 80 年代主要进行了以 23 地块为主的棚户区改造,20 世纪 90 年代则重点完成了市区 365 万平方米的危棚简屋改造,至 2000 年左右,上海市区成片的棚户改造基本完成。

### (一) 20 世纪 80 年代以 23 地块为主的棚户区改造

"文革"结束,大批知识青年返沪,上海城市人口迅速增长,住宅紧缺的矛盾更加突出,各区开始重启"文革"时期中断的棚户改造工作。

从 1977 年开始,各区各安排了一些基地集中成片改造。静安、徐汇、杨浦、长宁四区在部分地块共新建了 22.66 万平方米的多层、高层住宅。

**表 5-3　1977—1979 年上海市区部分简棚拆除统计表**

| 区　名 | 具体地点 | 时间 | 拆除(万平方米) | 动迁户数(户) | 新建(万平方米) |
|---|---|---|---|---|---|
| 静安区 | 三乐里棚户、简屋区 | 1977 | 3.526 | 1 826 | 10.32 |
| 徐汇区 | 徐镇街道北村棚户区 | 1977 | — | 1 183 | 4.68 |
| 杨浦区 | 吴家浜棚户、简屋区 | 1978 | 1.018 5 | 355 | 1.7 |
| 长宁区 | 长宁路 427 弄棚户区 | 1979 | — | 1 045 | 5.96 |

资料来源:《上海住宅建设志》编纂委员会编:《上海住宅建设志》,上海社会科学院出版社 1998 年版,第 224 页。

这些地块在拆除新建后,普遍配建了幼儿园、托儿所,室内菜场、浴室等公共服务设施,长宁区还建设了敬老院和烈军属之家,新建区定名长宁新村。南市区、卢湾区也分别拆除改造了新肇周路 991 弄(今西藏南路)和中山南一路鲁班路至日晖

路一段的棚户①。

20世纪80年代，旧住宅改造进入新的发展阶段。上海市政府在1980年6月和11月先后两次发出指示，要求“对重要地段的棚户、简屋区，要分期分批地进行成片改造”。1983年11月，又明确提出“市区旧房改造，也要突出重点，相对集中”，“要重视发挥城市的综合功能，建设比较完整的综合小区”。1984年，上海市委决定每年征地1万亩，用于住宅建设。1984年2月，市城市规划建筑管理局制定了中心城区7年旧住宅改造规划，规划改造23片基地，计划拆除旧住宅331万平方米，新建多层、高层住宅802万平方米，公共服务设施54万平方米，可以居住116.4万户市民。自此以后，旧房改造迅速发展，其中比较成功的有：虹口区的久耕里、徐汇区的市民新村、普陀区的药水弄、杨浦区的引翔港、南市区的西凌家宅等处。

因为任务紧迫，单靠政府投资包揽住宅建设任务，不可能补上大规模的住宅缺口，形势要求确立新的住宅建设方针，20世纪80年代，开始了多渠道集资建房。各区采用的办法主要有“集资组建”“联建公助”“民建公助”“商品房经营”等。

整个20世纪80年代，上海住宅投资共15 575亿元，占同期全民和集体所有制单位投资额的1.74%，比1949年至1980年31年住宅投资总额增长7.7倍，竣工住宅面积425 994万平方米，平均每年竣工426万平方米②。截至1990年，上海解放41年来，全市住宅建设投资共17 276亿元，建设住宅新村452个，建成住宅6 582万平方米，拆除危房、棚户、简屋830万平方米。有152.37万户解决了住房问题，其中89万户是居住困难户，占总数58.5%，全市人均居住面积由1949年的3.9平方米提高到1990年的6.6平方米③。

虽然在20世纪80年代，上海住宅建设取得了显著成绩。但是住房不足的矛盾仍十分突出，市区还有120多万平方米简屋棚户、1 000万平方米严重损坏的旧式里弄和危房需改造，人均居住面积小于4平方米的困难户还有30多万户。建设资金短缺是制约改造的最大瓶颈，因为动迁和建设方式采用了“原拆原建，原地回搬，原

---

① 《上海住宅建设志》编纂委员会编：《上海住宅建设志》，上海社会科学院出版社1998年版，第224页。

② 《上海住宅(1949—1990)》编辑部编：《上海住宅(1949—1990)》，上海科学普及出版社1993年版，第12页。

③ 《上海住宅(1949—1990)》编辑部编：《上海住宅(1949—1990)》，上海科学普及出版社1993年版，第16页。

地得益”的原则,于是造成“高层高密度”或“高多层高密度”改建方式的出现,这使得原基地人口增多、加密,与城市总体规划要疏解旧区过密人口的战略决策背道而驰①,这些现象,在 20 世纪 90 年代实行土地批租之后才逐步解决。

### (二) 20 世纪 90 年代以“365 危棚简屋”改造为代表的棚户区改造

20 世纪 90 年代以后,伴随浦东开发开放,上海旧住宅改造迈开了更大步伐。1991 年 3 月,上海召开住宅建设工作会议,决定“按照疏解的原则,改造棚户、危房,动员居民迁到新区去”,“旧式里弄要通过逐步疏解,改造成具有独立厨房、厕所的成套住宅,以改善居民的居住条件”。1992 年,在上海市第六次党代会上,市委、市政府明确提出“到本世纪末完成市区 365 万平方米危棚简屋改造(简称‘365 危棚简屋’),住宅成套率达到 70%”。上海拉开了大规模旧区改造的序幕,根据市党代会确定的要求,建设主管部门规划确定 64 个地段作为改造基地,为顺利完成棚改任务,长期以来的棚户改造方式发生了大的变化。

一是通过土地批租解决资金困难。上海旧改的主要瓶颈是资金困难,20 世纪 90 年代开始,结合土地批租,利用级差地租,通过土地置换获得城市改造和新建住宅所需的资金,拆除棚户简屋后的居民,易地安置进新建住宅,原址大都建造经济效益高的综合大楼,这加快了棚户简屋改造的进程。

1992 年,原卢湾区斜三地块首先利用外资改造棚户,接着,各区纷纷同外商签订土地批租合同,进行旧住宅改造。其中,闸北区共出让土地 9 幅计 22 块,拆除棚户、简屋 7.68 万平方米,动迁居民 4 000 余户,居民易地安置。原基地新建房屋 70.2 万平方米。长宁区批租 15 幅地块,动迁居民 1 639 户,拆除危棚简屋 3 200 平方米、二级旧里 52 747 平方米,新建房屋建筑面积 118 695 平方米。虹口区批租土地 15 幅,拆除棚户、危房 20 余万平方米,静安、黄浦等区也都以批租形式改造棚户区。1992—1995 年,全市结合土地批租成片改造棚户、简屋,共拆除 100 万平方米,平均每年拆除 25 万平方米。其中不少是 20 世纪 80 年代原 23 地块改造的延续。

例如,原卢湾区的“斜三”地区,是“七五”期间旧区改造规划的 23 片重点之一,但受制于财力困难,并没有进行,直到 20 世纪 90 年代土地批租之后才完成改造任务。还有原南市区西凌家宅棚户、简屋区,一共有居民 3 032 户,虽然在 1986 年破

① 陈业伟:《上海旧区住宅改造的新对策》,载《城市规划》1991 年第 6 期。

土动工，但由于在改建过程中，有关单位的资金没有到位，工程进度受到影响，至1989年竣工面积只有4.2万平方米，安置回迁居民850户。此后也是吸收外资参加改建，并改变改建规划，才在1994年底全部竣工，1995年5月18日新建房屋正式命名为西凌新村①。

到1995年底，包括房地产开发和市政工程建设动迁，上海共拆除危旧房1 163万平方米，动迁居民29.7万户，是"七五"时期的3.7倍。从上海解放到1995年，上海46年中累计拆除棚户、简屋293万平方米②。

二是原地安置改为异地安置。由于改造资金多是土地批租和吸收内外资金而来，此时的棚户改造安置与之前发生了很大变化。以杨浦区为例，在"365危棚简屋"改造工程之前的杨浦旧区改造工作，主要是原地安置，或者就近安置在杨浦边缘地区，由于房源不够，1993年开始把安置地点放在了外区。

在"365危棚简屋"改造任务中，杨浦区是全市危棚简屋最多的一个区，全区有88.1万平方米，约占全市改造任务的四分之一。1990年底的数据显示，杨浦全区零星危房341户，建筑面积1.57万平方米；棚户简屋18 993户，建筑面积51.7万平方米；积水地段22 785户，建筑面积86.2万平方米。另外还有"二万户"和小梁薄板简陋公房60.5万平方米，居民19 187户。杨浦的改造任务十分艰巨。

由于，原棚户区建筑密度很高，"居民如果全部回搬原地，在空间上是做不到的，就算全部建成高层住宅也不够，再加上拆除老房子后进行道路拓宽和增加公建配套等，空间就更加不足。选择就近安置也不行，附近基本上没有房子可提供了，还有成本问题，诸多因素综合起来只能通过异地安置办法才能拆除更多破旧棚屋，让更多居民得到实惠"③。1993年，随着杨浦区几个大型基地的同时进行，开始了外区安置之路，此后异地安置成为主流。

三是实物安置转向货币安置。1998年，在"365危棚简屋"改造工作中，全市还留有125万平方米没有改造完成，8月，市政府下发了《关于加快本市中心城区危棚简屋改造实施办法的通知》，对剩余未完成的"365危棚简屋"改造地块，直接采取财

---

① 《上海建设》编辑部编：《上海建设（1949—1985）》，上海科学技术文献出版社1989年版，第111页。

② 《上海住宅建设志》编纂委员会编：《上海住宅建设志》，上海社会科学院出版社1998年版，第215页。

③ 2018年4月10日对Y区房管局副局长的访谈。

政补贴的优惠措施来推动改造,先后出台一系列“补贴资金,减免费用,搭桥、消化空置房”为主要内容的优惠政策,有力推动了“365危棚简屋”拆迁进程。

借助这些政策,上海旧区动迁安置方式发生了很大改变,在1998年之前,上海的旧区改造以实物安置为主,之后开始采取货币化安置。由于当时市场上商品房大量空置,采取货币化安置以后,既解决了拆迁安置,又让市场上空置的商品房得到了消化。

在各界共同努力之下,“365危棚简屋”在2000年圆满完成了改造任务,共改造了包括365万平方米危棚简屋在内的二级旧里以下房屋1 200余万平方米,受益居民约48万户①。之后市区的危棚改造主要是小规模拔点,市区大规模成片的棚户区已经消除。

20世纪90年代的棚户改造是城市旧区改造的一部分,在消除市区棚户的同时,也产生了一系列新的社会问题。首先是在旧改过程中,为了完成任务,快速地将居民迁走,并没有做到现房安置,除了出现居民自行过渡的问题,新建的居住小区多出现配套不完善的情况,因为动迁小区多在市郊,水电燃气等生活配套设施均不到位。为解决这些问题,上海市政府1995年曾将此列为市政府的重大实事工程。其次是因为实行城市差级地租,开发商往往追求经济效益最大化,接连建造了一些过高过密的新大楼,此外,大量改造之下产生的拆迁纠纷不断增加。这些问题在21世纪之后慢慢得到解决。

## 三、21世纪以来市区旧改思路的变化与郊区简棚整治

进入21世纪,虽然市区成片的棚户区已基本消除,但还留有一些点状分散的棚户和急需改善居住条件的旧区简屋地带。上海的旧区改造根据不同阶段城市更新思路的变化,经历了大的转变。

### (一) 中心城区从“破旧立新”式的改造转变成以拆为主的“拆、改、留并举”

在2000年底时,上海中心城区尚有旧式里弄及旧里以下房屋1 633万平方

① 万勇:《上海旧区改造的历史演进、主要探索和发展导向》,载《城市发展研究》2009年第11期。

米①，“其中，一级旧里527万平方米，二级旧里884万平方米，简屋221万平方米。”②因此，新一轮的旧区改造重点便放在成片二级旧里以下房屋，其他质量较好的旧房通过综合整治提高居住水平，在这一轮旧区改造中，将先前较为单一的“破旧立新”式的改造，变为“拆、改、留”并举。

“拆”是指将结构简陋、环境较差的旧里以下的房屋基本拆除；“改”就是对一些结构尚好功能不全的房屋进行改善性改造，比如成套改造；“留”是对那些具有历史文化价值的街区、建筑及花园住宅、新式里弄等加以保留③。通过多种改造方式，2001—2007年，上海共完成122.1万平方米老旧工房成套改造，住房成套率从2001年的85%提高到2007年95%，受益居民约3万。截至2007年，全市完成平改坡改造共计1 664万平方米，完成平改坡综合改造1 211万平方米。2003—2007年，还完成旧住房综合整治5 684万平方米，受益居民14 016万户④。2001—2010年，中心城区改造二级旧里以下房屋1 000多万平方米，受益居民40多万户⑤。

2016年，全市居住房屋面积达65 493万平方米，比2000年增长2.1倍，其中旧式里弄、简屋面积为1 072万平方米，比2000年下降45.9%，占比已不足2%。至“十二五”期末，上海廉租住房历年累计受益家庭达11万户；共有产权保障住房累计签约购房约6.6万户⑥。2017年，上海城镇居民人均居住面积接近19平方米，住房成套率97.3%。市区居民普遍获得了更舒适的居住条件。

### （二）2017年以保留保护为主的“留改拆并举”城市更新思路转变

2017年，《上海城市总体规划(2017—2035)》提出了新的城市更新思路，中心城区从“拆改留并举，以拆为主”，转换到“留改拆并举，以保留保护为主”。“这是上海在把握现阶段城市发展新情况后对旧区改造指导思想的重大调整，强化了城市有机更新和历史风貌保护意识。”2016—2018年，上海完成了150万平方米中心城区

---

① 根据《上海市房屋建筑类型分类表》，旧式时弄指联接式的广式或石库门砖木结构住宅，建筑式样陈旧，设备简陋，屋外空地狭窄，一般无卫生设备的房屋。

② 夏天：《广厦千万间，寒士俱欢颜——庆祝中华人民共和国成立70周年上海旧区改造纪实》，载《上海房地》2019年第7期。

③ 许璇：《上海“365危棚简屋”改造的历史演进及经验启示》，载《上海党史与党建》2015年第5期。

④ 万勇：《上海旧区改造的历史演进、主要探索和发展导向》，载《城市发展研究》2009年第11期。

⑤ 夏天：《广厦千万间，寒士俱欢颜——庆祝中华人民共和国成立70周年上海旧区改造纪实》，载《上海房地》2019年第7期。

⑥《上海改革开放40年民生成就报告》，上海市人民政府网：http://www.shanghai.gov.cn/nw2/nw2314/nw24651/nw45010/nw45091/u21aw1396005.html

二级旧里以下房屋改造的工作①。

2019 年 9 月 18 日,上海市委常委会讨论了旧区改造问题,会议指出,旧区改造既是民生工程,也是民心工程,强调要坚持规划先行,创新推进中心城区二次开发。并提出加强统筹、市区联手,充分发挥区和市属、区属国有企业等改造主体作用。

2019 年、2020 年、2021 年上海分别完成改造 55.3 万、75.3 万、90.1 万平方米。目前,旧区改造已被列为上海 16 项民心工程之首。近五年,全市改造中心城区成片二级旧里以下房屋 308 万平方米,15.4 万户居民从中受益②。2022 年 8 月,上海市政府宣布,原计划"十四五"完成的市区成片旧改的目标,在上个月提前实现了,历史性地为这项持续 30 年的民生实事画上圆满句号。

目前,上海市区还有一些零星地块需要改造,到 2022 年,中心城区还剩下零星二级旧里以下房屋 43 万平方米尚未改造,涉及 1.5 万户居民,集中在黄浦、虹口、杨浦、静安等区。上海正在抓紧制定《关于加快推进我市旧区改造、旧住房成套改造、城中改造的实施意见》,对零星旧改将在更注重历史文化保护传承,最大限度保护保留好代表上海城市特色的里弄建筑,在守护历史底蕴、传承城市文脉的基础上,加快改造③。

自上海解放以来,上海的旧区改造经历了长时段坚持不懈的探索。计划经济时期,以政府为主甚至是包下来的做法,单一的改造力量让改造总体力度和规模受到影响。20 世纪 90 年代之后,引入大量社会资金,上海成片的危棚简屋得以快速消除,但由此引发的问题也十分明显,除了建设大量过高过密的大楼,还不当地多拆了许多历史遗迹。当下,改造的主导权回归政府手中,强调"充分发挥区和市属、区属国有企业等改造主体作用,探索引入并用好社会资金",并坚持住房条件改善、历史风貌保护和城市品质提升有机统一。正如曾任上海市委书记的黄菊所说:"住房是城市发展和人民生活改善的重要见证。上海住房面貌的改变,也是上海在走

① 夏天:《广厦千万间,寒士俱欢颜——庆祝中华人民共和国成立 70 周年上海旧区改造纪实》,载《上海房地》2019 年第 7 期。

②《年内完成中心城区成片旧区改造后,将探索旧住房成套改造多种方式 上海零星旧区改造将全面提速》,上海市人民政府网:https://www.shanghai.gov.cn/nw4411/20220704/9a5f2152c6f049ddabe3aea5f4089caf.html

③ 同上。

向振兴的历史进程中形象的反映。”①上海在不同时期对住房发展的不同策略，既体现出政府对民生问题解决的不遗余力，也折射出不同时期上海谋求城市整体发展的变动轨迹。

### (三) 21世纪以来上海棚户问题的郊区化与整治

发展至当下，本书聚焦的上海市区棚户区，几乎已不见足迹，在市区不断进行城市更新的同时，郊区棚户的发展引起了相关学者和管理部门的注意。

有研究认为，“随着上海中心城区棚户简屋区改造的不断推进及上海实体经济空间布局的郊区转移，棚户简屋问题也逐渐由中心城区转向了郊区，尤其是近郊区村庄的棚户简屋现象日趋严重”②。在城市的发展过程中，旧棚户区的逐步消亡与新棚户区的默默生长，在不同空间同时进行。

差级地租的明显区别，让中心城区发展成商业商务中心，市区群租现象的整治，让城市虹吸效应带来的外来人口，慢慢聚集在近郊的村镇地区，涌现出大量“棚户简屋”区。

不过，随着近年上海“五违四必”治理③，郊区的棚户简屋区得到了大量拆除。2015年9月，上海的“五违四必”整治行动首先在闵行区许浦村等地启动。许浦村，村民约2 000人，集聚3.5万外来人口、近300家企业、600多个违法经营摊点，几乎家家都有违法建筑，村里乱搭乱建，村道狭如羊肠，“猫过都得扭扭腰”，通过整治，全村拆除57万平方米违法建筑，关闭256家非法企业，包括危化品企业3家，取缔560多个违规摊点，外来人口减少一半④。2015年上海共拆除违法建筑1 392万平方米，比上年增长近四成，2016年共拆除违法建筑5 141.58万平方米，比上年增长270%，两年共全市共拆除违法建筑6 534万平方米。

当下，棚户郊区化的现象及整治，与过往上海棚户历史的发展进程有着一定的

---

① 《上海住宅(1949—1990)》编辑部编：《上海住宅(1949—1990)》，上海科学普及出版社1993年版，第102页。

② 朱金、王超：《特大城市近郊区“棚户简屋”区的改造策略研究——以上海市嘉定区为例》，载《上海城市规划》2017年第2期。

③ 五违：违法用地、违法建设、违法排污、违法经营、违法居住；四必：违法建筑必须拆除、违法经营必须取缔、安全隐患必须消除、极度脏乱差现象必须整治。参见上海市人民政府网：http://www.shanghai.gov.cn/nw2/nw2314/nw24651/nw43437/nw43440/u21aw1311493.html

④ 上海市人民政府网：http://www.shanghai.gov.cn/nw2/nw2314/nw24651/nw43437/nw43440/u21aw1311493.html

相似之处。解放前,棚户是来沪寻找谋生机会的乡村贫民的聚集区。在20世纪五六十年代工业大发展和社会全面改造的浪潮中,棚户居民被整合进上海工人阶级队伍,成为上海市的常住人口。在此后棚户加速改造过程中,他们凭借户籍属性,在既“数砖头”又“数人头”的拆迁补偿制度之下,逐渐脱离了棚户空间,经济条件的改善和社会上升通道的开放,让市区的棚户空间和棚户身份都已不见踪影。现在,郊区半城镇化的区域成了新的棚户聚集地,郊区棚户简屋区多是外来务工人员租住,城市新一轮的产业结构调整对他们的生计产生着重大影响。在时代社会制度的框架之内,如何规范郊区棚户简屋空间和居住其中的劳动人口,是一项涉及多项政策的重要议题。此外,随着建筑物的不断老化和社会结构的不断调整,上海城市更新的脚步永远不会停止,其治理措施必处于动态发展之中,时人探索的脚步仍将继续。

# 结　　论

1949—1966 年间由政府主导的上海棚户区改造，既是缓解上海住房问题的重要手段，也暗含对城市社会改造的要求。新中国成立之后，中国社会政治经济体制发生巨大变化，在时代改造的话语背景之下，上海开始了向重工业优先发展的生产型城市转型和工人阶级为主的社会结构转变。棚户空间改造与社会重构无不围绕上海社会主义工业城市的建设目标进行，从其变化发展的历程和产生的结果来看，可以初步得出以下结论。

一是政府的财政实力和政策导向是推进棚户区改造工作、影响棚户改造效果的关键因素。中国社会主义国家性质和公有制为主体的经济形式，决定了在计划经济时期，棚户改造的资金和劳动力由政府统一安排。1949—1966 年间，棚户改造变化的发展历程，是棚户改造管理政策不断调整规范的历史，政府政策决定了棚户改造的方向。

由上海市政府主导的上海棚户区空间改造，在不同时期，其改造内容、改造方法各有侧重，可大致分为两个阶段。1949—1957 年间的“重点建设、一般维持”政策，重点新建了大量工人新村，在棚户区实行原地改善外部环境的一般性维持改造。1958 年之后实行“两条腿走路”，充分发挥居民潜力共同改造棚户，同时将棚户区改造纳入城市整体规划通盘考虑，成街成坊拆除改造成为政府组织下的棚户改造主要模式。

虽然上海市政府一直实行积极的棚户区改造政策，但“先生产、后生活”的经济安排要求，让大量资源进入生产领域，这使得棚户空间的改造规模受到限制，量多面广的棚户空间改造只能低标准进行。不过，工业发展的迅速推进，也给棚户区居民提供了大量实现工人身份转变的机会。

二是与棚户空间相对比，棚户区内部社会结构的变化更为深刻。在棚户空间改造的同时，政府加强了对棚户居民包括身体和文化两方面内容的现代化素质培养,这为棚户就业问题的解决准备了条件。受益于政府一系列举措,棚户社会内部社会结构发生了前所未有的改变。

首先,棚户区的劳动人口随着工业城市的建设,普遍实现了就业,棚户居民的职业结构也发生大的转变,大多数棚户区劳动人口被整合进以产业工人为主的社会主义建设者队伍中。其次,随着棚户社会转型的进行,“工人阶级当家作主”的意识渗透进棚户居民的工作与生活,棚户身份淡化,工人身份凸显,棚户居民的身份认同和社会地位得到显著提升。与低标准的空间改造相对比,“工人身份”带来的影响对棚户社会面貌的改变更为显著。

今天回看新中国成立后十七年中,上海棚户区的改造历程,也许在诸多的重大历史事件中显得不那么夺目,学界也多谈及其局限,但笔者认为不能因为现在的成就而判定几十年前的棚户改造成效微弱,选择性地忽视早期棚户区改造的发展历程。更不能因为工人新村的典型存在,而轻视同时期棚户区改造的实际意义,无论从居住人数和居住面积来看,棚户区的变化更能从广泛意义上体现新中国成立后底层民众的翻身与改变。

通过梳理 1949—1966 年间上海棚户区改造的历史进程,观察不同历史阶段,针对棚户改造过程中呈现出的复杂性和曲折性,党和政府对具体问题解决所作出的积极探索,可进一步透视党和政府在上海城市发展进程中社会治理的经验与教训,这对当下城市更新中的旧区改造和社会发展仍有很强的启示意义。

第一,群众工作路线始终是处理党群关系、政府与百姓关系的重要方法。

自中国共产党成立以来,党和群众之间的紧密关联决定了群众在中国现代国家构建中的重要角色,群众工作路线是党和政府对待群众工作的重要方法。上海解放之前,党早在有条件的棚户区中建立了支部,帮助居民改善生活,这些贫困群众是党的争取对象,在接管过程中,棚户区支部在党员干部带领下发挥了重要作用,成功阻止了破坏分子的活动,这为新中国成立之后党和政府的工作展开奠定了良好的群众基础。

在十七年的棚户区改造中,践行群众工作路线让棚户区改造取得了较大成效,但也存在部分工作偏差,造成党和政府工作上的被动和民众的不理解,党和政府及时纠正,深入群众了解群众需求,有原则并合理规范地处理了棚户改造中的搭建等问题,得到了棚户居民的理解与支持。

当下,城市旧区改造工作复杂纷繁,笔者曾访谈过一位在上海某区工作了40年的房管局干部,他对自己40年的工作经验总结为:"对待旧区改造中的动迁工作,不能简单地作为一项指标任务来处理,必须以社会效益和为居民服务为第一性,我始终认为我的工作是保障双方当事人的合法权益,不是为了拆迁而拆迁,通过拆迁既要保障项目顺利进行,也要保障居民的合法权益。对百姓来说,并不单纯仅是'挪个窝'这么简单的事情,工作、学习、生活与社交都受到影响,这是直接经济补偿办不到的,我们要站在居民角度多为他们去思考,深入地关心动迁居民,了解他们的需求,在合理的范围内依照规章制度保证居民的正当权益,当然,对于不合理的要求,他们不理解的行为,我们更要动之以情,晓之以理地让百姓理解和支持动迁工作。"①面对群众对美好生活的向往与现实发展不充分不平衡之间的矛盾,无论何时何地,群众工作路线都是处理党群关系、政府与百姓关系的重要方法。

第二,棚户改造工作是需要政府尽力而为,又量力而行的民生工作。

解决上海这样大的城市棚户问题是一个长期又艰巨的任务。在上海解放之前,租界和华界分别对各自管辖的棚户区采取了不同的改造措施,但这些举措并没能让棚户区的面积和人口减少。在租界和华界对棚户改造不彻底的同时,中共在几个棚户区做了许多改善棚户状况的工作,为此后棚户改造工作的展开奠定了深厚的群众基础。

1949年上海解放之时,地处城市边缘位置的棚户区,有着污秽糟糕的居住环境,和数量庞大的劳动技能低下又无稳定工作的贫困人口,不论从居住形态还是人口结构来看,这里都将成为党和政府改造工作的重点。对上海市政府而言,一方面工业发展必须保证劳动工人生活环境的需求,另一方面快速工业化和重工业优先的发展模式势必挤占属于福利部分的住房修建资源,包括资金,材料与专业劳动力等棚户改造需要的资源,政府在工业发展与棚户改造之间权衡选择。1949—1966年的棚户区改造工作在困难中艰难前行。

华揽洪说:"我们在看待一个国家的住宅时,不能不考虑这个国家的社会经济背景。在一种取消了土地和房产商业活动的社会制度下,住房的取得、改造和分配以及维护和建造,都和在允许这种商业活动的社会里的情况不同。从另一方面来

① 2018年4月10日对上海市某区房管局副局长的访谈。

讲,一个刚刚从贫困中走出来、刚开始走向工业化的国家,它的普通住宅条件也无法和那些有两百多年工业化历史的国家相比,两者的生产能力和生活水平都相差悬殊。"①上海棚户区改造是一种折中的选择,历史实践证明,在当时的社会经济条件下,棚户区不可能推倒另起高楼,因此并未大幅度改变棚户居民的居住状况。

在工业化为主的社会主义进程中,势必要牺牲部分人民的利益,来满足快速工业化的积累。同时,在公有制为主体的计划经济之下,全民所有制单位对资源的支配超越其他任何经济体的占有,这是保证工业发展的无奈之举,造成了牺牲一部分人的利益来实现整体目标的历史事实,"先生产、后生活",政府是以全面计划化的方式来安排和建构人的生活,在生产力低下的条件之下,人民只能维持低层次的生活水准上的公平,这是社会历史的局限。

棚户区的环境改造既是政治上的承诺,也是经济上的选择,工人群体人数众多,要大幅度提高工人的生活水平,当时的社会根本不可能具备这样的物质条件,政府也无法承受如此沉重的经济负担。所以,上海棚户区改造的历程,与上海城市功能定位和社会经济发展水平相一致,是党和政府所做的尽力而为但又量力而行的民生工作。

第三,棚户改造不是单纯的空间再造,更核心的是对人的改造,变"授人以鱼"为"授人以渔",才能实现人与社会同步发展。

棚户区改造是空间与社会共同呈现的结果。上海棚户改造的历史表明,政府单方面的大包大揽只能短暂解决一时的困难,并不能转化为持续的动力。当新建速度跟不上扩大的需求,政府力量十分有限的情况之下,政府依靠引导公众参与改善棚户居住条件,大大推进了棚户改造步伐。而公共力量加入的前提,便是棚户社会重构之后,居民自身素质发生的巨大改变。从接收者转变为参与实施者,棚户居民充分掌握了"渔"的技能,才有了发挥主观能动性的可能。

如果说,空间变化更多是经济实力的直接表现,而时代的进步,则往往从根本上显现为人的综合素养的提高。毫无疑问,在城市的发展过程中,空间与社会并重的形式才能最终实现人与社会的同步发展。城市空间的更新随着建筑物的老化将周而复始地进行,如何获得社会生生不息的发展动力,空间社会中最关键的元素,乃是人的核心素质提升,这才是至关要义。

---

① 华揽洪著,李颖译,华崇民编校:《重建中国　城市规划三十年　1949—1979》,生活·读书·新知三联书店 2006 年版,第 129 页。

# 图表目录

# 参 考 资 料


**经典文献**

《陈云文集》,中央文献出版社 2005 年版。

《建党以来重要文献选编(1921—1949)》(第十一册)、(第十五册),中央文献出版社 2011 年版。

《建国以来重要文献选编》,中央文献出版社 1993 年版。

《马克思恩格斯选集》(第 3 卷),人民出版社 2012 年版。

《毛泽东年谱(1949—1976)》,中央文献出版社 2013 年版。

《毛泽东文集》(第六卷),人民出版社 1999 年版。

《十八大以来重要文献选编》(上),中央文献出版社 2014 年版。

《毛泽东选集》,人民出版社 1991 年版。

《孙中山全集》,中华书局 1981 年版。

《中共中央文件选集(1949 年 10 月—1966 年 5 月)》(第 9 册),人民出版社 2013 年版。

《中华人民共和国开国文选》,中央文献出版社 1999 年版。

《周恩来经济文选》,中央文献出版社 1993 年版。

《周恩来政府工作报告》(华俄对照),中华书局 1955 年版。

**地方志**

《上海城市规划志》编纂委员会编:《上海城市规划志》,上海社会科学院出版社 1999 年版。

《上海房地产志》编纂委员会编:《上海房地产志》,上海社会科学院出版社 1999 年版。

《上海工运志》编纂委员会编:《上海工运志》,上海社会科学院出版社 1997 年版。
《上海公用事业志》编纂委员会编:《上海公用事业志》,上海社会科学院出版社 2000 年版。
《上海环境卫生志》编纂委员会编:《上海环境卫生志》,上海社会科学院出版社 1996 年版。
《上海劳动志》编纂委员会编:《上海劳动志》,上海社会科学院出版社 1998 年版。
《上海民防志》编纂委员会编:《上海民防志》,上海社会科学院出版社 2001 年版。
《上海民政志》编纂委员会编:《上海民政志》,上海社会科学院出版社 2000 年版。
《上海卫生志》编纂委员会编:《上海卫生志》,上海社会科学院出版社 1998 年版。
《上海住宅建设志》编纂委员会编:《上海住宅建设志》,上海社会科学院出版社 1998 年版。
《上海租界志》编纂委员会编:《上海租界志》,上海社会科学院出版社 2001 年版。
上海市普陀区志编纂委员会编:《普陀区志》,上海社会科学院出版社 1994 年版。
上海市闸北区志编纂委员会编:《闸北区志》:上海社会科学院出版社 1998 年版。
上海通志编纂委员会编:《上海通志》,上海人民出版社、上海社会科学院出版社 2005 年版。

### 档案

《1957 上海市规划建筑管理局关于检送"关于限制外地流入人口搭建简屋棚屋的对内掌握原则"请迅予核示施行的报告》,上海市档案馆:A54-2-175-31。
《从几个典型的算账材料看交通邮电工人生活水平的状况》,上海市档案馆:A58-2-93-199。
《读者对〈上海棚户区的变迁〉一书及〈旧上海的棚户〉一文的评价——上海社会科学院经济所学术秘书组有关经济问题的参考资料》,上海市档案馆:B181-1-438-5。
《方美韶、吴若安、沈粹缜等在上海市第三届人民代表大会第三次会议上的发言材料—发动群众、积极改建棚户旧屋、加速改善市民居住条件》,上海市档案馆:B1-1-797-41。
《共青团上海市委青农部关于一个生产大队回乡青年工人的情况调查报告》,上海市档案馆：C21－1－919－14。
《关于虹口区进行第二期棚户改造申请征地及改建执照的报告》，上海市档案馆：B257－1－2240。
《关于上海市棚户地区家庭财产火险业务的调查报告》，上海市档案馆：B6－2－303－5。
《建筑工程部上海规划工作组关于上海城市总体规划的初步意见》，上海市档案馆：A54－2－718－34。
《江苏省公安厅、南京市公安局对上海市限制人口盲目流入管理暂行办法(草案)的意见》，上海市档案馆：B168－1－860－214。
《棚户贫民申请收容或遣送审查处理办法草案》，载《中国人民救济总会上海市分会关于拟订棚户、贫民申请收容遣送审查处理办法的报告》，上海市档案馆：B168－1－686－3。
《燃料工业部上海管理局关于报送棚户集体装置电灯贷款专业外勤座谈会综合记录的报告》，上海市档案馆：B41－2－27－11。
《上海慈善团体联合会上海市平民住民生活状况调查表》，上海市档案馆：Q114－1－42－25。
《上海公共租界工部局经常支出百分数表》《上海法租界公董局经常支出统计表》，载《上海市统计(1933年)：财政》，上海市档案馆：Y2－1－89－97。
《上海市财政局关于保险公司拟恢复办理棚户区火险业务请核示的报告及上海市人委的批复》，上海市档案馆：B6－2－303－1。
《上海市城市建设局关于贯彻执行“处理违章搭建棚屋和改造棚户区意见”情况的报告》，上海市档案馆：B257－1－4431－1。
《上海市城市建设局关于在市区继续制止搭建棚屋的报告》，上海市档案馆：B11－2－54－6。
《上海市城市建设局关于召开建设、规划科长讨论棚户改建工作的函》，上海市档案馆：B257－1－1779－33。
《上海市城市建设局关于制止无照搭建棚屋工作的情况汇报》，上海市档案馆：B11－2－81－26。
《上海市城市建设局关于住宅建设工作的规定、计划、报告》，上海市档案馆：B257－1－2752。

《上海市城市建设局关于住宅建设资料工作的调查和建议》,上海市档案馆：B257-1-2752-67。
《上海市城市建设局关于组织群众改建棚屋工作情况汇报》,上海市档案馆：B257-1-4872-1。
《上海市房地产管理局关于改建(私房)棚屋木材缺口很大的报告》,上海市档案馆：B11-2-157-15。
《上海市房地产管理局关于制订上海市私有房屋买卖管理暂行办法的报告》,上海市档案馆：B11-2-2-3。
《上海市房地产管理局规划处关于1959年冬季简屋棚户维修改善工作的小结》,上海市档案馆：A54-2-1218-26。
《上海市房屋调配委员会、文化局关于动迁房屋的报告、房地局党委、长宁区委关于房屋加层的报告、小结、城建局、闸北区委关于整顿改建棚户简室的报告、黄浦区委关于改建南京路初步规划和上海市基本建设委员会意见》,上海市档案馆：A54-1-222。
《上海市革命委员会工业交通组关于城市改造和城市建设工作情况的汇报提纲》,上海市档案馆：B246-2-1405-8。
《上海市工商行政管理局关于斜土街道个体泥工翻修棚户的情况材料》,上海市档案馆：B182-1-1288-170。
《上海市公安局各分局所队辖境内盗绑案件比较图》,载《上海公安局1935年各种统计图表》,上海市档案馆：Q176-1-43。
《上海市公用局关于改良及取缔棚户案》,上海市档案馆：Q5-3-3441。
《上海市供销合作社、上海市房地产管理局关于私房维修需用毛竹变更供应办法的通知》,上海市档案馆：B102-2-114-17。
《上海市规划建筑管理局关于对上海市民翻建棚屋问题的请示报告》,上海市档案馆：A54-2-175-18。
《上海市建设建设局关于改造上海市棚户区意见的报告》,上海市档案馆：B11-2-81-1。
《上海市教育局接待办公室关于接待苏联国民教育工作者代表团简报(第一号)——(参观蕃瓜弄和曹杨新村及工业展览会的情况汇报)》,上海市档案馆：

B105 - 7 - 1145 - 11。
《上海市警察局总务处关于拆除棚户(第一册)》,上海市档案馆藏: Q131 - 7 - 1087。
《上海市劳动局关于宋日昌副市长在上海市劳动力调配工作会议上的指示》,上海市档案馆: B127 - 1 - 815 - 67。
《上海市民政局、中国人民救济总会上海市分会关于无照搭建棚户遣送回乡办法(草案)》,上海市档案馆: B168 - 1 - 683 - 3。
《上海市民政局关于本市动员农民回乡工作概况》,上海市档案馆: B168 - 1 - 862 - 131。
《上海市民政局关于上海市动员农民回乡生产工作初步总结(四稿)》,上海市档案馆: B168 - 1 - 864 - 13。
《上海市民政局关于上海市动员农民回乡生产工作初步总结》,上海市档案馆: B168 - 1 - 860 - 204。
《上海市民政局关于上海市收容遣送工作收获、优缺点及经验教训的材料》,上海市档案馆: B168 - 1 - 683 - 46。
《上海市民政局关于外地灾民流入城市情况的简报》,载《灾区农民流入本市情况简报第五号》,上海市档案馆: A6 - 2 - 76。
《上海市民政局关于灾民收容遣送工作总结》,上海市档案馆: B168 - 1 - 686 - 37。
《上海市民政局转报中国人民救济总会上海市分会关于棚户贫民申请收容遣送审查办法的请示报告和市府的批复指示》,上海市档案馆: B168 - 1 - 686。
《上海市平民住所住户人数统计表》,载《上海市统计(1933 年): 社会》,上海市档案馆: Y2 - 1 - 89 - 352。
《上海市普陀区人民委员会建设科关于安全里里委会违章建筑的调查报告》,上海市档案馆: B11 - 2 - 81 - 15。
《上海市轻工业局关于制订私房租赁管理暂行办法过程及主要内容的说明》,上海市档案馆: B163 - 2 - 649 - 21。
《上海市人口办公室、民政局等关于动员农民回乡生产工作计划(1956、1957 年)和 1955 年工作总结》,上海市档案馆: B25 - 1 - 5。
《上海市人民委员会办公厅关于发给"禁止违章搭建棚屋"的公告》,上海市档案馆: A54 - 2 - 175 - 78。
《上海市人民委员会公用事业办公室转发城市建设局关于关于处理违章搭建棚屋

和改造棚户区意见的报告的通知》,上海市档案馆:B257-1-4431-16。
《上海市人民委员会关于1966年组织群众自行改建棚屋的报告》,上海市档案馆:B257-1-4431-36。
《上海市人民委员会关于处理和防止外地人口流入上海市的办法》,上海市档案馆:B25-1-7-1。
《上海市人民委员会关于批转上海市城市建设局关于制止搭建棚屋的请示报告的通知》,上海市档案馆:B11-2-54-1。
《上海市人民委员会关于批转上海市人民委员会公用事业办公室关于组织群众自行改建棚屋的报告的通知》,上海市档案馆:B11-2-106-38。
《上海市人民委员会人口办公室编印的〈工作简报〉1955年第10期》,上海市档案馆:B59-2-27-54。
《上海市人民委员会人口办公室编印的〈工作简报〉1955年第9期》,上海市档案馆:B59-2-27-46。
《上海市人民委员会人口办公室编印的〈工作简报〉1956年第18期》,上海市档案馆:B59-1-130-22。
《上海市人民政府公安局、上海市人民政府公务局关于上海市旧有无照棚屋请照修建暂行办法施行情况的呈》,上海市档案馆:B1-2-711-1。
《上海市人民政府公安局关于提出四百户以上重点棚户区开辟火巷改进消防水源计划的报告》,上海市档案馆:B1-2-1536-1。
《上海市人民政府关于执行"棚户、贫民紧急救济实施办法"的批示》,上海市档案馆:B168-1-686-16。
《上海市人员委员会关于限制搭建简屋棚屋的指示》,上海市档案馆:A54-2-175-68。
《上海市手工业管理局关于转发上海市房地产管理局"关于棚户简屋区居民因工作调动、户口外迁等原因空出的私有房屋统一由房管部门收购的具体规定"的通知》,上海市档案馆:B233-2-136-73。
《上海市疏散难民回乡生产等冬令救济方案和工作总结及无业棚户遣送回乡及收容管教遣送办法(草案)》,上海市档案馆:B168-1-683。
《上海市提篮桥区人民委员会关于检送棚户改建设计任务书》,上海市档案馆:B257-1-834-9。

《上海市徐汇区人民委员会办公室关于改善棚户区劳动人民居住条件的意见报告》,上海市档案馆：A54-2-175-12。
《上海市闸北区人民委员会关于蕃瓜弄棚户改建第二批动迁工作的请示报告》,上海市档案馆：B11-2-36-1。
《上海市闸北区人民委员会广肇路办事处关于蕃瓜弄情况的介绍材料》,上海市档案馆：A20-1-29-41。
《上海市闸北区人委、城建局关于蕃瓜弄棚户改建及用地、拆迁问题的报告》,载《闸北区蕃瓜弄163户居民动迁情况汇报》,上海市档案馆：B11-2-36。
《上海市政府库历年支出各项经费比较表》,载《上海市财政局业务报告：统计》,上海市档案馆：Y10-1-54-124。
《上海市政府平民住所委员会关于请求取缔闸北华昌里草棚建筑平民住所文件》,上海市档案馆：Q1-23-13。
《调查全市棚户统计及分布情况》,上海市档案馆：Q1-23-24。
《中共上海市城市建设局委员会关于上海工业布局和城市发展方面的若干体会》,上海市档案馆：A54-2-638-14。
《中共上海市区公用事业办公室关于闸北区棚户改建新平民村试点工作总结》,上海市档案馆：A60-1-25-26。
《中共上海市委公用事业办公室关于改善棚户居住条件试点工作小结》,上海市档案馆：A60-1-25-23。
《中共上海市委公用事业办公室关于改善上海市简屋棚户居住条件的报告》,上海市档案馆：A60-1-25-7。
《中共上海市委公用事业办公室关于简屋棚户维修改善情况简报》,上海市档案馆：A60-1-25-18。
《中共上海市委公用事业办公室关于闸北区棚户改建新平民村试点工作总结》,上海市档案馆：A60-1-25-26。
《中共上海市委宣传部关于逐步紧缩上海人口的宣传提纲》,上海市档案馆：B168-1-870-33。
《中共上海市委员会公用事业办公室关于改善棚户居住条件报告》,上海市档案馆：B257-1-861-35。

《中共上海市委员会关于中国人民保险公司上海分公司盲目发展团体火险业务并提出稳步收缩团体火险业务的报告的批复》,上海市档案馆:B28-2-74-1。
《中国人民救济总会上海市分会关于遵照内务部指示对本市紧急救济实施办法提出修改意见的报告》,上海市档案馆:B168-1-686-23。

**著作**

[法]白吉尔著、王菊、赵念国译:《上海史:走向现代之路》,上海社会科学院出版社2014年版。
[美]韩起澜著,卢明华译:《苏北人在上海,1850—1980》,上海古籍出版社、上海远东出版社2004年版。
[美]吉尔伯特·罗兹曼:《现代化:抗拒与变迁》,江苏人民出版社1988年版。
[美]裴宜理著,刘平译:《上海罢工:中国工人政治研究》,江苏人民出版社2012年版。
[南朝宋]范晔撰:《后汉书》,中州古籍出版社1996年版。
[英]阿列克斯·英格尔斯著:《人的现代化》,四川人民出版社1985年版。
《当代中国的人口》编辑委员会编:《当代中国的人口》,中国社会科学出版社1988年版。
《当代中国的上海》编辑委员会编:《当代中国的上海》(上、下),当代中国出版社1993年版。
《当代中国的职工工资福利和社会保险》编辑委员会编:《当代中国的职工工资福利和社会保险》,中国社会科学出版社1987年版。
《换了人间》编写组编:《换了人间:上海棚户区的变迁》,上海人民出版社1971年版。
《上海建设》编辑部编:《上海建设(1949—1985)》,上海科学技术文献出版社1989年版。
《上海解放四十周年纪念文集》编辑组编:《上海解放四十周年纪念文集》,学林出版社1989年版。
《上海近代社会经济发展概况——海关十年报告》,上海社科院出版社1985年版。
《上海住宅(1949—1990)》编辑部编:《上海住宅(1949—1990)》,上海科学普及出版社1993年版。

包亚明主编:《现代性与空间的生产》,上海教育出版社 2003 年版。
曹炜:《开埠后的上海住宅》,中国建筑工业出版社 2004 年版。
曹言行:《城市建设与国家工业化》,中华全国科学技术普及协会出版 1954 年版。
陈映芳主编:《棚户区:记忆中的生活史》,上海古籍出版社 2006 年版。
当代上海研究所编:《当代上海大事记》,上海辞书出版社 2007 年版。
当代中国研究所编:《中华人民共和国史编年——1953 年》,当代中国出版社 2009 年版。
范祖德:《风雨交大》,上海交通大学出版社 2002 年版。
华揽洪著,李颖译,华崇民编校:《重建中国　城市规划三十年　1949—1979》,生活·读书·新知三联书店 2006 年版。
季洪:《历史的足迹——季洪妇女工作文选》,中国妇女出版社 1998 年版。
乐正:《近代上海人心态(1860—1910)》,上海人民出版社 1991 年版。
李海金:《身份政治:国家整合中的身份建构》,中国社会科学出版社 2011 年版。
李文海主编:《民国时期社会调查丛编:城市(劳工)生活卷》(上),福建人民出版社 2005 年版。
梁景和主编:《社会生活探索》,首都师范大学出版社 2009 年版。
廖大伟、陈金龙主编:《侵华日军的自白　来自"一·二八""八一三"淞沪战争》,上海社会科学院出版社 2002 年版。
林拓,[日]水内俊雄等著:《现代城市更新与社会空间变迁:住宅、生态、治理》,上海古籍出版社 2007 年版。
卢汉超著,段炼、吴敏、子羽译:《霓虹灯外——20 世纪初日常生活中的上海》,上海古籍出版社 2004 年版。
罗荣渠:《现代化新论:世界与中国的现代化过程》,商务印书馆 2004 年版。
罗苏文、宋钻友:《上海通史·第 9 卷·民国社会》,上海人民出版社 1999 年版。
罗苏文:《近代上海都市社会与生活》,中华书局 2006 年版。
潘汉年:《上海市人民政府八个月来的工作和当前任务的报告》,载《上海市各界人民代表会议主要文件汇编》。
彭善民:《公共卫生与上海都市文明(1898—1949)》,上海人民出版社 2007 年版。
上海民歌编辑委员会编:《条条里弄满春风》(《上海歌谣集之十三》),上海文艺出版社 1958 年版。
上海社会科学院经济研究所城市经济组:《上海棚户区的变迁》,上海人民出版社 1962 年版。
上海社科院主编:《“八一三”抗战史料选编》,上海人民出版社 1986 年版。
上海市档案馆编:《日伪上海市政府》,档案出版社 1986 年版。
上海市建筑工程局等编:《上海经济区工业概貌·上海建筑·建材卷》,学林出版社 1986 年版。
上海市统计局编:《上海市国民经济统计提要》(1956 年)1957 年版。
上海市统计局编:《胜利十年:上海市经济和文化建设成就的统计资料》,上海人民出版社 1960 年版。
上海市现代上海研究中心编:《上海城市的发展与转型》,上海书店出版社 2009 年版。
四明屠诗聘主编:《上海春秋》,中国图书编译馆 1968 年版。
孙金楼、柳林:《住宅社会学》,山东人民出版社 1984 年版。
陶文钊主编:《美国对华政策文件集(第 2 卷)1949—1972》(上),世界知识出版社 2004 年版。
汪敬虞:《中国近代工业史资料》(第二辑),科学出版社 1957 年版。
王寿林编著:《上海消防百年记事》,上海科学技术出版社 1994 年版。
谢玲丽主编:《上海人口发展 60 年》,上海人民出版社 2010 年版。
忻平:《从上海发现历史—现代化进程中的上海人及其社会生活 1927—1937》,上海大学出版社 2009 年版。
忻平等著:《上海城市发展与市民精神》,社会科学文献出版社 2013 年版。
熊月之:《千江集》,上海人民出版社 2011 年版。
熊月之:《上海通史 第 1 卷 导论》,上海人民出版社 1999 年版。
许涤新、吴承明主编:《中国资本主义发展史》(第三卷),人民出版社 2005 年版。
许敏:《上海通史 第 10 卷 民国文化》,上海人民出版社 1999 年版。
阳建强、吴明伟编著:《现代城市更新》,东南大学出版社 1999 年版。
杨伯峻译注:《论语译注》,中华书局 1980 年版。
俞克明主编:《现代上海研究论丛》(第 5 辑),上海书店出版社 2008 年版。

袁进、丁云亮、王有富:《身份建构与物质生活——20世纪50年代上海工人的社会文化生活》,上海书店出版社2008年版。
张生:《上海居,大不易——近代上海房荒研究》,上海辞书出版社2009年版。
张坤:《城市转型与人口治理:1949—1976年上海动员人口回乡研究》,上海人民出版社、学林出版社2020年版。
张笑川:《近代上海闸北居民社会生活》,上海辞书出版社2009年版。
张仲礼主编:《近代上海城市研究》,上海人民出版社1990年版。
章清:《亭子间:一群文化人和他们的事业》,上海人民出版社1991年版。
章友德:《犯罪社会学理论与转型期的犯罪问题研究》,广西师范大学出版社2008年版。
赵永革、王亚男:《百年城市变迁》,中国经济出版社2000年版。
郑杭生:《社会学概论新修》,中国人民大学出版社1999年版。
中共上海市委党史研究室、上海市档案馆编:《上海市党代会、人代会文件选编》(下册),中共党史出版社2009年版。
中共上海市委党史研究室编:《陈毅在上海》,中共党史出版社1992年版。
中共上海市委党史研究室主编:《中国共产党在上海(1921—1991)》,上海人民出版社1991年版。
中共上海市委党史资料征集委员会主编:《上海南市六业职工运动史》,内部资料,1986年版。
中国经济论文选编辑委员会编:《1950年中国经济论文选》(第三辑),生活·读书·新知三联书店1951年版。
中国人民政治协商会议上海市委员会文史资料工作委员会编:《旧上海的外商与买办》,上海人民出版社1987年版。
中国人民政治协商会议上海市委员会文史资料工作委员会编:《文史资料选辑 上海解放三十周年专辑(下)》,上海人民出版社1979年版。
周振华、熊月之、张广生等著:《上海:城市嬗变及展望(上卷)工商城市的上海(1949—1978)》,格致出版社、上海人民出版社2010年版。
邹依仁:《旧上海人口变迁的研究》,上海人民出版社1980年版。

**期刊论文**

蔡亮:《近代上海棚户区与国民政府治理能力》,载《史林》2009 年第 2 期。
陈业伟:《上海旧区住宅改建的新对策》,载《城市规划》1991 年第 6 期。
戴鞍钢:《城市化与“城市病”——以近代上海为例》,载《上海行政学院学报》2010 年第 1 期。
方旦、王茂松:《上海市普陀区药水弄棚户区改建规划设计》,载《住宅科技》1986 年第 1 期。
李爱勇:《1950—1966 年上海市居民零星自建住房研究》,载《当代中国史研究》2016 年第 3 期。
刘钦论、柳广堤、来璧:《对上海私人房屋迁让纠纷处理原则的探讨》,载《法学》1957 年第 2 期。
刘秋阳、王广振:《近代长江中下游地区都市棚屋略论(1920—1935)——以沪、宁、汉、渝为中心》,载《甘肃社会科学》2013 年第 4 期。
秦祖明:《试析工部局处理棚户区问题的政策》,载《社会科学论坛》2010 年第 24 期。
上海市城建局城市规划设计院:《上海市居住小区改建规划实例》,载《建筑学报》1960 年第 6 期。
苏启仁:《上海安国路棚户简室的改建》,载《房产住宅科技动态》1981 年第 2 期。
万勇:《上海旧区改造的历史演进、主要探索和发展导向》,载《城市发展研究》2009 年第 11 期。
汪骅:《低层住宅经济适用性的分析——附上海 1958 年自建公助设计实例》,载《建筑学报》1958 年第 3 期。
吴俊范:《矛盾的“城市性”与近代上海棚户区的污名》,载《华东理工大学学报》(社会科学版)2016 年第 1 期。
吴俊范:《上海棚户区群体的社会结构变迁及其文化心态效应(1919—2003)》,载《中国名城》2014 年第 8 期。
吴俊范:《上海棚户区污名的构建与传递:一个历史记忆的视角》,载《社会科学》2014 年第 8 期。
武孝武:《罗岗谈工人新村与有尊严的“生活世界”》,载《上海国资》2011 年第 8 期。
夏天:《广厦千万间,寒士俱欢颜——庆祝中华人民共和国成立 70 周年上海旧区改造纪实》,载《上海房地》2019 年第 7 期。
熊月之:《近代上海城市对于贫民的意义》,载《史林》2018 年第 2 期。
徐景猷、颜望馥、何新权:《棚屋旧区呈新貌——上海明园新村的改建》,载《房产住宅科技动态》1981 年第 5 期。
许汉辉、黄富厢、洪碧荣:《上海市闸北区蕃瓜弄改建规划设计介绍》,载《建筑学报》1964 年第 2 期。
许洪新:《侵华日军是制造打浦桥棚户区的元凶》,载《上海革命史资料与研究》2007 年版。
许世瑾执笔,华东军政委员会卫生部印发:《一个劳动人民典型住宅区的卫生调查》,载《华东卫生》特刊第 001 种,对内刊物,1952 年 9 月。
许璇:《上海"365 危棚简屋"改造的历史演进及经验启示》,载《上海党史与党建》2015 年 5 月。
杨辰:《历史、身份、空间——工人新村研究的三种路径》,载《时代建筑》2017 年第 2 期。
张杰、王韬:《1949—1978 年城市住宅规划设计思想的发展及反思》,载《建筑学报》1999 年第 6 期。
朱金、王超:《特大城市近郊区"棚户简屋"区的改造策略研究——以上海市嘉定区为例》,载《上海城市规划》2017 年第 2 期。

**现代报纸**

《解放日报》《人民日报》《文汇报》《新民晚报》

**网络资料**

大成老旧期刊全文数据库: http:// www. dachengdata. com/ tuijian/ showTuijianList. action? cataid=1
读秀: http:// www. duxiu. com/
上海市人民政府网: http:// www. shanghai. gov. cn/
中国共产党思想理论资料数据库: http:// data. lilun. cn/
全国报刊索引: http:// www. cnbksy. com/

# 后　　记

2019 年，笔者完成博士学位论文，在导师忻平教授的关心下，如今得以在论文基础上形成此书，有幸与大家见面。由于上海棚户区改造涉及方方面面，书中难免有疏漏错误之处，恳请各位专家和读者批评指正。

从论文完成到现在，已过三年，若论时间长度，这三年也许在笔者的人生道路中仅是几十分之一，但这三年中的人与事却发生了巨大的变化。

2020 年上半年，笔者的父亲被查出肺癌晚期，记得笔者在 2019 年的致谢中曾写到："谢谢笔者的父亲总是默默地支持自己的任何选择，为免笔者的担心，从不告知自己任何关于他的伤病疼痛。"没想到这次的病痛却是致命的；几乎同一周，笔者发现自己怀了二胎，父亲依然用他的方式表达他的父爱，他和母亲坚决留在湖南老家，不来上海进行治疗，一来他不想笔者为他常进出肿瘤医院，而是希望笔者能够好好养胎，二来他不想自己最后的时光在医院里没有生命质量地度过。从小到大，笔者享受作为独生女的一切优待，但这一次，笔者感受到了独生女的孤独和压力。2020 年底，小儿子元昕出生，由于刚生产，再加上元昕出生后住院了十多天，在 2021 年春节，笔者未能回湖南老家陪父亲度过他生命中最后一个节日。

在笔者的记忆里，父亲向来积极乐观，哪怕面对这么顽固的癌症，他也保持着自己一贯对生命的热爱。自从父亲生病以来，每天晚上笔者都会和他视频聊天，从他聊天的状态，一点看不出他是一个癌症晚期的病人，他时常用他那浓重的湘普逗乐两个孩子。有一瞬，笔者竟觉得父亲是不是神奇地自愈了，但现实不容笔者幻想，2021 年 4 月初父亲病情急剧恶化，不久便永久地离开了我们。

虽然自 2020 年以来，受疫情影响，出行不便，好在学校的工作让笔者拥有相对长的假期。2020 年暑假，在老家盛夏的傍晚，笔者和父亲几乎每天都沿着门前的围山公路散步，因为父亲呼吸不畅，我们在路上并没有过多的聊天，但这样陪伴的方式已经让笔者知足，能有这样完整的时间陪在父亲身边，应该比很多人幸运了吧。父亲离世时还未退休，他病危的时候，笔者正在产假中，在他生命的最后时光笔者一直陪在他左右，养老送终笔者勉强算做到了其中一件，虽有许多遗憾，但这也算唯一宽慰了。

父亲除了给予笔者生命，让笔者终身受用的更是他言传身教的乐观与豁达，父亲是笔者见过的，真正热爱生活、认真工作的人，对待工作从不马虎。在他去世前一周，还如常去单位上班，其实父亲早该休长期病假了，但他不想闲下来。父亲的同事们很照顾他，也十分理解他，大家明白因为病痛的干扰，他已不能像往常那样工作，但不繁重的文书工作还可以支撑，为了不让他失落，单位偶尔会让他写写材料。父亲的字写得很漂亮，写材料并与同事们聊聊天，成为他常拥有的简单的快乐。

现在父亲到了另一个世界，对他最好的怀恋就是像他一样秉持对生活和工作热爱的态度，并如他影响笔者那样，去教育自己的孩子们，谨以此书献给笔者慈爱的父亲。

随书附上2019年博士论文写作完成时的致谢，以作纪念。

潘　婷

2022年8月

# 致　谢

又是一年9月入学时，看着校园中熙熙攘攘的人群，不禁感叹时间过得真快啊！

2009年9月，笔者来到上大求学，十年间，踏过上大无数角落，泮池、操场、A楼、图书馆都有笔者背着红书包走过的足印。从22岁在半夜去西门买烧烤、奶茶的年纪，到32岁保温杯里泡枸杞、为人妻为人母的转变，上大是笔者人生阶段变化的重要见证者，在这里有着太多美好又丰富的记忆。

回首自己十年的上大时光，笔者得到过许多无私的帮助、鼓励和支持，感谢每一位可亲可敬可爱的师长、朋友和家人，在大家的关怀下，笔者得以顺利完成博士学位论文，即将离开上大校园，道不尽的是感恩与留恋。

首先要感谢恩师忻平教授。十年来，跟随忻老师学习做人、做事、做学问，受益匪浅。忻老师时常告诫我们："取法乎上，仅得其中，取法乎中，仅得其下，取法乎下，无所得矣。"鼓励我们不畏艰难，严格要求自己。长期以来，忻老师一直放弃周末休息时间，坚持给学生上课，传道授业解惑。博士论文选题的敲定和框架的组织，无不倾注忻老师大量的心血和精力，无数次零点的夜晚，与忻老师在电话中讨论论文的写作与修改，"围绕主线""分层分类分阶段"三分法的话语言犹在耳。非常惭愧的是，在笔者的博士论文完成之际，都没能将老师平日教授的知识透彻运用，愧对老师多年的教诲指导。忻老师令人钦佩的是不仅在学习上尽心指导学生，在生活上也尽力给予学生帮助。在笔者为长痘困扰的时候，为笔者介绍医生治疗，没有男友的时候，张罗同门为笔者介绍对象，在笔者成家有了孩子之后，分享育儿生活经验。忻老师在百忙之中，总能事无巨细地关心学生的学习与生活，何其有幸成为忻老师的学生，谢谢老师一路以来的指引与呵护。近日翻看照片，一帧帧与忻老师不同的合影，记录着上大十年的点滴时光，校园外环路上的香樟树渐渐长大，忻老师的头发也开始斑白和稀疏，希望老师以后能减少为大家熬夜看论文的时间，多多保重身体，忻老师的为人与治学之道永远是学生仰止的榜样。

其次，感谢上海大学诸位老师对笔者博士学习生涯的指导和帮助，感谢陶飞亚教授、陈勇教授、刘长林教授、徐有威教授、张童心教授、宁镇疆教授在专业课学习课堂上的启迪和点拨，感谢王敏教授、严泉教授、朱承教授在预答辩时对论文修改所提的有益建议，各位老师的引领，令笔者在学术探索的道路上得以继续前进。

同时，感谢在上大相知相识的各位同门、同窗与好友，与他们的交往让笔者在宁静校园的学习生活从不孤单乏味。感谢师门的兄弟姐妹们，这个热情的大家庭给予笔者许多学术的启发与生活的关心。谢谢俞世恩师姐慷慨地馈赠笔者数十万字的档案资料，促成论文选题的形成，并大大节约了笔者准备材料的时间。谢谢杨丽萍师姐在笔者论文修改过程中帮笔者条分缕析，逐字逐句地给予细致指导，师姐多次熬夜为笔者整理的材料加速了笔者论文的写作。谢谢吴静师姐和崔丹师姐对笔者生活的关心，在笔者迷茫的时候听笔者无尽的吐槽，帮笔者调整状态。谢谢徐磊师兄不远万里，多次前往沈阳医科大学帮笔者寻找论文写作需要的原始资料，谢谢顾晓英师姐在笔者遇到求职困惑时为笔者传授宝贵的授课经验，谢谢竺剑师兄、于瑞强师兄时常询问笔者工作与论文进度，替笔者排忧解难，谢谢陶雪松师弟和夏萱师妹一直以来的支持，支持笔者尽快完成论文写作工作，谢谢王锐、李嘉小师妹，牺牲假期为笔者仔细检查书写错误。还有刘家富、刘媛、范晓丽、王玉波、吕佳航、杨卫民、包树芳、陆华东、于伟、鄢进波、张坤、何兰蔚、汪旭娟、张乃琴、黄宝菊、于智慧、何茜、黄静、张仰亮、杨自保、陈铿、杨阳、梁忆湄、赵凤欣、许欢、王雪冰、闫艺平、刘洁、段晓彤、徐成明、楚浩然、陈晨、吴娜等诸位师兄弟姐妹们，在周末的课堂上真挚地分享与笔者交流，谢谢他们让笔者的博士学习生涯充满了乐趣与温暖。还要感谢李强同学多次提醒笔者学术研究保证逻辑与严谨，彭小松同学帮笔者整理论文投稿指南为笔者加油打气，赵小丹同学面对面地指导笔者试讲的语言与动作，以及其他怀着共同学术志趣的同窗好友，谢谢在求学之路上他们对笔者的勉励与帮助，与他们的情谊是笔者在上大学习阶段的重大收获。

最后笔者要感谢一直以来不计回报地支持笔者、爱护笔者的家人和爱人，有他们作为坚强后盾，笔者才能无所畏忌地勇往直前。谢谢笔者的公公婆婆每年在高温的暑假替笔者分担家庭的责任，谢谢笔者的母亲多年来无怨无悔地照料我们一家三口的生活起居，因为笔者读博的选择，她不得不离开熟悉的家乡，来上海帮笔者照看孩子,谢谢她妥帖的安排,使笔者能安心地在学校完成学业,谢谢笔者的父亲总是默默地支持自己的任何选择,为免笔者的担心,从不告知任何关于他的伤病疼痛。在为人母之后,笔者才体会到父母与子女之间爱的不对等,父母对笔者的付出远大于笔者给他们的回馈,希望上天眷顾笔者朴实善良的父母,让他们健康快乐地安享老年生活。谢谢笔者的亲密爱人赵乾坤,在笔者读博期间担起整个家庭的重任,对笔者偶尔的脾气和任性总是无条件地忍受与包容,未来路漫漫,我们继续携手领略更多美好的人生风景。谢谢笔者的儿子赵景云小朋友出生之后带给笔者的无尽欢乐,在他三岁半的成长时光中,笔者缺位和亏欠太多,每当他视频问笔者什么时候回家时,笔者不得不无奈地重复说着"明天,明天"。现在,学校学习生涯暂告一段落,笔者终于能跨过这近在咫尺却远若银河的40公里距离,每日陪伴他的成长。

感恩人生路上所有的相遇,谨向每位关心帮助笔者的人们致以最诚挚的祝福。

潘　婷

2019年9月4日于上大博士I楼